移动互联网技术

李长云　文　鸿　翁艳彬
李建设　杨伟丰　吴岳忠　著

西北工業大學出版社

图书在版编目(CIP)数据

移动互联网技术/李长云,文鸿著. —西安：西北工业大学出版社，2016.3(2018.1 重印)
ISBN 978-7-5612-4746-4

Ⅰ.①移… Ⅱ.①李… ②文… Ⅲ.①移动通信—互联网络 Ⅳ.①TN929.5

中国版本图书馆 CIP 数据核字(2016)第 037212 号

出版发行：西北工业大学出版社
通信地址：西安市友谊西路 127 号　　邮编：710072
电　　话：(029)88493844　88491757
网　　址：www.nwpup.com
印 刷 者：陕西金德佳印务有限公司
开　　本：787 mm×1 092 mm　1/16
印　　张：13
字　　数：312 千字
版　　次：2016 年 3 月第 1 版　2018 年 1 月第 5 次印刷
定　　价：35.00 元

前 言

近年来，随着宽带移动通信的广泛铺设和智能移动终端的不断普及，全球移动互联网用户的数量呈现爆发趋势。移动互联网已成为是继大型机、小型机、个人计算机及桌面互联网之后的第五个信息产业发展阶段。

移动互联网以各种类型的移动终端作为接入设备，使用各种移动网络作为接入网络，从而实现包括传统移动通信、传统互联网及其各种融合创新服务。移动互联网是移动通信与传统互联网的有机融合，具有终端移动性、业务及时性和服务便利性等特点，体现了“无处不在的网络、无所不能的业务”的思想，是未来网络发展的核心。而目前国内关于移动互联网技术的书籍较少。为了让广大读者熟悉、了解移动互联网及关键技术，我们编写了本书。

本书共 10 章，第 1 章主要介绍移动互联网的发展历程、体系架构和技术标准；第 2 章主要介绍智能移动终端的硬件组成，iOS，Android，Windows CE 移动操作系统，典型智能移动终端产品；第 3 章主要介绍移动通信系统的调制、编码、多输入输出等关键技术；第 4 章主要介绍移动互联接入网技术，包括 802.11 无线局域网、802.15.1 无线个域网、无线城域网以及移动组织网；第 5 章主要介绍移动 IPv4 和 IPv6 协议，移动切换技术；第 6 章主要介绍移动互联网的业务服务，包括移动互联网搜索、移动互联网社交、移动视频共享和移动 SaaS 业务等；第 7 章主要介绍移动互联网 WAP 开发技术、WAP 网站设计、HTML5 语言；第 8 章主要介绍移动互联网的安全框架和机制；第 9 章主要介绍移动互联网的热点技术，包括 Widget、移动定位、XMPP 和 Mashup 等；第 10 章主要介移动云计算及应用。

全书由李长云策划、统稿和定稿。李长云编写本书第 1 章和第 9 章，文鸿编写第 2 章和第 6 章，翁艳彬编写第 7 章，李建设编写第 8 章，杨伟丰编写第 3 章，吴岳忠编写第 10 章。

在编写过程中得到很多专家的帮助、支持和指导；编写本书曾参阅了文献资料，在此谨向其作者及给予帮助支持的专家表示感谢！

由于笔者知识水平有限，书中难免存在的疏漏和不足之处，恳请广大读者批评指正。

编 者

2015 年 11 月

目　录

第1章 移动互联网架构

1.1 移动互联网的定义

早在20世纪末,移动通信的迅速发展就大有取代固定通信之势。与此同时,互联网技术的完善和进步将信息时代不断往纵深推进。移动互联网就是在这样的背景下孕育、产生并发展起来的。移动互联网通过无线接入设备访问互联网,能够实现移动终端之间的数据交换,是计算机领域继大型机、小型机、个人电脑、桌面互联网之后的第五个技术发展阶段。作为移动通信与传统互联网技术的有机融合体,移动互联网被视为未来网络发展的核心和最重要的趋势之一。

统计数据显示:2012年全球移动互联网产业(包括终端、移动数据接入、移动互联网服务和网络设备)总收入约7 500亿美元;移动用户数达到64.3亿户,其中3G用户14.8亿户;全球智能手机出货量约7.2亿部,同比增51.6%;全球有66个国家开通了多达145个LTE商用网络;移动数据流量同比增长70%,每月达到885 PB。移动互联网在最近5年呈现出高速发展态势,2012年移动数据流量相当于2000年的12倍,移动互联网流量已占到全球互联网流量的13%,移动互联网业务量呈现爆炸式增长。爱立信流量与市场数据报告显示,目前传统话音业力所占据的比例几乎可以忽略不计,而未来移动互联网仍将保持长期快速发展。据CiscoVNI预计:全球移动数据总量将在2017年接近11艾字节/月。前摩根士丹利互联网分析师,KPCB合伙人Mary Meeker在年度互联网趋势报告中指出:中国移动互联网用户目前达到中国互联网用户总数的约80%,中国的移动互联网用户已达到“关键的大多数”,将主导移动商务的革命。她还大胆预计,2020年移动互联网将达到100亿个设备的量级。

尽管移动互联网是目前IT领域最热门的概念之一,然而业界并未就其定义达成共识。这里介绍几种有代表性的移动互联网的定义。

百度百科中指出:移动互联网(Mobile Internet,简称MI)是一种通过智能移动终端,采用移动无线通信方式获取业务和服务的新兴业态,包含终端、软件和应用3个层面。终端层包括智能手机、平板电脑、电子书、MID等;软件包括操作系统、中间件、数据库和安全软件等。应用层包括休闲娱乐类、工具媒体类、商务财经类等不同应用与服务。

独立电信研究机构WAP论坛认为:移动互联网是通过手机、PDA或其他手持终端通过各种无线网络进行数据交换。

中兴通讯则从通信设备制造商的角度给出了定义:狭义的移动互联网是指用户能够通过手机、PDA或其他手持终端通过无线通信网络接入互联网;广义的定义是指用户能够通过手机、PDA或其他手持终端以无线的方式通过各种网络(WLAN,BWLL,GSM,CDMA等),来接入互联网。可以看到,对于通信设备制造商来说,网络是其看待移动互联网的主要切入点。

MBA智库同样认为移动互联网的定义有广义和狭义之分。广义的移动互联网是指用户可以使用手机、笔记本等移动终端通过协议接入互联网；狭义的移动互联网则是指用户使用手机终端通过无线通信的方式访问采用 WAP 的网站。

Information Technology 论坛认为：移动互联网是指通过无线智能终端，比如智能手机、平板电脑等使用互联网提供的应用和服务，包括电子邮件、电子商务、即时通信等，保证随时随地的无缝连接的业务模式。

认可度比较高的定义是中国工业和信息化部电信研究院在 2011 年的《移动互联网白皮书》中给出的："移动互联网是以移动网络作为接入网络的互联网及服务，包括 3 个要素：移动终端、移动网络和应用服务。"该定义将移动互联网涉及的内容主要囊括为 3 个层面，分别是：①移动终端，包括手机、专用移动互联网终端和数据卡方式的便携电脑；②移动通信网络接入，包括 2G，3G 甚至 4G 等；③公众互联网服务，包括 Web，WAP 方式。移动终端是移动互联网的前提，接入网络是移动互联网的基础，而应用服务则成为移动互联网的核心。

上述定义给出了移动互联网两方面的含义：一方面，移动互联网是移动通信网络与互联网的融合，用户以移动终端接入无线移动通信网络（2G 网络，3G 网络，WLAN，WiMax 等）的方式访问互联网；另一方面，移动互联网还产生了大量新型的应用，这些应用与终端的可移动、可定位和随身携带等特性相结合，为用户提供个性化的，位置相关的服务。

综合以上观点，我们也提出一个参考性定义："移动互联网是指以各种类型的移动终端作为接入设备，使用各种移动网络作为接入网络，从而实现包括传统移动通信、传统互联网及其各种融合创新服务的新型业务模式。"

1.2 移动互联网的特点

移动互联网产生的技术基础决定了传统的移动互联网是一个封闭的网络，其封闭性体现在网络、终端和应用三方面。封闭的移动互联网制约了移动互联网业务的发展，使得业务种类单一，用户体验较差，且没有充分挖掘移动网的固有能力。

随着技术的发展，带宽的增加，终端能力的提升，移动互联网的封闭性在逐渐打开，再加上 Web2.0 技术的逐渐应用到移动互联网中，催生了具备一定开放性能的移动互联网的产生。这种开放的性能可能体现在移动互联网与固定互联网的互通上，也可能体现在终端操作系统的统一上，还可能体现在业务应用的开放性上。就目前的发展态势而言，以上 3 种可能的开放形式都已经出现，如全浏览技术的发展使得移动互联网和固定互联网实现了互通；Google 成立了开放手机联盟，并开发了统一的操作系统 Android；跨越移动和固定互联网平台的移动搜索业务开始提供。

简而言之，移动互联网应具备下述特点。

· 开放性：开放性体现在网络开放、应用开发接口的开放、内容和服务开放等多个方面，用户拥有了选择的权利。

· 分享和协作性：在开放的网络环境中，用户可以通过多种方式与他人共享各类资源，可以实现互动参与、协同工作。

· 创新性：结合 Web2.0 与移动网特征，移动互联网能够为用户提供无穷无尽的创新型业务。

开放、分享、协作和创新构成了移动互联网的核心特征。随着移动互联网的深入发展，移动产业现有的垄断性、封闭性终将被打破，开放性将成为移动互联网服务的基本标准。更多新颖的服务将出现在移动终端而不必依靠现在的移动运营商门户。用户将具有更大的自主性和更多选择，用户角色将由被动的信息接受者转变成为主动的内容创造者。移动终端的智能性将进一步增强，用户之间通信和内容体验将更具有交互性。

1.3　移动互联网的发展历程

移动互联网的发展经过了以下 4 个阶段。

(1)移动增值网：为移动通信系统提供增值业务的网络，属于业务网络，能够提供移动的各种增值业务。

(2)独立 WA P 网站：独立于移动网络体系的移动互联网站点，网站独立于运营商，直接面向消费者。

(3)移动互联网：以互联网技术(如 HTTP/HTML 等)为基础，以移动网络为承载，以获取信息、进行娱乐和商务等服务的公共互联网。

(4)宽带移动互联网：移动互联网的高级阶段，可以采用多种无线接入方式，如 3G，WiMAX 等。

美国移动互联网发展已进入高速成长期，在 2007 年 11 月至 2008 年 11 月的 1 年间，使用移动终端浏览新闻、获取信息及娱乐的人数上升了 52%，高于欧洲国家 42%的发展速度且呈现出不断加速的趋势，根据互联网流量监控机构 ComScore 公布的 2009 年 1 月统计数据，该用户数已经上升至 6320 万个，比 2008 年上涨了 71%。

日本移动互联网市场启动时间较早，自 1999 年 2 月 NTT DoCoMo 推出 i - mode 服务以来，移动互联网业务种类不断推陈出新，Wireless Watch Janpan 发布的数据显示近年来日本移动互联网用户规模稳步扩大。日本移动运营商不断推动移动互联网和固定互联网的互通与融合，业务种类日益丰富，形成了以搜索、电子商务和社交网站为主的成熟的商业模式。

韩国移动互联网的发展始于 2002 年韩国移动运营商把 CDMA 网络全面升级到 CDMA20001xEV - DO，此后 SKT 和 KTF 分别推出了包括一系列高端移动多媒体应用和下载服务在内的移动互联网业务。在 KTF 的市场调查结果中，2008 年数据显示韩国平均 2.75 个手机用户中就有一个用户使用高速互联网。目前韩国年轻人群中有 80%以上使用过移动互联网的服务，平均每人每天的访问次数在 2.5 次左右，每次访问的时间为 7.7min 左右。

就国内而言，CNNIC 数据显示截至 2009 年年底，我国移动互联网用户规模达到 2.33 亿人，同比增长 99%，远高于桌面互联网 29%的同比增长率。截至 2010 年上半年。我国手机网民规模达 2.77 亿人，半年新增 4334 万人，增幅为 18,6%。其中只使用手机上网的网民占整体网民比例提升至 11.7%。

在移动互联网收入中，流量费、产品及服务收入的贡献最大，广告及电子商务盈利模式尚需深入挖掘。移动互联网的快速发展，流量费最先为运营商带来收益。2009 年移动互联网流量费用约 230 亿元，占比接近 60%；其次为产品及服务支付，2009 年费用近 155 亿元，其中音乐和游戏贡献最大。2009 年广告及电子商务收入分别近 5 亿元和 1.3 亿元，移动互联网营销价值及销售渠道价值仍需继续挖掘。

1.4 移动互联网的发展趋势

随着移动通信和无线网络新技术不断发展，终端软硬件性能的提高，移动互联网的发展也呈现出以下趋势。

(1)高带宽。随着 WLAN,PON,LTE 等技术发展，接入网络日益宽带化。理论上 4G 技术能够以 100Mb/s 的速度下载，以前无法使用的多媒体、高清视频等高带宽应用业务都可以逐步实现。

(2)多媒体。3G 网络数据传输能力的提升，推动了移动互联网内容从文字、图片走向音频、视频、游戏等多媒体形式，以高清视频为代表的移动业务多媒体化特征更加明显。

(3)生活化。终端处理能力不断提升，终端硬件上集成了越来越多的感应器，如重力感应器、陀螺仪等推动了定位、遥控、测量健康指数、记录运动状态等生活应用的产生和不断发展。

(4)个性化。当今时代内容过剩，富有个人特色、彰显用户个性的内容 UGC 制作、分享、交流、订阅对用户越来越有吸引力。

(5)开放化。开放是互联网成功的最重要原因之一，移动互联网更加强调开放和聚合，能够开放各种 CT 和 IT 能力整合各种信息内容和应用，通过统一标准的接口进行开放，方便 SP 调用、组合和产生新的应用。

1.5 移动互联网的体系架构

移动互联网的出现带来了移动网和互联网融合发展的新时代，移动网和互联网的融合也会是在应用、网络和终端多层面的融合。为了能满足移动互联网的特点和业务模式需求，在移动互联网技术架构中要具有接入控制、内容适配、业务管控、资源调度、终端适配等功能。构建这样的架构需要从终端技术、承载网络技术、业务网络技术各方面综合考虑。

图 1.1 所示为移动互联网的典型体系架构模型。

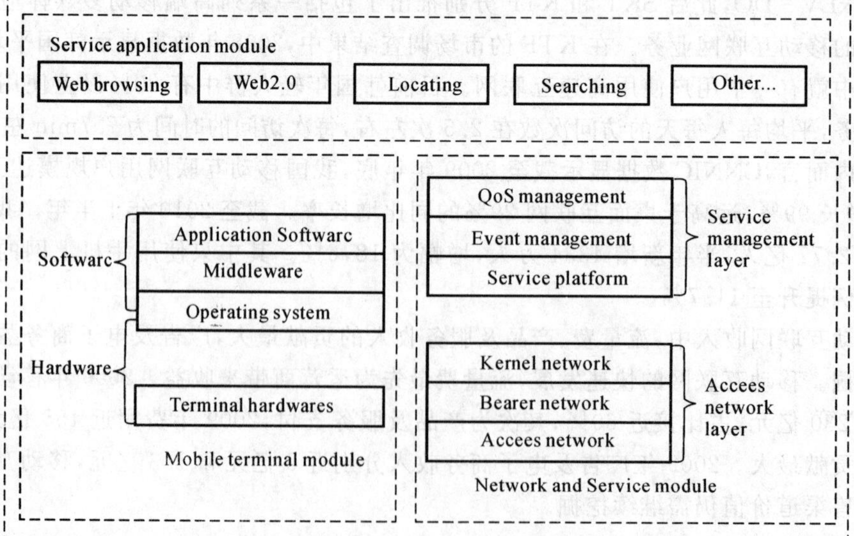

图 1.1　移动互联的体系架构

(1)业务应用层:提供给移动终端的互联网应用,这些应用中包括典型的互联网应用,比如网页浏览、在线视频、内容共享与下载、电子邮件等,也包括基于移动网络特有的应用,如定位服务、移动业务搜索以及移动通信业务,比如短信、彩信、铃音等。

(2)移动终端模块:从上至下包括终端软件架构和终端硬件架构。

· 终端软件架构:包括应用 APP,UI,支持底层硬件的驱动、存储和多线程内核等。

· 终端硬件架构:包括终端中实现各种功能的部件。

(3)网络与业务模块:从上至下包括业务应用平台和共接入网络。

· 业务应用平台:包括业务模块、管理与计费系统、安全评估系统等。

· 公共接入网络:包括接入网络、承载网络和核心网络等。

从移动互联网中端到端的应用角度出发,又可以绘制出如图 1.2 所示的业务模型。从该图可以看出,移动互联网的业务模型分为以下 5 层。

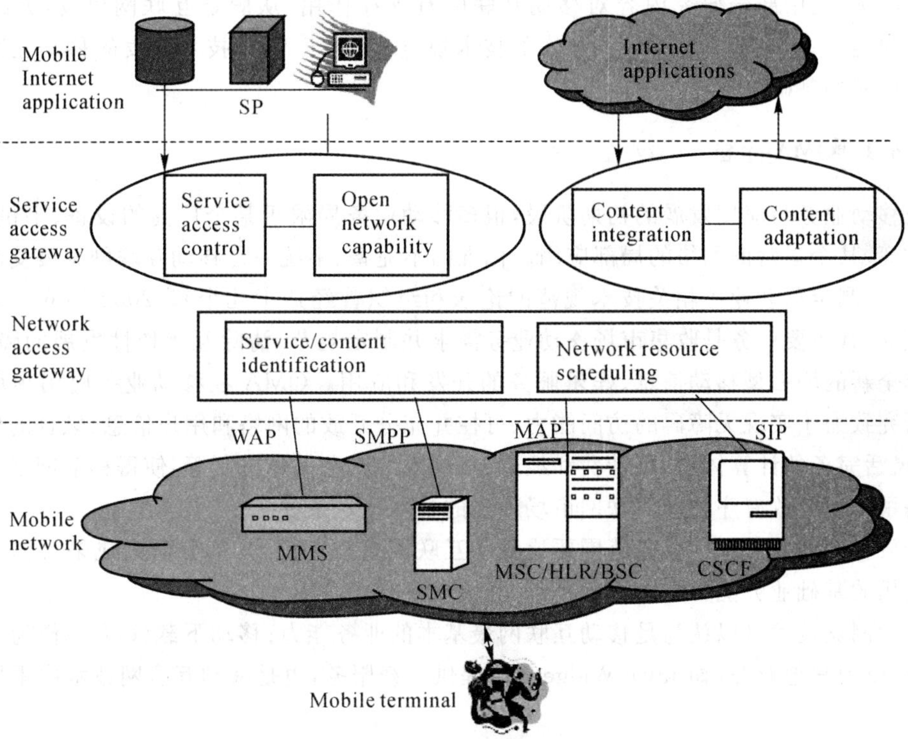

图 1.2　移动互联端到端的技术架构

(1)移动终端:支持实现 UI、接入互联网、实现业务互操作。终端具有智能化和较强的处理能力,可以在应用平台和终端上进行更多的业务逻辑处理,尽量减少空中接口的数据信息传递压力。

(2)移动网络:包括各种将移动终端接入无线核心网的设施,比如无线路由器、交换机、BSC、MSC 等。

(3)网络接入:网络接入网关提供移动网络中的业务执行环境,识别上下行的业务信息、服务质量要求等,并可基于这些信息提供按业务、内容区分的资源控制和计费策略。网络接入网关根据业务的签约信息,动态进行网络资源调度,最大程度地满足业务的 QoS 要求。

(4)业务接入:业务接入网关向第三方应用开放移动网络能力 API 和业务生成环境,使互联网应用可以方便地调用移动网络开放的能力,提供具有移动网络特点的应用。同时,实现对业务接入移动网络的认证,实现对互联网内容的整合和适配,使内容更适合移动终端对其的识别和展示。

(5)移动网络应用 :提供各类移动通信、互联网以及移动互联网特有的服务。

1.6 移动互联网的标准

由于移动互联网整体定位于业务与应用层面,业务与应用不遵循固定的发展模式,其创新性、实效性强,因此,移动互联网标准的制定面临很多争议和挑战。从移动应用出发,为确保基本移动应用的互通性,开放移动联盟(OMA)组织制定移动应用层的技术引擎、技术规范及实施互通测试,其中部分研究内容对移动互联网有支撑作用;从固定互联网出发,万维网联盟(W3C)制定了基于 Web 基础应用技术的技术规范,为基于 Web 技术开发的移动互联网应用奠定了坚实的基础。

1.6.1 OMA 标准

在移动业务与应用发展的初期阶段,很多移动业务局限于某个厂商的设备、手机,某个内容提供商、某个运营商网络的局部应用。标准的不完备、不统一是移动互联网发展受限的主要原因之一(制定移动业务相关技术规范的论坛和组织曾经达十几个)。2002 年 6 月初,OMA 正式成立,其主要任务是收集市场移动业务需求并制定规范,清除互操作性发展的障碍,并加速各个全新的增强型移动信息、娱乐服务的开发和应用。OMA 在移动业务应用领域的技术标准研究致力于实现无障碍的访问能力、可控并充分开放的网络和用户信息、融合的信息沟通方式、灵活完备的计算体系、可计费和经营、多层次的安全保障机制等,使得移动网络和移动终端具备了实现开放有序移动互联网市场环境的基本技术条件。

开放移动联盟定义的业务范围要比移动互联网更加广泛,其部分研究成果可作为移动互联网应用的基础业务能力。

移动浏览技术可以认为是移动互联网最基本的业务能力;移动下载(OTA)作为一个基本业务,可以为其他业务(如 Java,Widget 等)提供下载服务,也是移动互联网技术中重要的基础技术之一。

移动互联网服务相对于固定互联网而言,最大的优势在于能够结合用户和终端的不同状态而提供更加精确的服务。这种状态可以包含位置、呈现信息、终端型号和能力等方面。OMA 定义了多种业务规范,能够为移动互联网业务提供用户与终端各类状态信息的能力,即属于移动互联网业务的基础能力,例如呈现、定位、设备管理等。

OMA 移动搜索业务能力规范定义一套标准化的框架结构、搜索消息流和接口适配函数集,使移动搜索应用本身以及其他业务能力能有效地分享现有互联网商业搜索引擎技术成果。

开放移动联盟制定的多种移动业务应用能力规范可以对移动社区业务提供支持。作为锁定用户的有效手段,即时消息是社区类业务的核心应用;组和列表管理(XDM)里的用户群组,可以用于移动社区业务,成为移动社区里博客用户的好友群组;针对特定话题讨论的即按即说(PoC)群组,可以移植到相关专业移动社区的群组里,增加了这些用户进行交流的方式。

同时，随着 OMA 项目的进展，一些工作组的参与程度也在发生着变化，热点相对转移和集中到一些新的项目，例如 CPM、GSSM、SUPM、KPI、移动广告、移动搜索、移动社区、API 等。Parlay 组织（2008 年已并入 OMA 组织）和 OMA 组织在不同时间推出了 Parlay X 标准和 Parlay REST 标准，为移动互联网共性服务的开放提供了部分服务的描述和接口定义。

1.6.2 W3C 标准

万维网联盟（W3C）是制定 WWW 标准的国际论坛组织。W3C 的主要工作是研究和制定开放的规范，以便提高 Web 相关产品的互用性。为解决 Web 应用中不同平台、技术和开发者带来的不兼容问题，保障 Web 信息的顺利和完整流通，W3C 制定了一系列标准并监督 Web 应用开发者和内容提供商遵循这些标准。目前 W3C 正致力于可信互联网、移动互联网、互联网话音、语义网等方面的研究，无障碍网页、国际化、与设备无关和质量管理等主题也已融入 W3C 的各项技术研究之中。W3C 正致力于将万维网从最初的设计（基本的超文本链接标记语言、统一资源标识符和超文本传输协议）转变为未来所需的模式，以帮助未来万维网成为信息世界中具有高效稳定性、可提升性和强适应性的基础框架。

W3C 发布了两项标准——XHTML Basic 1.1 及移动 Web 最佳实践 1.0。这两项标准均针对移动 Web，其中 XHTML Basic 1.1 是 W3C 建议的移动 Web 置标语言。W3C 针对移动特点，在移动 Web 设计中遵循如下原则：

为多种移动设备设计一致的 Web 网页。在设计移动 Web 网页时，考虑到各种移动设备，以降低成本，增加灵活性，并使 Web 标准可以保证不同设备之间的兼容。

针对移动终端、移动用户的特点进行简化与优化。对图形和颜色进行优化，显示尺寸，文件尺寸等要尽可能小，要方便移动用户的输入；移动 Web 提供的信息要精简，明确。

节约使用接入带宽。不要使用自动刷新、重定向等技术，不要过多应用外部资源，要较好地利用缓存技术。

1.6.3 CCSA 标准

中国通信标准化协会（CCSA）负责组织移动互联网标准的研究工作。部分项目于中国产业的创新，也有大量工作与 W3C 和 OMA 等国际标准化工作相结合。

目前，CCSA 开展了 WAP、Java、移动浏览、多媒体消息（MMS）、移动邮件（MEM）、即按即说、即时状态、组和列表管理、即时消息（IM）、安全用户面定位（SUPL）、移动广播业务（BCAST）、移动广告（MobAd）、移动阅读、移动搜索（MobSrch）、融合信息（CPM）、移动社区、移动二维码、移动支付等标准的研究，面向移动 Web2.0 的工作已起步，并开始研究移动聚集（Mashup）、移动互联网 P2P、移动互联网架构等方面的工作。

移动互联网标准化方面取得了一些进展，但是，移动互联网中最为核心的智能终端方面的标准还是空白，跨系统或跨平台标准化水平还很低。目前智能终端操作系统、中间件平台本身以及基于智能终端开发的应用程序标准化工作尚不完善，不能很好地满足当前的行业需求。而跨系统或跨平台标准化的工作在国际范围内正在起步，亟待全面发展。

第2章 移动终端与操作系统

移动智能终端是实现移动互联的前提和基础。随着智能终端技术的不断发展,移动终端逐渐具备了较强的计算、存储和处理能力以及触摸屏、定位、视频摄像头等功能组件,拥有了智能操作系统和开放的软件平台。采用智能操作系统的移动互联网终端,除了具备通话和短信功能外,还具有网络扫描、接口选择、蓝牙I/O、后台处理、能量监控、节能控制、低层次内存管理、持久存储和位置感知等功能。这些功能使得移动智能终端在医疗卫生、社交网络、环境监控、交通管理等领域得到越来越多的应用。

2.1 移动终端的硬件组成

移动互联网终端大多数采用双CPU结构,具体结构如图2.1所示,主要由以下四部分组成。

(1)数字基带处理器:选择适当的移动通信网络,建立和维持网络连接,实现话音和数据通信,一般采用DSP实现。

(2)应用处理器:采用嵌入式操作系统,加载多种应用协议以提供各种业务。

(3)射频模块:无线信号接收和发射的放大。

(4)电源管理部分。

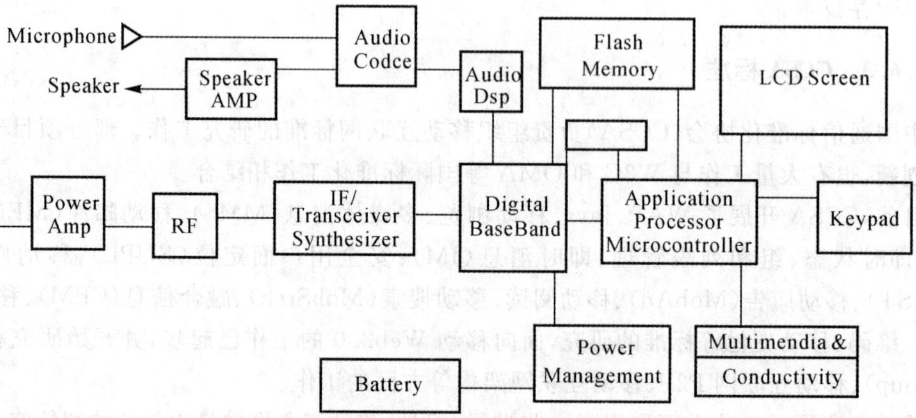

图2.1 移动互联网终端的硬件结构

移动互联网终端涉及的部分硬件领域如图2.2所示。终端的核心是芯片,从芯片来说,基带处理器将更高速率演进(如HSPA+下行速率从21Mbps到42Mbps,以及8421Mbps等倍增的速率)。同时,未来的芯片将支持HSPA+/LTE/EV-DO等多种通信协议,以满足3G/4G过渡及多制式的需要。在应用处理器部分,将延续ARAM架构的演进路线,向多核及1.5GHz以及更高处理频率、集成专业图形处理芯片及支持更多硬件架构和标准化接口的方向演进。从移动芯片组来看,则是向多芯片组发展,同时主流芯片将采用 28 nm 及更好的工艺,以进一步减小功耗,提高集成度。总体来说,高度集成化、高速率、支持多种操作系统、多制式以及低功耗将是未来的发展方向。

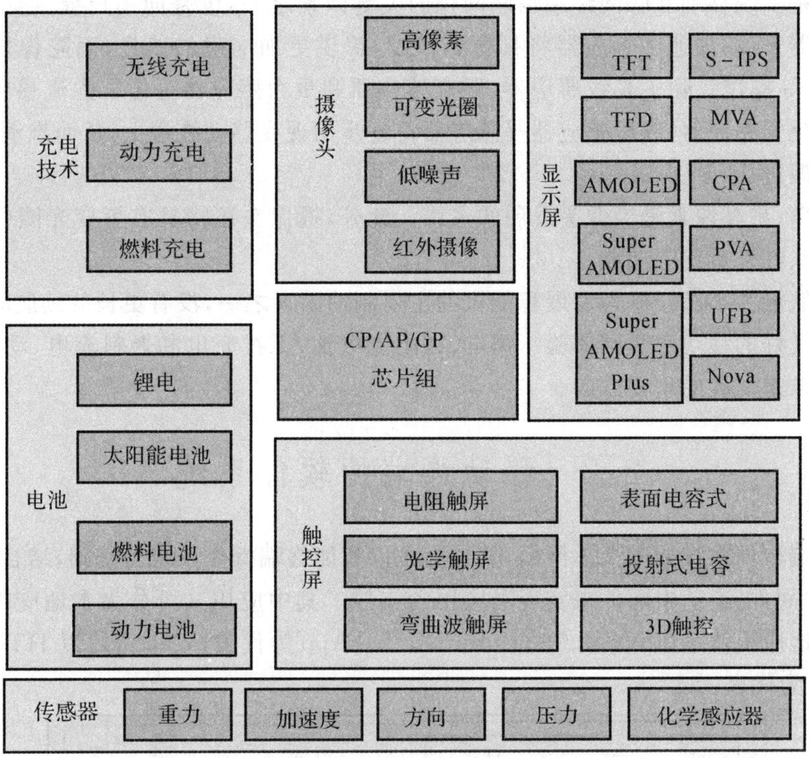

图 2.2　移动互联网硬件技术

屏幕技术可以分为显示屏技术和触屏技术两方面,而对屏幕的评价,则可以从屏幕颜色、屏幕材质和屏幕尺寸三方面进行。从显示屏技术上来看,可以从背光源演进、驱动方式演进和显示分类演进 3 个角度来分析。背光源从冷阴极萤光灯管 CCFL 演进到 LED 方式,从而实现节电地热、长寿命、快速反应等技术性能;驱动从无源向 TFT 方式演进,这样可以实现像素独立控制,并提高反应速度以及精确控制灰度;从显示分类上来说,IPS 屏向 S-IPS 和 PLS 演进,具有更大视角,更高亮度以及更薄的厚度,而 VA 则向 MVA,PVA 和 CPA 演进。

投射式电容屏是目前的主流技术。由于触控屏占据智能手机成本的 15%左右,为了降低成本,有两种技术路线,一种是单片玻璃方案(Touch on Lens),另一种是 On-Cell 方案(以三星为代表)和 In-Cell 方案(以 LG 和夏普为代表)。

从提升用户体验的角度来看,软性屏幕、触感压力、红外输入和电磁笔是交互方式未来演进的几个重要方向。软性屏幕技术是指屏幕具备柔性,可以卷曲折叠、轻薄等特征,相比普通显示屏,这种屏幕能够支持更多的应用,如作为电纸书和电子护照等。触感压力是通过压力感应器和 LCD 下方的震动板实现真实的手指触感,具有更快更准确的压力反馈,产生更多触感体验。红外输入是通过 X/Y 方向红外矩阵感应空间触摸,这项技术可以产生多种 3D 操作,实现空间 UI 操作,同时降低输入错误率。电磁笔是一种电磁共振技术,其笔尖通过 FPCB 产生感应电流，精准度可达 0.5m m，通过电磁笔，以实现与真实笔涂写效果一致的体验。

整体来说，显示屏的发展方向是更大尺寸、高清、低功耗、更好的显示技术以及更加精准和人性化的输入。

传感器是实现移动互联网终端物联网化的关键因素之一，也是向用户提供更多功能的基础。从传感器来说，加速度感应器将具备更精度，提供更加准确的信息，而陀螺仪则支持 3D UI，旋转 UI 等操作。除了光线感应器、距离感应器和重力感应器等传统主流感应器外，更多的感应器如化学感应器、气压感应器等感应器将逐步出现在移动终端上，从而推动终端向全面感知的方向演进。

更低噪声、更高像素是摄像头发展的主线。此外，摄像头还将具有可变光圈（根据光线自动调节光圈）、红外摄像等功能。

电池续航能力小已经成为发展智能机的主要制约因素之一，没有更长的续航时间，就无法为用户提供良好的移动互联网体验。锂电、太阳能电池、无线充电和燃料充电、动力充电等都是电池技术未来发展的重要方向。

2.2 移动终端的软件系统

移动终端软件系统如图 2.3 所示，其特点是以智能终端操作系统为基础，结合多种基础中间件、业务中间件、通信中间件来实现对应用的支撑。其中应用又可分为本地应用和 Web 应用两类。本地应用体系以 iOS＋AppStore＋Native App 为代表，Web 协议以 HTML5/Widge＋Web App 为代表。

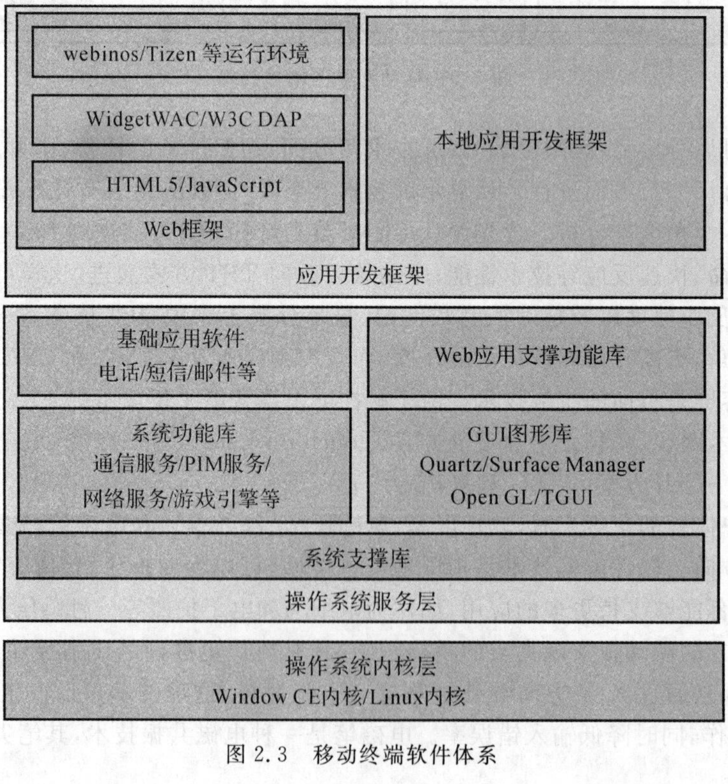

图 2.3 移动终端软件体系

从操作系统角度来看，大致有以下 3 种模式。

(1)系统闭源/封闭文件管理系统/接口开放模式：以 iOS/Windows Phone 为代表，这类系统最大的特点是系统不开放源码，也不提供本地文件系统功能（从而将系统操控权完全掌握在操作系统所有者手中），但足这类系统均提供了开放的接口，可以供第三方进行应用开发。

(2)系统闭源/开放文件管理系统/接口开放模式：以沃 Phone 0S/ Windows Mobile 为代表，这类系统最大的特点是系统不开放源码，但提供本地文件系统功能（从而将系统操控权完全掌握在操作系统所有者手中），这类系统也提供了开放的接口，可以供第三方进行应用开发。

(3)系统开源/开放文件管理系统/接口开放模式：以 Android/Web OS/Windows CE 为代表，这类系统最大的特点是系统开放或部分开放源码，同时也提供本地文件管理功能和开放的接口。

3 种模式均有各自的优缺点，第一种模式下，用户可以获得最稳定、安全的应用程序，同时也为第三方应用盈利提供了良好的基础，但是用户只能从固定的渠道文件下载应用，通过不同的方式管理不同类型的多媒体文件。第二种模式下，用户可以从多个渠道下载应用，操作系统则可以选择认证或不认证，具有比较大的灵活性，但是带来的缺陷是如果没有认证机制，容易造成稳定性和安全性的问题，也不利于有效鼓励第三方应用开发。第三种模式下，开发者可以对系统进行深度定制，利于形成多样化的系统满足用户不同的需求，但缺点是系统版本分化，容易出现兼容性问题。

从操作系统的发展趋势来说，三种模式的系统均会同时演进，但总体上来说，在保持灵活性的基础上尽量避免版本分化、增强系统对应用的认证以及更深程度的开放 API，将是终端操作系统的发展方向。

2.3　iOS 操作系统

iOS 是由苹果公司开发的手持设备操作系统。苹果公司最早于 2007 年 1 月的 Macworld 大会上公布这个系统，最初是设计给 iPhone 使用的，后来陆续套用到 iPod touch、iPad 以及 Apple TV 等苹果产品上。iOS 与苹果的 Mac OS X 操作系统一样，它也是以 Darwin 为基础的，因此同样属于类 Unix 的商业操作系统。直到 2010 年 6 月 WWDC 大会上宣布定名为 iOS。截至 2011 年 11 月，根据 Canalys 的数据显示，iOS 已经占据了全球智能手机系统市场份额的 30％，在美国的市场占有率为 43％。

iOS SDK 包含开发、安装及运行本地应用程序所需的工具和接口。本地应用程序使用 iOS 系统框架和 Objective－C 语言进行构建，并且直接运行于 iOS 设备。它与 Web 应用程序不同，一是它位于所安装的设备上，二是不管是否有网络连接它都能运行。可以说本地应用程序和其他系统应用程序具有相同地位。本地应用程序和用户数据都可以通过 iTunes 同步到用户计算机。

2.3.1　技术分层

iOS 运行于 iPhone，iPod touch 以及 iPad 设备的操作系统，它管理设备硬件并为手机本地应用程序的实现提供基础技术。根据设备不同，操作系统具有不同的系统应用程序，例如 Phone，Mail 以及 Safari，这些应用程序可以为用户提供标准系统服务。iOS 的系统结构分为四个层次：核心操作系统（Core OS 层），核心服务层（Core Services 层），媒体层（Media 层），Cocoa 触摸框架层（Cocoa Touch 层），如图 2.4 所示。

1. Cocoa Touch 层

Cocoa Touch 层是 iOS 架构中最重要层之一。它包括开发 iPhone 应用的关键框架，当开发 iOS 应用时，开发者总是从这些框架开始，然后向下追溯到需要的较低层框架。Cocoa Touch 层包括 UIKit 框架，基础框架（Foundation Framework）和电话本 UI 框架（Address Book UI Framework）。

图 2.4 iOS 软件架构

（1）UIKit 框架。UIKit 框架（UIKit. framework）包含 Objective－C 程序接口，提供实现图形、事件驱动的 iPhone 应用的关键架构。iOS 中的每一个应用采用这个框架实现如下核心功能：①应用管理；②支持图形和窗口；③支持触摸事件处理；④用户接口管理；⑤提供用来表征标准系统视图和控件的对象；⑥支持文本和 Web 内容；⑦通过 URL scheme 与其他应用的集成。

为提供基础性代码建立应用，UIKit 也支持一些与设备相关的特殊功能：①加速计数据；②内建 Camera；③用户图片库；④设备名称和模式信息。

（2）基础框架。基础框架（Foundation. framework）支持如下功能：①Collection 数据类型（包括 Arrays，Sets）；②Bundles；③字符串管理；④日期和时间管理；⑤原始数据块管理；⑥首选项管理；⑦线程和循环；⑧URL 和 Stream 处理；⑨Bonjour；⑩通信端口管理；⑪国际化。

（3）电话本 UI 框架。电话本 UI 框架（AddressBookUI. framework）是一个 Objective－C 标准程序接口，主要用来创建新联系人，编辑和选择电话本中存在的联系人。它简化了在 iPhone 应用中显示联系人信息，并确保所有应用使用相同的程序接口，保证应用在不同平台的一致性。

2. Media 层

媒体层包括图像、音频和视频技术，采用这些技术在手机上创建最好的多媒体体验。更重要的是，应用这些技术开发的应用将有更好的视听效果。利用 iOS 高层框架可以快速地创建先进的图像和动画。媒体层包括图像技术（Graphics Technologies，包括 Quartz，Core Animation 和 OpenGL ES），音频技术（Audio Technologies，包括 Core Audio 和 OpenAL）和视频技术（Video Technologies）。

（1）图像技术。高质量图像是所有 iPhone 应用的一个重要的组成部分。任何时候，开发者可以采用 UIKit 框架中已有的视图和功能以及预定义的图像来开发 iPhone 应用。然而，当 UIKit 框架中的视图和功能不能满足需求时，开发者可以应用下面描述的技术和方法来制作视图。

1）Quartz。核心图像框架（CoreGraphics. framework）包含了 Quartz 2D 画图 API，Quartz 与在 Mac OS 中采用的矢量图画引擎是一样先进的。Quartz 支持基于路径（Path－based）画图、抗混淆（Anti－aliased）重载、梯度（Gradients）、图像（Images）、颜色（Colors）、坐标空间转换（Coordinate－space Transformations）、PDF 文档创建、显示和解析。虽然 API 是基于 C 语言的，它采用基于对象的抽象表征基础画图对象，使得图像内容易于保存和复用。

2）核心动画（Core Animation）。Quartz 核心框架（QuartzCore. framework）包含 CoreAnimation 接口，Core Animation 是一种高级动画和合成技术，它用优化的重载路径（Rendering Path）实现复杂的动画和虚拟效果。它用一种高层的 Objective－C 接口配置动画和效果，然后重载在硬件上获得较好的性能。Core Animation 集成到 iOS 的许多部分,包括 UIKit 类如 UIView,提供许多标准系统行为的动画。开发者也能利用这个框架中的 Objective - C 接口创建客户化的动画。

3)OpenGL ES。OpenGL ES 框架(OpenGLES. framework)符合 OpenGL ES v1. 1 规范,它提供了一种绘画 2D 和 3D 内容的工具。OpenGL ES 框架是基于 C 语言的框架,与硬件设备紧密相关,为全屏游戏类应用提供高帧率(high frame rates)。开发者总是要使用 OpenGL 框架的 EAGL 接口,EAGL 接口是 OpenGL ES 框架的一部分,它提供了应用的 OpenGL ES 画图代码和本地窗口对象的接口。

(2)音频技术。iOS 的音频技术为用户提供了丰富的音频体验。它包括音频回放,高质量的录音和触发设备的振动功能等。

iOS 的音频技术支持如下音频格式:AAC,Apple Lossless(ALAC),A - law,IMA/ADPCM(IMA4),Linear PCM,μ - law 和 Core Audio 等。

1)核心音频(Core Audio Family)。核心音频框架家族(Core Audio family of frameworks)提供了音频的本地支持。Core Audio 是一个基于 C 语言的接口,并支持立体声(Stereo Audio)。开发能采用 iOS 的 Core Audio 框架在 iPhone 应用中产生、录制、混合和播放音频。开发者也能通过核心音频访问手机设备的振动功能。

2)OpenAL。iOS 也支持开放音频库(Open Audio Library, OpenAL)。OpenAL 是一个跨平台的标准,它能传递位置音频(Positional Audio)。开发者能应用 OpenAL 在需要位置音频输出的游戏或其他应用中实现高性能、高质量的音频。

由于 OpenAL 是一个跨平台的标准,采用 OpenAL 的代码模块可以平滑地移植到其他平台。

(3)视频技术。iOS 通过媒体播放框架(MediaPlayer. framework)支持全屏视频回放。媒体播放框架支持的视频文件格式包括. mov, . mp4,. m4v 和. 3gp,并应用如下压缩标准:

1)MPEG4 规范的视频部分。

2)众多的音频格式,包含在音频技术的列表里,如 AAC,Apple Lossless (ALAC),A - law,IMA/ADPCM(IMA4),线性 PCM,μ - law 和 Core Audio 等。

3. Core Services 层

核心服务层为所有应用提供基础系统服务。

(1)电话本。电话本框架(AddressBook. framework)提供了保存在手机设备中的电话本编程接口。开发者能使用该框架访问和修改存储在用户联系人数据库里的记录。例如,一个聊天程序可以使用该框架获得可能的联系人列表,启动聊天的进程(Process),并在视图上显示这些联系人信息等。

(2)核心基础框架。核心基础框架(CoreFoundation. framework)是基于 C 语言的接口集,提供 iPhone 应用的基本数据管理和服务功能。该框架支持如下功能:①Collection 数据类型(Arrays,Sets 等);②Bundles;③字符串管理;④日期和时间管理;⑤原始数据块管理;⑥首选项管理;⑦URL 和 Stream 操作;⑧线程和运行循环(Run Loops);⑨端口和 Socket 通信。

核心基础框架与基础框架是紧密相关的,它们为相同的基本功能提供了 Objective - C 接口。如果开发者混合使用 Foundation Objects 和 Core Foundation 类型,就能充分利用存在两个框架中的“toll - free bridging”。toll - free bridging 意味着开发者能使用这两个框架中的任何一个的核心基础和基础类型,例如 Collection 和字符串类型等。每个框架中的类和数据类型的描述注明该对象是否支持 toll-free bridged。如果是,它与那个对象桥接(toll-free bridged)。

(3)CFNetwork。CFNetwork 框架(CFNetwork. framework)是一组高性能的 C 语言接口集,提供网络协议的面向对象的抽象。开发者可以使用 CFNetwork 框架操作协议栈,并且可以访问低层的结构如 BSD Sockets 等。同时,开发者也能简化与 FTP 和 HTTP 服务器的通信,或解析 DNS 等任务。使用 CFNetwork 框架实现的任务如下所示:①BSD Sockets;②利用 SSL 或 TLS 创建加密连接;③解析 DNS Hosts;④解析 HTTP 协议,鉴别 HTTP 和 HTTPS 服务器;⑤在 FTP 服务器工作;⑥发布、解析和浏览 Bonjour 服务。

(4)核心位置框架(Core Location Framework)。核心位置框架(CoreLocation. framework)主要获得手机设备当前的经纬度,核心位置框架利用附近的 GPS、蜂窝基站或 Wi-Fi 信号信息测量用户的当前位置。iPhone 地图应用使用这个功能在地图上显示用户的当前位置。开发者能融合这个技术到自己的应用中,给用户提供一些位置信息服务。例如可以提供一个服务:基于用户的当前位置,查找附近的餐馆、商店或设备等。

(5)安全框架(Security Framework)。iOS 除了内置的安全特性外,还提供了外部安全框架(Security. framework),从而确保应用数据的安全性。该框架提供了管理证书、公钥/私钥对和信任策略等的接口。它支持产生加密安全的伪随机数,也支持保存在密钥链的证书和密钥。对于用户敏感的数据,它是安全的知识库(Secure Repository)。

CommonCrypto 接口也支持对称加密、HMAC 和数据摘要。在 iOS 里没有 OpenSSL 库,但是数据摘要提供的功能在本质上与 OpenSSL 库提供的功能是一致的。

(6)SQLite。iPhone 应用中可以嵌入一个小型 SQL 数据库 SQLite,而不需要在远端运行另一个数据库服务器。开发者可以创建本地数据库文件,并管理这些文件中的表格和记录。数据库 SQLite 为通用的目的而设计,但仍可以优化为快速访问数据库记录。访问数据库 SQLite 的头文件位于<iPhoneSDK>/usr/include/sqlite3. h,其中<iPhoneSDK>是 SDK 安装的目标路径。

(7)支持 XML。基础框架提供 NSXMLParser 类,解析 XML 文档元素。libXML2 库提供操作 XML 内容的功能,这个开放源代码的库可以快速解析和编辑 XML 数据,并且转换 XML 内容到 HTML。访问 libXML2 库的头文件位于目录<iPhoneSDK>/usr/include / libxml2/,其中<iPhoneSDK>是 SDK 安装的目标目录。

4. Core OS 层

Core OS 层包含操作系统的内核环境、驱动和基本接口。内核基于 Mac 操作系统,负责操作系统的各个方面。它管理虚拟内存系统、线程、文件系统、网络和内部通信。核心 OS 层的驱动也提供了硬件和系统框架之间的接口。然而,由于安全的考虑,只有有限的系统框架类能访问内核和驱动。

iOS 提供了许多访问操作系统低层功能的接口集,iOS 应用通过 LibSystem 库来访问这些功能,这些接口集如下所示:①线程(POSIX 线程);②网络(BSD sockets);③文件系统访问;④标准 I/O;⑤Bonjour 和 DNS 服务;⑥区域语言相关信息(Locale Information);⑦内存分配;⑧数学计算。

许多 Core OS 技术的头文件位于目录<iPhoneSDK>/usr/include/,iOS SDK 是 SDK 的安装目录。

2.3.2 应用开发接口

iOS 框架提供了开发应用程序的接口，列出了框架的类、方法、函数、类型或常量的关键词前缀(Key Prefix)。开发者在自己的程序中应尽量避免使用这些关键词作为前缀。

(1)设备框架。表 2.1 描述了 iOS 设备的框架，它们位于目录<Xcode>/Platforms/iPhoneOS. platform/Developer/SDKs/<iPhoneSDK>/System/Library/Frameworks，这里<Xcode>是<Xcode>的安装目录，<iPhoneSDK>是指定的 SDK 版本目录。

表 2.1　iOS 设备的框架

名　称	初始版本	前　缀	描　述
AddressBook. framework	2.0	AB	包含直接访问用户联系人数据库的功能
AddressBookUI. framework	2.0	AB	包含显示系统定义联系人和编辑接口
AudioToolbox. ramework	2.0	AU，Audio	包含音频流数据处理和音频播放与录制接口
AudioUnit. framework	2.0	AU，Audio	包含装载和使用音频单元的接口
CFNetwork. framework	2.0	CF	包含 Wi-Fi 和蜂窝基站访问网络的接口
CoreAudio. framework	2.0	Audio	提供 Core Audio 数据类型
CoreFoundation. framework	2.0	CF	提供基础软件服务，包括通用数据类型、字符串应用、Collection Utilities、资源管理和首选项的抽象
CoreLocation. framework	2.0	CL	包含用户位置信息的接口
CoreGraphics. framework	2.0	CG	包含 Quartz 2D 的接口
Foundation. framework	2.0	NS	包含 Cocoa 基础层的类和方法
IOKit. framework	2.0	N/A	包含设备接口
MediaPlayer. framework	2.0	MP	包含播放全屏视频接口
OpenAL. framework	2.0	AL	包含跨平台位置音频库的 OpenAL 接口
OpenGLES. framework	2.0	EAGL，GL	包含 OpenGL ES 接口，它是跨平台的 2D 和 3D 图形库的 OpenGL 的嵌入式版本
QuartzCore. framework	2.0	CA	包含 Core Animation 接口
Security. framework	2.0	CSSM，Sec	包含管理证书，公钥/私钥对和信任策略的接口
System - Configuration. framework	2.0	SC	包含设备网络配置的接口
UIKit. framework	2.0	UI	包含 iPhone 应用的用户界面的类和方法

(2)模拟器框架(Simulator Framework)。虽然开发者针对设备框架开发代码,开发者也需要针对模拟器框架编译代码进行应用测试。设备框架和模拟器框架绝大多数是相同的,但也有一些细微的不同。例如,模拟器框架采用几个 Mac OS X 框架作为自己实现的一部分,这样由于系统的限制,设备框架和模拟器框架获得的接口可能有些细微的不同。表 2.2 描述了 iPhone 模拟器框架。iPhone 模拟器框架位于目录＜Xcode＞/Platforms/iPhoneSimulator.platform/Developer/ SDKs/＜SimulatorSDK＞/System/Library/Frameworks,＜Xcode＞是＜Xcode＞的安装目录,＜SimulatorSDK＞是特别的 Simulator SDK 目录。

表 2.2 iPhone 模拟器框架

名　称	版　本	前　缀	描　述
Accelerate. framework	2.0	cblas,vDSP, vv	模拟器内部使用的框架,iPhone 应用不能引用这个框架
AddressBook. framework	2.0	AB	包含直接访问联系人数据库的函数
AddressBookUI. framework	2.0	AB	包含系统定义的联系人选择器和编辑接口
Application - Services. framework	2.0	N/A	包含指向核心图形框架的指针
AudioToolbox. framework	2.0	AU, Audio	包含处理音频流和音频播放与录制的接口
AudioUnit. framework	2.0	AU,Audio	包含装载和使用音频单元的接口
CFNetwork. framework	2.0	CF	包含 Wi - Fi 和蜂窝基站访问网络的接口
CoreAudio. framework	2.0	Audio	包含高层音频接口
CoreFoundation. framework	2.0	CF	提供基础软件服务,包括通用数据类型、字符串管理、Collection 应用、资源管理和首选项管理等
CoreGraphics. framework	2.0	CG	包含 Quartz 2D 接口
CoreLocation. framework	2.0	CL	包含用户位置接口
CoreServicesframework	2.0	CF	模拟器使用的内部框架
Disk Arbitration. framework	2.0	N/A	模拟器使用的内部框架
Foundation. framework	2.0	NS	包含 Cocoa 基础层的类和方法
IOKit. framework	2.0 N/A	N/A	模拟器使用的内部框架
MediaPlayer. framework	2.0	MP	包含全屏视频播放接口
OpenAL. framework	2.0	AL, al	包含跨平台位置音频库的 OpenAL 接口
OpenGLES. framework	2.0	GL, gl	包含 OpenGL ES 接口,它是跨平台的 2D 和 3D 图形库 OpenGL 的嵌入式版本
QuartzCore. framework	2.0	CA	包含 Core Animation 接口

续 表

名　称	版　本	前　缀	描　述
Security. framework	2.0	CSSM，Sec	包含管理证书、公钥/私钥对和信任策略的接口
System - Configuration. framework	2.0	SC	包含设备网络配置的接口
UIKit. framework	2.0	UI	包含 iPhone 应用的用户界面的类和方法

(3)系统库(System Libraries)。需要指出的是，Core OS and Core Services 层的一些专业库并没有封装成框架。iOS 在系统目录/usr/lib 中包含许多动态共享库，其后缀为. dylib，它们的头文件位于目录/usr/include。iPhone SDK 的每个版本都包括动态共享库的本地复制。这些复制安装在开发系统，开发者能从 Xcode 项目中链接它们。这些动态库位于＜Xcode＞/Platforms/ iPhoneOS. platform/Developer/SDKs/＜iPhoneSDK＞/usr/lib，其中＜Xcode＞是＜Xcode＞的安装目录，＜iPhoneSDK＞是指定的 SDK 版本目录。例如，iOS 2.0 SDK 的动态共享库位于目录:/Developer/Platforms/iPhoneOS. platform/Developer/SDKs/iPhoneOS2. 0. sdk/usr/lib，相应的头文件位于/Developer/Platforms/iPhoneOS. platform/Developer/SDKs/iPhoneOS 2. 0. sdk/usr/include。

iOS 用符号链接指向大多数库的当前版本。当使用链接动态共享库时，用符号链接代替链接库的某个版本。iOS 将来有可能改变库的版本，如果当前开发的软件链接到库的某个固定版本，这个版本有可能将来在用户的系统中不存在。

2.4　Android 操作系统

2008 年 9 月，美国运营商 T - Mobile USA 在纽约正式发布第一款 Google 手机 T - Mobile G1，该款手机为宏达电制造，是世界上第一部基于真正开放的和完整的移动软件 Android 操作系统的手机，支持 WCDMA/HSPA 网络，理论下载速率 7.2 Mb/s，并支持 Wi - Fi。

Android 是 Google 开发的基于 Linux 平台的开源手机操作系统，它包括一个操作系统、中间件以及大量的关键应用。Android 平台有一个运行在 Linux 内核之上的 Dalvik 虚拟机。Dalvik 虚拟机在保证 API 兼容的同时，针对移动手机进行了大幅优化，占用资源更小、运行效率更高。应用开发者能够使用 Java 编程语言，基于 Android SDK 平台开发大量的增值应用。其应用方向主要是针对于性能不足，网络连接受限的硬件平台，其构建的目的是提供给开发者一个开源，易用的低成本开发框架和开发环境。目前，该平台已经应用到了手机，智能采集系统，多媒体播放器等产品上。

2.4.1　技术架构

现在 Android SDK 1.0 版本已经发布。它包括源码框架、实例工程、开发工具、模拟器以及使用 Java 语言开发 Android 应用的必须的工具和 API 接口。

1. 技术特性

Android 平台的技术特性：

应用程序框架：支持组件的重用与替换；

Dalvik 虚拟机：专为优化移动设备；

集成的浏览器：基于开源的 WebKit 引擎；

优化的图形库：包括定制的 2D 图形库、3D 图形库、OpenGL ES 1.0(硬件加速可选)；

SQLite 库：存储结构化的数据；

多媒体支持：包括常见的音频、视频和静态图像格式(如 MPEG4，H.264，MP3，AAC，AMR，JPG，PNG，GIF 等)；

GSM 电话技术(依赖硬件)；

蓝牙(Blue Tooth)，EDGE，3G 和 Wi－Fi(依赖硬件)；

照相机、GPS、指南针和加速器(Accelerometer)(依赖硬件)；

丰富的开发环境：包括设备模拟器、调试工具、内存及性能分析图表和 Eclipse 集成开发环境插件等。

2. 组件架构

Android 操作系统的主要组件架构如图 2.5 所示，下面将具体描述每一个组件。

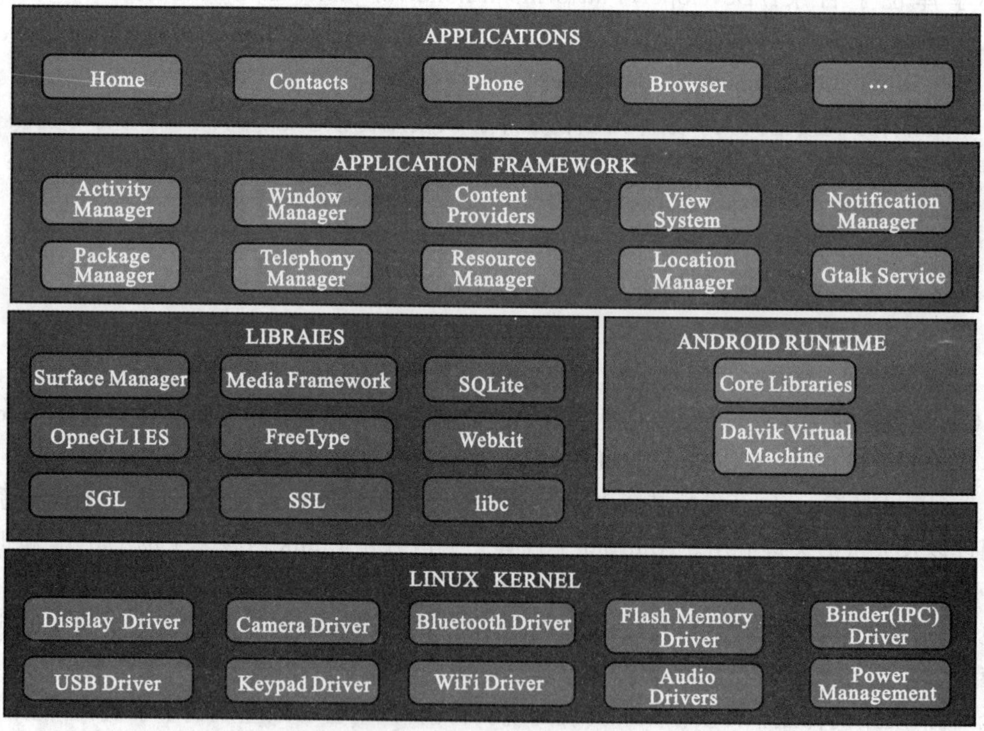

图 2.5 Android 操作系统的主要组件架

(1)应用程序(Applications)。Android 会同一系列核心应用程序包一起发布，该应用程序包包括 E－mail 客户端、SMS 短信程序、日历、地图、浏览器、联系人管理程序等。所有的应用程序都是使用 Java 语言编写的。

(2)应用程序框架(Application Framework)。开发者也可以访问核心应用程序所使用的API框架。该应用程序的架构设计简化了组件的重用;任何一个应用程序都可以发布它的功能块,并且任何其他的应用程序都可以使用其所发布的功能块(应该遵循框架的安全性限制)。同样,该应用程序的重用机制也使用户可以方便地替换程序组件。

隐藏在每个应用后面的是一系列的服务和系统,其中包括:

丰富而又可扩展的视图(Views):可以用来构建应用程序,它包括列表(Lists)、网格(Grids)、文本框(Text Boxes)、按钮(Buttons),甚至包括可嵌入的 Web 浏览器;

内容提供器(Content Providers):使得应用程序可以访问另一个应用程序的数据(如联系人数据库),或者可以共享它们自己的数据;

资源管理器(Resource Manager):提供非代码资源的访问,如本地字符串、图形和布局文件(Layout Files);

通知管理器(Notification Manager):使得应用程序可以在状态栏中显示自定义的提示信息;

活动管理器(Activity Manager):用来管理应用程序生命周期,并且提供常用的导航回退功能。

(3)程序库(Libraries)。Android 包含一些 C/C++库,Android 系统中不同的组件可以使用这些库。它们通过 Android 应用程序框架为开发者提供服务。下面是一些核心库:

系统 C 库:一个从 BSD 继承的标准 C 系统函数库(LibC),它是专门为基于嵌入式 Linux 设备定制的;

媒体库:基于 PacketVideo OpenCORE,该库支持多种常用的音频、视频格式文件的回放和录制,同时支持静态图像文件,编码格式包括 MPEG4,H. 264,MP3,AAC,AMR,JPG 和 PNG;

Surface Manager:管理显示子系统,并且为多个应用程序提供 2D 和 3D 图层的无缝融合;

LibWebCore:一个最新的 Web 浏览器引擎,支持 Android 浏览器和一个可嵌入的 Web 视图;

SGL:底层的 2D 图形引擎;

3D 库:基于 OpenGL ES 1.0 API 实现;该库可以使用 3D 硬件加速或者使用高度优化的 3D 软加速;

FreeType:位图(Bitmap)和矢量(Vector)字体显示;

SQLite 库:一个对于所有应用程序可用,功能强劲的轻型关系型数据库引擎。

(4)Android 运行库。Android 包括一个核心库,它提供 Java 编程语言核心库的大多数功能。

每一个 Android 应用程序都在自己的进程中运行,都拥有一个独立的 Dalvik 虚拟机实例。Dalvik 被设计成一个设备可以同时高效地运行多个虚拟系统。Dalvik 虚拟机执行.dex 的 Dalvik 可执行文件,该格式文件针对小内存的使用进行了优化,同时虚拟机是基于寄存器的,所有的类由 Java 编译器编译,然后通过 SDK 中的“dx”工具转化成.dex 格式,最后由虚拟机执行。

Dalvik 虚拟机依赖于 Linux 内核的一些功能,比如线程机制和底层内存管理机制等。

(5)Linux 内核。Android 核心系统服务依赖于 Linux 2.6 内核,如安全性、内存管理、进程管理、网络协议栈和驱动模型等。Linux 内核也同时作为硬件和软件栈之间的抽象层。

2.4.2 应用程序组件

一般情况下 Android 应用程序是由以下 4 个组件构成的：活动、广播接收器、服务、内容提供器。

需要注意的是，并不是每个 Andorid 应用程序都必须包含这 4 个组件，有些可能由其中部分组件组成。开发者一旦确定了应用程序所需要的组件，那么就应该在 AndroidManifest. xml 中列出它们。AndroidManifest. xml 是一个 XML 配置文件，它用于定义应用程序中需要的组件、组件的功能及必要条件等。

1. 活动(Activity)

活动是最基本的 Andorid 应用程序组件。在应用程序中，一个活动通常就是一个单独的屏幕。每个活动都被实现为一个独立的类，并且从活动基类中继承。活动类将会显示由视图控件组成的用户接口，并对事件做出响应。大多数的应用是由多个屏幕显示组成。例如，一个文本信息的应用也许有一个显示发送消息的联系人列表屏幕，第二个屏幕用来写文本消息和选择收件人，第三个屏幕查看历史消息或者消息设置操作等。这里每个屏幕都是一个活动，很容易实现从一个屏幕到一个新屏幕并且完成新的活动。在某些情况下，当前屏幕也许需要向上一个屏幕提供返回值，比如让用户从手机中挑选一张照片返回通讯录，做为电话拨入者头像。

当打开一个新屏幕时，之前的屏幕会被置为暂停状态并且压入历史堆栈中。用户可以通过回退操作回到以前打开过的屏幕。可以选择性的移去一些没有必要保留的屏幕，因为 Android 会把每个从主菜单打开的程序保留在堆栈中。

2. 意图(Intent)和意图过滤器(Intent Filter)

调用 Android 专有类意图(Intent)进行屏幕之间的切换。Intent 描述应用想做什么。Intent 数据结构中两个最重要的部分是动作和动作对应的数据。典型的动作类型有活动的门户(Main)、查看(View)、选取(Pick)、编辑(Edit)等，而动作对应的数据则以 URI 形式进行表征。例如要查看某个人的联系方式，开发者需要创建一个动作类型为 View 的 Intent，以及一个表示这个人的 URI。

与 Intent 相关的一个类叫做 Intent Filter。当 Intent 请求做某个动作时，Intent Filter 用于描述一个活动或者广播接收器(Broadcast Receiver)，能够操作哪些 Intent。一个活动如果要显示一个人的联系方式时，需要声明一个 Intent Filter。这个 Intent Filter 要知道怎么去处理 View 动作和表示一个人的 URI。Intent Filter 需要在文件 AndroidManifest. xml 中定义。

通过解析各种 Intent，从一个屏幕切换到另一个屏幕是很简单的。当向前导航时，活动将会调用 startActivity(myIntent)方法。然后系统会在所有安装的应用程序定义的 Intent Filter 中查找，找到最匹配 myIntent 的 Intent 对应的活动。新的活动接收到 myIntent 通知后，开始运行。当 start 方法被调用将触发解析 myIntent 的动作，这个机制提供了两个关键好处：

活动能够重复利用从其他组件中以 Intent 的形式产生的一个请求；

活动可以在任何时候被一个具有相同 Intent Filter 的新的活动取代。

3. 意图接收器(Intent Receiver)

开发者可以使用 Intent Receiver 让自己的应用对一个外部事件做出响应，比如当电话呼入时，或者当数据网络可用时，或者时间到晚上了。Intent Receiver 不能显示用户界面，它只能通过 Notification Manager 通知用户这些有趣的事情发生了。Intent Receiver 既可以在 AndroidManifest. xml 中注册，也可以在代码中使用 Context. registerReceiver()进行注册。但是当这些有趣的事情发生时，应用不必删请求调用 Intent Receiver，系统会在需要的时候启动应用，并在必要的情况下触发 Intent Receiver。各种应用还可以通过使用 Context. broadcastIntent()将它们自己的 Intent 广播给其他应用程序。

4. 服务(Service)

服务是具有较长的生命周期但是没有用户界面的代码程序。一个典型的例子是一个正在从播放列表中播放歌曲的媒体播放器。在媒体播放器应用中，可能会有一个或多个活动，让使用者可以选择并播放歌曲。然而活动并不处理音乐回放(Playback)功能，因为用户期望在切换到其他屏幕后，音乐应该还在后台播放。在这个例子中，媒体播放器活动会使用 Context. startService() 来启动一个服务，从而可以在后台保持播放音乐。同时，系统也将保持这个服务一直运行，直到服务结束。另外，开发者还可以通过使用 Context. bindService()方法，连接到一个服务上(如果这个服务还没有运行就启动它)。当连接到一个服务后，开发者还可以通过服务提供的接口与它进行通信。在媒体播放器这个例子里，还可以进行暂停、重播等操作。

5. 内容提供器(Content Provider)

应用程序能够保存它们的数据到文件、SQLite 数据库中，甚至是任何有效的设备中。当开发者希望自己的应用数据能与其他应用共享时，内容提供器将会非常有用。一个内容提供器删实现了一组标准的方法，能够让其他的应用保存或读取此内容提供器处理的各种数据类型。

2.4.3　应用程序模块

在大多数操作系统里，存在独立的一个可执行文件(如 Windows 里的. exe 文件)，它可以产生进程，用户能操作界面元素并和应用进行交互。但是在 Android 里，这是不固定的。理解将这些分散的部分组合到一起是非常重要的。

由于 Android 这种灵活变通的特性，开发者在实现一个应用的不同部分时需要理解下述基本的技术：

(1)Android 包，简称为. apk，包含应用程序的代码以及资源。这是一个用户能下载并安装它到设备上的文件。

(2)任务，一般情况下用户能把它当做一个“应用程序”来启动。通常主菜单会有一个图标可以启动任务，这是一个上层应用，可以将任务切换到前台，放在其他应用的上面。

(3)进程，一个代码运行的核心过程。通常. apk 包的所有代码运行在一个进程里，一个进程对应一个. apk 包；然而进程标签常用来改变代码运行的位置，可以是全部的. apk 包或者是独立的活动、接收器、服务或者提供器组件等。

进程是为应用服务的，是一个底层的代码运行级别的核心进程。通常情况下应用程序包里所有代码运行在一个进程里，一个进程对应于一个应用程序。进程的标签常用来改变代码运行的位置，它可以是独立的活动、接收器、服务或者提供器组件。在 Android 系统中，进程是极为重要的概念，它是应用程序的完整实现，其主要用途：

(1) 提高稳定性和安全性，将不信任或者不稳定的代码移动到其他进程。

(2) 可将多个 Android 应用程序运行在同一个进程里减少系统开销。

(3) 帮助系统管理资源,将重要的代码放在一个单独的进程里,这样就可以部分销毁应用程序。

进程的属性被用来控制那些有特殊应用组件运行的进程。这个属性不能违反系统安全,如果两个 Android 应用程序不能共享同一个用户 ID,却试图运行在同一个进程里,是不被允许的。在这种情况下,系统将会创建两个不同的进程,每个进程中包含一个或多个线程。多数情况下,出于运行效率的考虑,Android 会避免在进程里创建多余的线程,除非它创建它自己的线程,在系统的设计和开发时应保持应用程序的单线程性。所有呼叫实例,广播接收器,以及服务的实例都应该是由这个进程里运行的主线程创建的。

但是在创建线程的过程中,有以下 3 种不符合以上规则的例外情况。

(1) 调用 IBinder 或者 IBinder 实现的接口,如果该呼叫来自其他进程,可以通过线程发送的 IBinder 或者本地进程中的线程池呼叫它们,而不能从进程的主线程呼叫。特殊情况下,呼叫一个服务的 IBinder 可以这样处理。但这意味着 IBinde: 接口的实现必须要有一种线程安全的方法,这样任意线程才能同时访问它。

(2) 调用由正在被调用的线程或者主线程以及 IBinder 派发的内容提供器的主方法,被指定的方法在内容提供器的类里有记录。这意味着实现这些方法必须要有一种线程安全的模式,这样任意其他线程同时可以访问它。

(3) 调用视图以及由视图里正在运行的线程组成的子类。通常情况下,这会被作为进程的主线程,如果创建一个线程并显示一个窗口,那么继承的窗口视图将从那个线程里启动。

2.4.4 可选 API

Android 平台适用于各种各样的手机,从最低端的普通手机直到最高端的智能手机。核心的 Android API 在每部手机上都可使用,但仍然有一些 API 接口有一些特别的适用范围,这就是所谓的“可选 API”。这些 API 之所以是“可选的”,主要是因为一个手持设备并不一定要完全支持这类 API,甚至于完全不支持。例如,一个手持设备可能没有 GPS 或 Wi - Fi 的硬件。在这个条件下,这类功能的 API 仍然存在,但不会以相同的方式来工作。例如 Location API 仍然在没有 GPS 的设备上存在,但极有可能完全没有安装功能提供者,意味着这类 API 就不能有效地使用。

(1) Wi - Fi API。Wi - Fi API 为应用程序提供了一种与那些带有 Wi - Fi 网络接口的底层无线堆栈相互交流的手段。几乎所有的请求设备信息都是可利用的,包括网络的连接速度、IP 地址、当前状态等,还有一些其他可用的网络信息。一些可用的交互操作包括扫描、添加、保存、结束和发起连接等。Wi - Fi API 包含在 android. net. wifi 包中。

(2) 位置服务(Location - Based Services)。位置服务允许软件获取手机当前的位置信息。这包括从全球定位系统卫星上获取地理位置,但相关信息不限于此。例如,未来其他定位系统可能会运营,届时其相应的 API 接口也会加入到系统中。位置服务的 API 包含在 android. location 包中。

(3) 多媒体 API(Media API)。多媒体 API 主要用于播放媒体文件。这同时包括对音频(如播放 MP3 或其他音乐文件以及游戏声音效果等)和视频(如播放从网上下载的视频)的支持,并支持“播放 URI 地址”(URI 即统一资源识别地址)模式——在网络上直接播放的流媒体。从技术上来说，多媒体 API 并不是“可选的”，因为它总是要用到。但是不同的硬件环境上可能有不同的编/解码的硬件机制，因而它又是“可选的”。多媒体 API 位于 android. media 包中。

(4)基于 OpenGL 的 3D 图形(3D Graphics with OpenGL)。Android 的主要用户接口框架是一个典型的面向控件的类继承系统，在它下面是一种非常快的 2D 和 3D 组合的图形引擎，并且支持硬件加速。用来访问平台 3D 功能的 API 接口是 OpenGL ES API。与多媒体 API 一样，OpenGL 也不是严格意义上的“可选”，因为这些 API 会总是存在并且实现那些固定的功能。但是，一些设备可能有硬件加速环节，使用它的时候就会影响应用程序的性能。OpenGL 的 API 在 android. opengl 包中可以看到。

2.5　Windows CE 操作系统

从系统的角度来看，Windows CE 并不只是一个操作系统，它还包括对多种目标处理器以及外围设备的支持，并提供了系统开发工具、应用开发工具、整合的应用程序(例如 IE)，以及 NET Frameworks 等，所有这些组件构成了 Windows CE 系统的应用框架：在操作系统的基础上，①提供方便的工具来开发 BSP，使得基本的 Windows CE 操作系统 kernel 可以迅速被移植到某个专用嵌入式系统的硬件平台上；②提供便捷的应用软件开发平台，以及应用程序在多种 Windows 平台间的快速移植能力；③操作系统以及所支持的特性可以根据嵌入式应用程序的需要，进行配置管理，使开发者可以根据需求来选择系统特性进行组合，建构出新系统。

2.5.1　基础组件

1. 应用程序设计界面

Windows CE 提供了符合 Windows 平台标准的开发环境，它是 Win32 API 的一个子集，涵盖了大部分的 Win32 功能。在接口的语意方面，Windows CE 对 Win32 API 函数有限制，例如，关于处理程序管理的函数中，它不支持处理程序的一些环境设置，像是处理程序的资源配额等。

Windows CE Application Frameworks 也包括了 MFC 和 ATL，它们主要用来支持使用 Microsoft Visual C＋＋ 语言开发 Windows CE 的应用程序，类似 Win32 API，二者皆提供了应用接口层在 Windows 平台的可移植性。

(1)MFC 提供了 Windows 平台应用程序开发的基础类别库，包括了诸如接口、数据存取、事件机制、Windows 控件、ActiveX、网络等各方面的对象；程序开发者可以使用这些类别配合 Microsoft Embedded Visual C＋＋工具建构包括了简单的对话框程序甚至复杂的文件档案程序(Multiple Document)、多媒体程序、数据库程序等应用程序。Windows CE 的 MFC 和一般版本的 MFC 也有区别，它提供了 9 个特有的类别，例如：CCeCommandBar，CCeDocList，CCeDBDatabase 等；有的则是部分类别不同，例如：CBitmap，COleControl，CBrush，CButton 等；除此之外，大部分的类别和一般版本的 MFC 是一致的。MFC 全域函数的情况也是类似。从其他 Windows 平台移植应用程序的时候(当然这种情况并不经常发生，而且主要在一些局部功能上可以完成) 需要注意这些不同。

(2)ATL 和 COM 的关系不言而喻，在应用层上，ATL 主要包含了基于 COM 组件技术的

OLE2 和 ActiveX，在一般情况下，ATL 用来实作 ActiveX 的 Server，大多数的 Windows CE ATL 类别和一般版本是相同的，只有 13 个不同或者不被支持。这一特性使得在多种应用程序中广泛使用的 ActiveX 控件，例如：图表控件、Office 文件档案控件、Windows Media 控件可以在 Windows CE 的应用中使用，使应用程序开发的难度大幅降低。例如，当我们在一个基本的系统配置之中增加 Windows Media Player（ActiveX 控件）之后，系统便具有播放 MP3 音乐、播放 DVD 视讯的基本能力，这几乎不需要付出额外的开发代价。

(3) Windows CE 使用了. NET Frameworks 的架构，它能够提供 Windows 应用平台最大的兼容性，原则上，基于. NET 的任何应用程序均可以在任何一个. NET 执行环境中正常运作，当然包括 Windows CE 的. NET Frameworks，它将是未来 Windows 应用平台的发展方向：基于. NET 技术的应用开发模式将逐渐取代传统方式的开发模式，成为包括嵌入式产品中应用程序开发的主流模式。这一点类似 Sun Microsystems 的 Java 技术(J2ME 正是为了适应嵌入式需要而设计的 Java Frameworks 标准)。

2. 网络通信

Windows CE 网络模块的设计目标主要包括以下 4 点：

(1) 高效能：提供最好的网络(无线和有线)应用平台。

(2) 兼容性：支持多种网络类型和选项。

(3) 易使用：透过系统提供的 API，使用者可以轻易的开发出各种网络应用程序。

(4) 模块化：这是整个网络系统架构的特征，系统可以拆成很多个独立的部分，应用系统可以根据需要，选择其中的一部分，这样可以降低系统成本，使得系统更加精简。

以上的目标应用在网络模块的分层结构和设计上。如图 2.6 所示，模块可以分为：①服务层，它们是网络协议堆栈(network protocol stack) 的应用层协议，提供网络服务，这些服务处理程序一般由 Services. exe 控制，藉由 Winsock API 提供具体功能。②接口层，这一层实际上是系统的标准应用接口，这一层隐藏了网络的底层实作部分，降低 Windows 平台在网络应用的平台相关性。可以在这一层实作 BSD Socket 等公共接口，使得 UNIX 网络应用也可以轻易的移植到上面来。③协议层包括各种协议堆栈，构成了支持多种网络类型的关键，一个新的网络类型可以藉由一个新的协议堆栈和相应的底层程序来达成，使得应用程序在不知不觉间就可以使用新的网络特性。④驱动层是实体设备的支持基础，它可以分成两个子层，上层是驱动模型以及接口，主要是 NDIS 接口，它由网络驱动程序负责，NDIS 也定义了不同的驱动模型，包括协议驱动、中间层驱动以及 miniport drivers 等。

3. 数据存储

Windows CE 提供了 3 种类型的档案系统：基于 RAM 的档案系统、基于 ROM 的档案系统以及用于支持 ATA（Advanced Technology Attachment）设备和 SRAM 卡等周边储存设备的 FAT 档案系统。其中，前两种档案系统属于 Windows CE 的内建档案系统，后者属于可安装的文件系统。另外，嵌入式系统的开发人员也可以编写自己的档案系统并在系统中注册使用。不论储存设备属于何种类型，所有对档案系统的存取都是透过 Win32 API 完成的，Windows CE 藉由这种方式提供与设备无关的档案存取特性。

RAM 内存是 Windows CE 平台预设使用的储存设备，最多可达 256MB。Windows CE 设备使用的 RAM 内存与个人计算机所使用的 RAM 不同，由于在关机的情况下仍有电源供应，因此关机后数据也不会遗失。对象储存在 Windows CE 扮演的角色相当于个人计算机上的硬盘，它提供应用程序及其相关数据一个可靠稳定的储存空间。除了用于存放档案之外，对象储存中还储存着系统的注册表以及 Windows CE 数据库。与对象储存相关，基于 RAM 的档案系统和基于 ROM 的档案系统是 Windows CE 预设支持的内建档案系统。除此之外，使用者还可以安装支持周边储存设备的档案系统，比如 FAT、UDFS 等。对周边储存设备的存取就是透过这种可安装档案系统来完成的。另外，还可以将一个周边储存设备切成多个分割区并分别加载，其中每个分割区可以使用不同的档案系统。Windows CE 没有像个人计算机那样使用磁盘驱动器代号，加载后的磁盘分割区以目录的方式呈现。

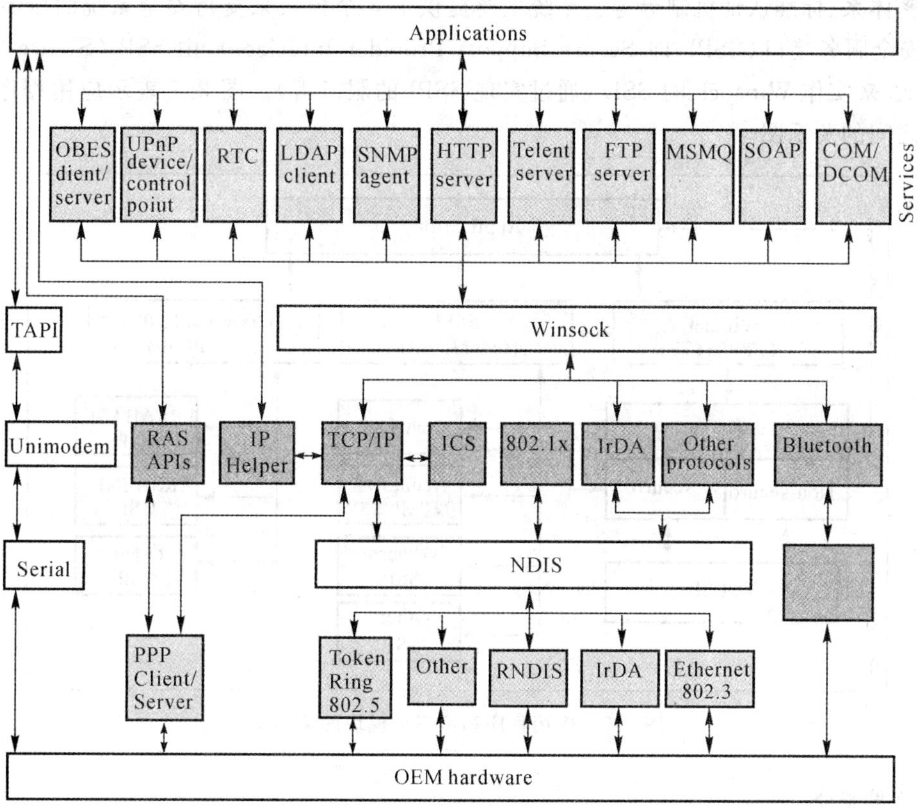

图 2.6　Windows CE 操作系统的主要组件架

4. 图形接口

Windows CE 整合 Microsoft Win32 API，使用者接口，及 GDI（Graphics Device Interface）的函式库，建构了 GWES（Graphics，Windowing，and Events Subsystem）模块（GWES.exe）。GWES 是介于使用者、应用程序及操作系统间的一组接口，它支持了所有用来提供使用者控制应用程序的 Windows CE 使用者接口，包括了：窗口、对话盒、控件、选单、以及资源。GWES 也提供了使用者关于 bitmaps、carets、光标、文字及图标的相关信息，即使是缺乏图形使用者接口的那些 Windows CE 平台仍是使用 GWES 基本的窗口与讯息功能及电源管理函式。

5. 多语言和国际化支持

使软件能够适用于不同的语言、文化及硬件上，称之为国际化支持。国际化的目的在于让使用者即使在使用不同语言版本的产品时,也能够有一致的外观、感受及功能。举例来说,使用者会期望中文化之后的软件也能够提供与原先语言版本的产品一致的功能,并且期望两者能够有一样的质量,他们也希望能够在不同语言的版本之间正常而顺利的互动及运作。

Windows CE 提供了大量的字符码支持,而在语言文化上的常规方面,则是藉由 Unicode 及国际语言支持(NLS,National Language Support) 来提供。

6. 安全

Windows CE 提供安全机制协助使用者建构安全的网络通信(藉由 SSL)、安全数据储存、标准加密体系、标准认证机制等等。系统主要提供了 3 个模块来支持安全系统的机制:CryptoAPI 安全服务接口(SSPI,即 Secure Support Provider Interface):由 SSP (Secure Support Provider) 来实作 Winsock 的 SSL (通过实现 SSPI 的服务者)。图 2.7 表示应用程序和这 3 个模块之间的关系图。

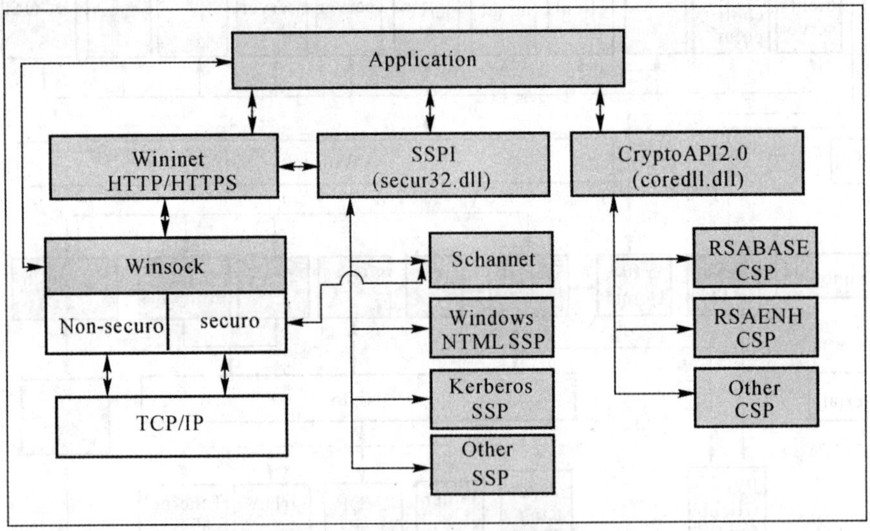

图 2.7　应用程序和这三个模块的关系图

7. 应用整合

Windows CE 为了使系统开发更加方便,随同开发系统提供了很多应用,系统开发者可以将这些经过授权的应用连同产品一同出售。这些应用常见的包括:浏览器产品 Internet Explorer,适合嵌入式应用的 Office 组件(例如 Pocket Word),Windows Media 技术,RDP (Remote Data Protocol) 远程桌面客户等。

2.5.2　系统模块与构架

从宏观的角度来看,系统包括以下几个软件组件:CoreDLL,NK,设备管理模块,数据储存模块,图形使用者接口模块,通信模块,OAL 模块以及两个比较特殊的部分:驱动程序模块和 Win32 系统服务模块,它们和其他的模块在划分上有一些重迭。

1. NK

NK 透过 NK.exe 在系统运行,它是 CE 操作系统的真正核心,它主要包含以下 6 类:功能处理器排程、内存管理、异常处理、系统内的通信机制、为其他部分提供核心应用程序例程

(routine)、为系统范围内的侦错提供的支持。NK. exe 的程序代码非常精简,始终以较高的优先级和处理器特权级别(privilege mode) 执行,一般除了中断处理例程,系统内其他的执行者不能中断 kernel 程序,并且在虚拟储存管理模式下,kernel 程序是不被允许换出(swap out)的,它被存放在系统储存空间从 0xC2000000 起始的位置。NK 的程序代码位于[CEROOT]\PRIVATE\WINCEOS\COREOS\NK 目录下。

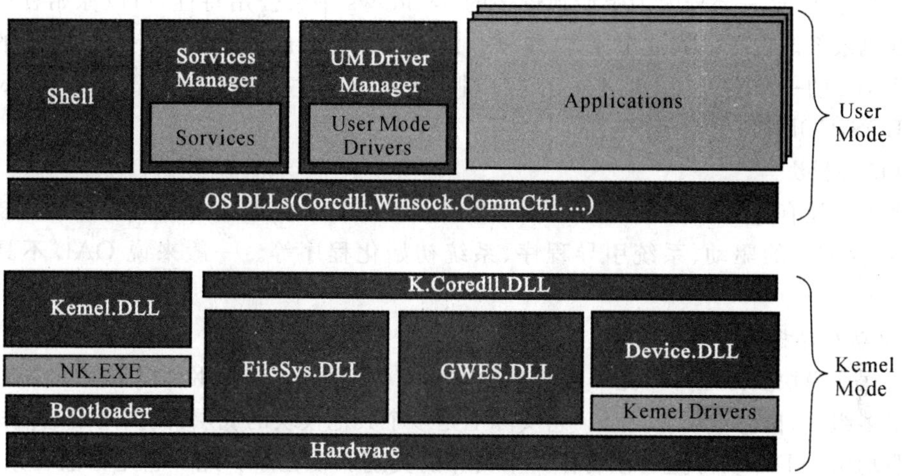

图 2.8　软件组件

2. CoreDLL

CoreDLL 在系统中具有举足轻重的地位,它区隔了应用程序和操作系统的其他模块,是使系统稳定的一个保护性屏障。它提供了两类功能:第一类是外部应用程序系统功能的代理;第二类则是类似字符串处理、随机数生成、时间计算等基本支持函式。前者是主要的功能,它负责系统 API 的管理和安装应用程序,系统应用程序的核心软件中断过程就发生在这里。这一个模块是透过 CoreDLL. dll 在运行,它是第一段被加载的系统共享程序代码。CoreDLL 的程序代码位于[CEROOT]\PRIVATE\WINCEOS\COREOS\CORE 目录下。

3. 设备管理模块

这是 Windows CE 的设备管理核心,透过 Device. exe 来执行。它提供系统范围内基本的设备列表管理、随插即用管理、电源管理、I/O 资源管理,并提供了装置驱动程序运作的基本机制。这一部分的程序代码位于[CEROOT]\PRIVATE\WINCEOS\COREOS\DEVICE 目录下。

4. 数据储存模块

数据储存模块主要是提供系统基本的数据储存能力,其中包括对象储存以及档案系统,这些功能主要是透过 filesys. exe 来执行。关于这一部分的详细信息请参考第 5 章。数据储存模块并没有开放全部的原始程序代码,主要开放的原始程序代码部分位于[CEROOT]\PRIVATE\WINCEOS\COREOS\FSD 这个目录以及[CEROOT]\PRIVATE\WINCEOS\COREOS\STORAGE 这个目录下。

5. 图形接口模块

Windows CE 透过这个模块提供的图形使用者接口,它提供几个主要的功能:基本的绘图引擎、窗口管理、接口的事件机制等。这个模块运行时为 GWES. exe。这个模块的主要程序代码位于[CEROOT]\PRIVATE\WINCEOS\COREOS\GWE 目录下，与数据储存一样，它的原始程序代码也只开放了一部分。

6. 通信模块

在整个 Windows CE 系统中，网络通信模块是最为独立的一个部分，它是透过一系列的动态链接库来运作，这一部分因为牵涉到较多的 Windows 平台公用特性，所以原始程序代码开放的程度也最低。也正因为这个原因，本书并没有这一部分的详细分析。可以找到的程序代码包括 TAPI 的一个实作、NDIS 的一个实作版本(pcx500)，它们位于[CEROOT]\PRIVATE\WINCEOS\COMM 目录下。

7. OAL 模块

这个模块没有确定的形态，主要包括和硬件相关的若干功能，例如处理器的专用支持程序代码、总线控制器的驱动、系统引导程序、系统初始化程序等。一般来说 OAL 不具有可移植性。

8. 驱动程序模块

驱动程序模块实际上并不是一个单独的软件实体，而是一个由驱动程序实体构成的集合，它包括很多组件，执行也比较复杂。它实际上是多个其他模块的底层，例如网络通信模块的下层就是驱动层，NDIS 实际上可以看作一个具体的类别驱动程序。此外它是分散在系统中的，有大量的驱动程序分布在 OAL 中，而系统服务和协议也可以看作是驱动程序，它们有不同的模块管理，例如 services. exe 和 gwes. exe。

9. Win32 系统服务模块

Win32 系统服务是 Windows CE 对应用程序提供的接口，多数公用的系统管理函式，例如，产生执行者等，都是由 NK 负责。细心的读者应该已经发现了模块中的黑色虚线框，它表示系统实际运行时，这一模块某一部分内容被包含在 NK. exe 当中。这个模块也是有特殊性的，原因类似驱动模块，它实际上也包含多个模块的上层对外功能接口。在早期的 CE 版本中有一组基本的 API 函式管理集合，系统和使用者可以透过这组函式，将自行定义的接口注册到系统服务应用程序代理中，因为系统稳定性的缘故，目前这些函式只能在系统内部使用，例如和设备管理相关的 Win32 API，就是藉由这组函式注册的。

2.6 典型的移动终端产品

按照移动智能终端产品的定义，基本包括五大类产品：PDA、智能手机、便携式电脑(不包括笔记本电脑)、掌上游戏机和电子书。由于目前的 PMP，GPS/PND 以及 CMMB 等终端产品基本上还没有移动互联网登入功能，因此未将其列为移动互联终端产品，但可以预见，随着移动互联产业的快速推进，这些产品会相应进入变革阶段，产品形态也会向着移动互联终端的方向发展。

移动互联终端产品功能集成与整合的趋势越来越明显，这其中表现最为鲜明的便是终端的融合。随着 3G 的普及，消费者对终端的个性化需求越来越高，随时在线、海量应用、功能强大、轻薄便携、时尚好玩等多种元素都给互联网终端、通信终端、娱乐终端等的融合提出了新要求。

2.6.1　智能手机

智能手机除了具备手机的通话功能外，还具备了 PDA 的大部分功能，特别是个人信息管理以及基于无线数据通信的浏览器和电子邮件功能。智能手机为用户提供了足够的屏幕尺寸和带宽，既方便随身携带，又为软件运行和内容服务提供了广阔的舞台，很多增值业务可以就此展开。融合 3C(Computer，Communication，Comsumer)的智能手机必将成为未来手机发展的新方向，见图 2.9。

图 2.9　智能手机

2.6.2　上网本

上网本(Netbook)这个名词由加拿大 ATIC 公司于 1996 年 6 月提出，当时作为“可上网”的笔记本在北美市场销售。后来这个商标出售给加美(多伦多、加州)的一家笔记本电脑公司继续作为笔记本的商标。当时强调的是多功能、可直接上网、便携的网络型笔记本电脑(Network - linkable notebook)。

随着 Intel 学生本兴起，Intel 公司于 2008 年 2 月刷新对上网本一词的定义，以形容一种低价、体积小、便携、低廉和功能精简的小型笔记本电脑(subnotebook)，俗称 Netbook。而保尔·伯基恩(Paul Bergevin)将之定义为：“专门为无线通信和网络访问而设计的小型笔记本电脑”。上网本允许用户通过内部安装的软件或者云计算，实现互联网访问或者其他基本的功能(如文字处理)。上网本的屏幕尺寸大小在 7～10.2in 之间，重量在 0.72～1.45kg 之间，而电池续航时间一般只有 2～3h，如图 2.10 所示。

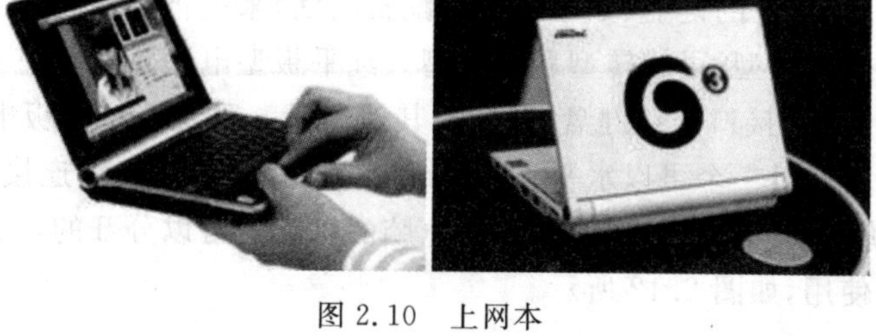

图 2.10　上网本

轻巧、便携和上网是上网本入市的定位和优势，但由于其性能的缺陷，使得这一优点也成为上网本诟病的来源：硬件系统的弱势使得用户使用受到局限；键盘太小，操作较麻烦；电池续航能力差。

2.6.3 MID

MID，即 Mobile Internet Device，移动互联网设备，它是在 2008 年 IDF 大会上英特尔推出的一种新概念迷你笔记本电脑。在英特尔的定义中，这是一种体积小于笔记电脑，但大于手机的移动互联网装置。MID 与 UMPC 类似，同样为便于携带的移动 PC 产品，通过 MID，用户可进入互联网，随时享受娱乐、进行信息查询、邮件收发等操作。

MID 的重量少于 300g，英特尔甚至称，MID 可放入钱包中携带。MID 采用 4～6in 的显示屏，操作系统并非采用 Windows，而是 Linux，现在也有使用 android 系统的。MID 与 UMPC 的区别是 MID 没有完整的 PC 功能，在尺寸上也只有 5in 大，如图 2.11 所示。

自 MID 概念提出以后，一直被业内看作是一款革命性的创新产品，其核心的设计思路是将移动多媒体与互联网无缝连接。为此，英特尔特别将其定义为比 PPC、智能手机屏幕略大并且比 UMPC 英寸略小的 5～7in 产品，而这将是一个全新的移动产品市场。所有符合 MID 标准的产品将不带有键盘，仍通过触摸式屏幕实现多媒体应用。而在网络接入方面，MID 将放弃 GPRS\CDMA 联入，转而引入 802.11X(a/b/g/n)，未来还将集成 WiMAX。

图 2.11　MID

2.6.4 平板电脑

平板电脑(Tablet Personal Computer)，是指一种平板形状的笔记本电脑，在 ipad 入世之后，又习惯将之统称为 XPAD。它拥有的触摸屏(也称为数位板技术)允许用户通过触控笔或数字笔来进行作业而不是传统的键盘或鼠标。用户可以通过内建的手写识别、屏幕上的软键盘、语音识别或者一个真正的键盘(如果该机型配备的话)来进行操作。按照产品的外观形态，平板电脑可以分为纯平板型、可旋转型和混合型。纯平板型电脑只配置一个屏幕和触控笔，可以通过无线技术或 USB 接口连接键盘、鼠标及其他外设。可旋转型平板电脑则装置了键盘，键盘覆盖了主板并且通过一个可以水平、垂直 180°前后旋转的连接点连接着屏幕。“混合型”的平板电脑跟“可旋转型”类似，但混合型平板电脑的键盘是可以分开的，因此可以把它当作纯手写型或可旋转型使用，如图 2.12 所示。

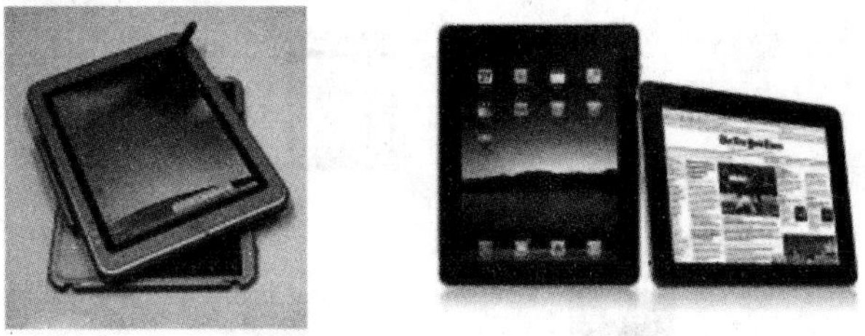

图 2.12　平板电脑

2.6.5　掌上游戏机

掌上游戏机(Handheld game console),又名便携式游戏机、手提游戏机或携带型游乐器,简称掌机(见图 2.13),指方便携带的小型专门游戏机,它可以随时随地转换视频游戏软件。是便携游戏的一类,有部分手机都被列入掌机之列。

掌机游戏起源于 1976 年,由美国 Matte 公司开发的 Mattel Electronics Handheld Games 系列。首款上市的产品名为 Mattel Auto Race。掌机游戏一般具有流程短小,节奏明快的特点。由于其目的是供人们在较短时间内(如等车、排队的过程中)娱乐,所以不会像一般视频游戏那样具有复杂的情节;同时,由于硬件条件的限制,一般掌机的画面和声音都不如同时期的家用游戏硬件(这种情况可能由于任天堂 NDS 和索尼 PSP 的推出而有所改变)。

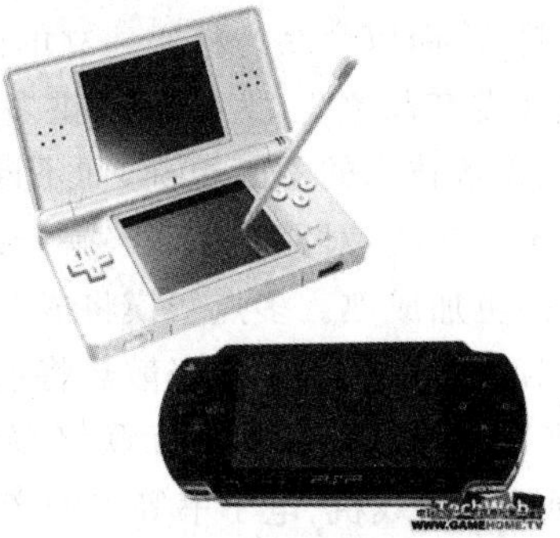

图 2.13　掌上游戏机

2.6.7　电子书

电子书是一种采用电子纸为显示屏幕的新式数字阅读器,可以阅读网上绝大部分格式的电子书比如 PDF,TXT,EPUB 等。与传统的手机,MID,UMPC 等设备相比,采用电子纸技术的电子书阅读器有辐射小、耗电低、不伤眼睛的优点,而且它的显示效果逼真,能够取得和实体书接近的阅读效果。

电子纸共有 3 种技术,分别为电泳式、胆固醇液晶与电子粉流体。目前这 3 种技术以电泳式技术为主流,其他两种也有其优势,随着全球各大研究机构与大的厂商不断投入研发,电子纸技术正以惊人的速度不断演进。目前市场主要以 NOOK 和 KINDLE 电子书为代表,如图 2.14 所示。

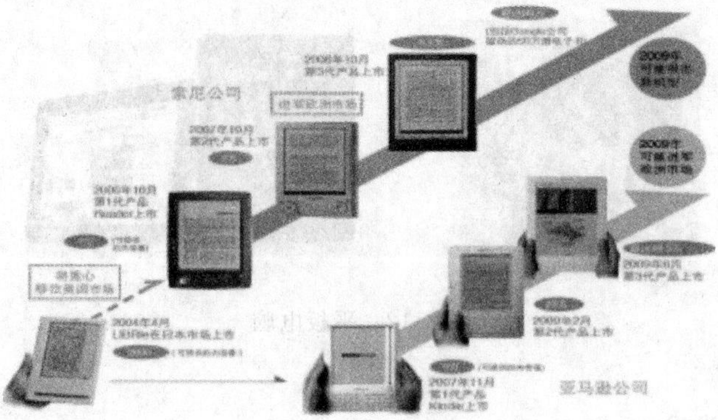

图 2.14　电子书

2.7　移动终端的发展趋势

移动互联网的发展速度大大超过桌面互联网，并且其规模也可能会大大超过许多人的预计，在移动互联网快速发展的推动下，承载业务开展的终端设备也进入一个推陈出新、日新月异的变革轨道，新兴的移动互联终端产品也将连同先进的通信网络、强大的运营平台以及丰富的内容资源，共同推进移动互联网的繁荣发展。

未来，移动互联终端产品将集中展现硬件技术、软件服务、运营战略以及品牌特征等多方面的信息，产品的融合化是整体趋势，而以产品为核心建立的全产业链运营将成为业界发生的重大革命。IT 厂商在移动互联终端产品之上，为用户提供多方面的个性化服务，桌面互联网上可以进行的业务也将随着终端设备技术的不断更新，而不断移植到移动互联网上。而另一方面，业务的日益丰富和内容的不断充实，对移动互联终端产品也提出了更高的要求。

(1)技术的不断完善推动产品更加成熟。多点触摸将成为移动互联终端产品的统一配置；外观将突出便携性与个性化双标准；持久续航与良好散热将消除产品的使用障碍。

(2)终端设备功能大融合，形态多样化。从移动互联终端设备的产品形态上看，目前包括了 MID、智能手机、平板电脑、便携式游戏机、电子书等多种产品，所有的产品在功能上必将趋于大融合和大集成，随着芯片技术和软件平台的不断更新，单一的产品能够实现其他所有产品可以实现的功能，如智能手机可以上网浏览、处理文档、看电子书、播放影视频、运行游戏软件、交通导航等其他设备的专业功能，而自身的语音通信也会成为其他设备的功能之一。

但即便终端产品功能的融合与集成，也未必会带来产品形态由多样化趋向同一化。终端设备需要给用户与市场多样化的选择，而这种选择也是必须的，每一款设备都有其特色功能，而功能的集成并不能将特色进行整合。

(3)3G 无线网络将引导产品发展趋势。移动互联的产品定位要求外部网络环境的极大支持，随着 3G 网络建设的不断完善及 3G 上网资费的持续降低，能够提供随时随地高速网络接入的 3G 网络将在终端产品中得到更多的应用，而基于 3G 业务应用的产品研发设计则成为重要的发展趋势。所有的移动互联终端产品的研发设计必须与 3G 业务应用的发展相结合，互联网化、媒体化和视频化是突出特征，未来产品从硬件配置到软件开发都需要体现出对这种趋势的支持。

(4)CP 与 SP 强力助推终端产业发展。随着 3G 网络和云计算的成熟和普及,以及互联网应用与内容的日益丰富,用户对于易便携,互联互通的移动设备将越发依赖。在移动互联终端产品持续走热的背景下,服务于终端产品的内容提供商(CP)和服务提供商(SP)将对产业的发展带来重要的推动作用。

建立在终端产品之上的互联网数据访问、电子商务、付费广告、优质内容等服务将成为 CP 与 SP 的竞争焦点与争夺新兴市场的重要机遇,用户在新的网络环境与业务体验下必将有新的使用习惯,这对于终端设备的设计有了多样性的选择方案,针对特定的人群和相关主导性的软件系统平台进行研发设计将成为 IT 厂商的重要策略。而在这个过程中,CP/SP 与终端设备制造商之间处于不断协同进化的架构中,在推动终端产品不断提升的同时,CP 与 SP 也将在新的市场格局中获得发展。

第3章 移动通信技术

随着社会的发展,人们对通信的需求日益迫切,对通信的要求也越来越高。理想的目标是能在任何时候、任何地方、与任何人都能及时沟通联系、交流信息。显然,在移动通信技术出现之前,这种愿望是无法实现的。

所谓移动通信,就是通信的一方或双方在移动中实现通信。也就是说,至少有通信的一方处于运动之中,或暂时停留在某一非预定的位置上。其中包括移动台(汽车、火车、飞机、轮船等移动体上)与另一移动台之间的通信,移动台与固定台(固定无线电台或有线用户)之间通信,以及移动台通过转接台与另一移动台或固定台之间的通信。

3.1 移动通信的特点

移动通信与其他通信方式相比,具有下述主要特点。

(1)移动通信的传输信道必须使用无线电波。在固定通信中,传输信道可以是无线电,也可以是有线,如平行双绞线、同轴电缆或光导纤维等。但是在移动通信中,至少有一方处于运动状态,因此必须使用无线电波传播。

(2)移动通信的电波传播环境恶劣。由于使用无线电波允许通信中的用户可以在一定范围内自由活动,其位置经常不断地运动,因而导致接收的无线电波信号的幅度及相位随时间、地点而不断变化。移动通信的运行环境十分复杂,电波不仅会随着传播距离的增加而发生弥散损耗,并且会受到地形、建筑物的遮蔽而发生"阴影效应",而且信号经过多点反射,会从多条路径到达接收地点,这种多径信号的幅度、相位和到达时间都不一样,它们相互叠加会产生电平衰落和时延扩展,这种信号的幅度会发生快速和剧烈的变化,称为快衰落。因此,当出现严重的衰落现象,而移动台又处于高速运动中的时候,就会加快衰落现象,其衰落深度可达30dB左右。此时,就要求移动台具有良好的抗衰落技术指标。

(3)多普勒频移产生附加调制。由于移动台处于运动状态中,接收信号有附加频率变化,即多普勒频移。该频移与移动台的移动速度有关。当移动速度较高时,多普勒频移的影响必须考虑,而且工作频率越高,频移就越大。在高速移动的电话系统中,对话音信号产生的干扰失真,令人有不适的感觉。

(4)移动通信受干扰和噪声的影响。移动台工作环境是不能随意选择的,因此外部噪声和干扰问题很严重。例如城市移动通信要受到工业干扰和汽车发动机的火花干扰。移动通信网是多频道、多电台同时工作的通信系统,由于电台多、频率拥挤,因此邻道干扰、互调干扰以及共道干扰问题也较为突出。同时还要受到天电干扰等自然噪声的影响。总之,移动通信的电波传播条件是十分恶劣的。因此,要求移动通信具备很强的抗干扰能力。

(5)用户量大,但频率有限。移动通信可以利用的频谱资源非常有限,而移动通信业务量的需求却与日俱增。如何提高通信系统的通信容量,始终是移动通信发展中的焦点。

为了解决这一矛盾,一方面要开辟和启用新的频段;另一方面要研究各种新技术及新措施,以压缩信号所占的频带宽度和提高频谱利用率。因此,频率作为一种资源必须合理安排和分配,有效利用频谱一直是通信技术研究的重点。

(6)组网技术复杂。移动台可以在整个移动服务区域内自由运动,并且要能够和其他通信网络自由连通,因此,移动通信系统的网络结构多种多样,网络管理和控制必须有效。

根据通信地区的不同需要,移动通信网络可以单网运行,也可以和其他通信网络多网并行并实现互连互通。为此,移动通信网络必须具备很强的管理和控制功能,诸如用户的登记和定位,通信(呼叫)链路的建立和拆除,信道的分配和管理,通信的计费、鉴权、安全和保密管理以及用户过境切换和漫游的控制等。

(7)对设备要求苛刻。一般移动通信设备都装载于汽车、飞机等移动体上,甚至是由人随身携带,不仅要体积小、重量轻、操作简便、维修方便,而且要保证在震动、冲击、高低温等恶劣环境下能正常工作,同时还要求省电。

3.2　移动通信的发展历史

移动通信的发展历程大致可分为以下几个阶段。

1. 第一代(1G)移动通信

从 1946 年美国使用 150MHz 单个汽车无线电话开始到 20 世纪 90 年代初,是移动通信发展的第一阶段。因为调制前信号都是模拟的,所以也称模拟移动通信系统。

第一代移动通信的主要特征为模拟技术,可分为蜂窝、无绳、寻呼和集群等多类系统,每类系统又有互不兼容的技术体制。它的发展可分为 3 个主要阶段。

(1)初级阶段。1946 年到 20 世纪 60 年代中期,这一阶段移动通信的主要特点是容量小,用户少,人工切换,设备都采用电子管,体积大,耗电多。

(2)中级阶段。20 世纪 60 年代中期到 20 世纪 70 年代中期,在这一阶段模拟移动通信系统有了较大的发展,如美国的改进型汽车电话系统。这一阶段的特点是实现了用户全自动拨号,采用了晶体管使得设备体积变小,功耗降低,频段由原来的 30MHz,80MHz 发展到 150MHz 和 450MHz。公安、消防、列车、新闻等行业出现了大量的专用移动通信系统。

(3)大规模发展阶段。20 世纪 70 年代中期到 20 世纪 80 年代末,出现了蜂窝系统,提高了系统容量和频率利用率。大规模集成电路和微机、微处理器的大量应用使系统功能更强,移动台更加小型化,功耗更低,话音质量大幅度提高;频段从 450MHz 发展到 900MHz ,频带间隔减小,提高了信道利用率。

第一代移动通信的特征是模拟移动通信系统。它对移动通信的最大贡献是使用蜂窝结构,频带可重复利用,实现大区域覆盖;支持移动终端的漫游和越区切换,实现移动环境下不间断通信。第一代移动通信系统的出现和发展,最重要的特点是体现在移动性上,这是其他任何通信方式和系统不可替代的,从而结束了过去无线通信发展过程中时常被其他通信手段替代而处于辅助地位的历史。

2. 第二代(2G)移动通信

第二代移动通信是目前广泛使用的数字移动通信系统 GSM 及窄带 CDMA(也叫 IS-95CDMA)。其主要的技术体制是数字蜂窝移动系统。数字蜂窝移动系统主要有 GSM,

DAMPS,CDMA 等 3 种，数字无绳电话有 DECT,PHS 等，高速寻呼有 FLEX,APCO,ERMES 等 3 种。当时，北美、欧洲、日本根据各自的情况相继制定了 3 种不同的数字蜂窝系统标准，即北美的 IS－54、欧洲的 GSM、日本的 JDC(后改为 PDC),并都在 20 世纪 90 年代初生产出了实际的商用系统。1991 年 7 月 GSM 系统开始投入使用。1992 年美国提出了 CDMA 技术的蜂窝系统的建议，1993 年被蜂窝电话工业协会(CTIA)和电信工业协会(TIA)批准为中期标准 95～98(IE95～IE98)。这时的 CDMA 系统也称为窄带 CDMA 系统(N－CDMA)。

第二代移动通信的主要特征是采用了数字技术。数字信号处理技术是其最基本的技术特征，提供了更高的频谱效率和更先进的漫游技术。它对移动通信发展的重大贡献是使用 SIM 卡，轻小手机和大量用户的网络支撑能力。使用 SIM 卡作为移动通信用户个人身份和通信记录载体，为移动通信管理、运营和服务带来极大便利。

3. 第三代(3G)移动通信

随着移动通信技术的发展，国际电联制定了公众移动通信系统的国际标准。目前，IMT－2000 标准已经基本确定，设备生产商和运营商正致力于 3G 产品和市场的开发和推广。

第三代移动通信以全球通用、系统综合作为基本出发点，以期望建立一个全球范围的移动通信综合业务数字网，提供与固定电话网业务兼容、质量相当的多种话音和非话音业务。

由信息产业部电信科学技术研究院代表中国提出的 TD－SCDMA 标准提案被国际电联采纳为世界第三代移动通信(3G) 无线接口技术规范建议之一。2000 年 5 月，国际电联无线大会上又正式将 TD－SCDMA 列入继 WCDMA 和 CDMA2000 之后的世界 3G 无线传输标准之一。TD－SCDMA 的成功，结束了中国在电信标准领域零的空白历史，为扭转中国移动通信制造业长期以来的被动局面提供了难得的机遇。

第三代移动通信是正在全力投入商用化的系统，其最基本的特征应当是智能信号处理技术，实现基于话音业务为主的多媒体数据通信，更高的频谱效率、更高的服务质量及低成本。实现全球无线覆盖，真正实现“任何人，在任何地点、任何时间与任何人”都能便利的通信。

4. 第四代(4G)移动通信

第四代(4G)移动通信技术是第三代移动通信的延伸。从技术标准的角度看，根据 ITU 的定义，静态传输速率达到 1Gb/s ,在高速移动状态下可以达到 100Mb/s ,就可以作为 4G 的技术之一。从运营商的角度看，除了与现有网络的可兼容性外，4G 要有更高的数据吞吐量、更低时延、更低的建设和运行维护成本、更高鉴权能力和安全能力、支持多种 QoS 等级。从融合的角度看，4G 意味着更多参与方式，更多技术、行业、应用的融合，不再局限于电信行业，还可以应用于金融、医疗、教育、交通等行业；通信终端能做更多的事情，如除语音通信之外的多媒体通信、远端控制等；或许局域网、互联网、电信网、广播网、卫星网等能够融为一体组成一个通播网，无论使用什么终端，都可以享受高品质的信息服务，向宽带无线化和无线宽带化演进，使 4G 渗透到生活的方方面面。从用户需求的角度看，4G 能为用户提供更快的速度并满足用户更多的需求。移动通信之所以从模拟到数字、从 2G 到 4G 以及向将来的 xG 演进，最根本的推动力是用户需求由无线语音服务向无线多媒体服务转变，从而激发营运商为了提高 ARPU 、开拓新的频段支持用户数量的持续增长、更有效的频谱利用率以及更低的营运成本，不得不进行变革转型。

当前，被 ITU 所承认且被广泛研究的两种主流 4G 技术即 LTE 和 LTE－A 。

LTE(Long Term Evolution),也被通俗地称为 3.9G,具有 100Mb/s 的数据下载能力,被视作从 3G 向 4G 演进的主流技术。

LTE 的研究,包含了一些普遍认为很重要的部分,如等待时间的减少、更高的用户数据速率、系统容量和覆盖的改善以及运营成本的降低。

3GPP 长期演进(LTE) 项目是近两年 3GPP 启动的最大的新技术研发项目,这种以 OFDM/FDMA 为核心的技术可以被看作为“准 4G”技术。3GPP LTE 项目的主要性能目标包括:在 20MHz 频谱带宽下能够提供下行 100Mb/s、上行 50Mb/s 的峰值速率;改善小区边缘用户的性能;提高小区容量;降低系统延迟,用户平面内部单向传输时延低于 5ms ,控制平面从睡眠状态到激活状态迁移时间低于 50ms,从驻留状态到激活状态的迁移时间小于 100ms ;支持 100km 半径的小区覆盖;能够为 350km/h 高速移动用户提供大于 100kb/s 的接入服务;支持成对或非成对频谱,并可灵活配置 1.25 MHz 到 20MHz 多种带宽。

LTE－A 是 LTE－Advanced 的简称,是 LTE 技术的后续演进。LT E 除了最大带宽、上行峰值速率两个指标略低于 4G 要求外,其他技术指标都已达到 4G 标准。LTE－A 的技术整体设计则远超 4G 的最小需求。在 2008 年 6 月,3GPP 完成的 LT E－A 的技术需求报告提出了 LTE－A 的最小需求:下行峰值速率 1Gb/s ,上行峰值速率 500Mb/s,上下行峰值频谱利用率分别达到 15Mb/s 和 30Mb/s 。

3.3　数字调制技术

现代移动通信系统都使用数字调制技术。现有的通信系统都在由模拟方式向数字方式过渡,数字通信具有很多模拟通信不可比拟的优势,数字通信技术采用数字技术进行加密和差错控制,便于集成。因此这里我们重点讨论数字调制技术。

数字调制是指用数字基带信号对载波的某些参量进行控制,使载波的这些参量随基带信号的变化而变化。根据控制的载波参量的不同,数字调制有调幅、调相和调频 3 种基本形式,并可以派生出多种其他形式。由于传输失真、传输损耗以及保证带内特性的原因,基带信号不适合在各种信道上进行长距离传输。为了进行长途传输,必须对数字信号进行载波调制,将信号频谱搬移到高频处才能在信道中传输。因此,大部分现代通信系统都使用数字调制技术。另外,由于数字通信具有建网灵活,容易采用数字差错控制技术和数字加密,便于集成化,并能够进入综合业务数字网(ISDN 网),所以通信系统都有由模拟方式向数字方式过渡的趋势。因此,对数字通信系统的分析与研究越来越重要,数字调制作为数字通信系统的重要部分之一,对它的研究也是有必要的。通过对调制系统的仿真,我们可以更加直观的了解数字调制系统的性能及影响性能的因素,从而便于改进系统,获得更佳的传输性能。

3.3.1　二进制数字调制

1. 二进制振幅键控(2ASK)

振幅键控是利用载波的幅度变化来传递数字信息,而其频率和初始相位保持不变。载波在数字信号 1 或 0 的控制下通或断,在信号为 1 的状态载波接通,此时传输信道上有载波出现;在信号为 0 的状态下,载波被关断,此时传输信道上无载波传送。那么在接收端我们就可以根据载波的有无还原出数字信号的 1 和 0。

2ASK 信号功率谱密度的特点：

(1)由连续谱和离散谱两部分构成；连续谱由传号的波形 g(t)经线性调制后决定，离散谱由载波分量决定；

(2)已调信号的带宽是基带脉冲波形带宽的 2 倍。

2. 二进制频移键控(2FSK)

频移键控是利用两个不同频率 f_1 和 f_2 的振荡源来代表信号 1 和 0，用数字信号的 1 和 0 去控制两个独立的振荡源交替输出。在 2FSK 中，载波的频率随二进制基带信号在 f_1 和 f_2 两个频率点间变化。对二进制的频移键控调制方式，其有效带宽为 $B=2xF+2Fb$，xF 是二进制基带信号的带宽也是 FSK 信号的最大频偏，由于数字信号的带宽即 Fb 值大，所以二进制频移键控的信号带宽 B 较大，频带利用率小。

2FSK 功率谱密度的特点如下：

(1)2FSK 信号的功率谱由连续谱和离散谱两部分构成，离散谱出现在 f_1 和 f_2 位置；

(2)功率谱密度中的连续谱部分一般出现双峰。若两个载频之差 $|f_1-f_2|\leqslant f_s$，则出现单峰。

3. 二进制相移键控(2PSK)

在相移键控中，载波相位受数字基带信号的控制，如在二进制基带信号中为 0 时，载波相位为 0 或 π，为 1 时载波相位为 π 或 0，从而达到调制的目的。

2PSK 信号的功率密度的特点：

(1) 由连续谱与离散谱两部分组成；

(2) 带宽是绝对脉冲序列的 2 倍；

(3) 与 2ASK 功率谱的区别是当 $P=1/2$ 时，2PSK 无离散谱，而 2ASK 存在离散谱。

4. 二进制差分相移键控(2DPSK)

前面讨论的 2PSK 信号中，相位是以未调载波的相位作为参考基准的。由于它利用载波相位的绝对数值表示数字信息，所以又称为绝对相移。2PSK 在进行相干解调时，由于载波恢复中相位有 0、π 模糊性，导致解调过程中出现"反向工作"现象，恢复出的数字信号"1"和"0"倒置，从而使 2PSK 难以实际应用。为了克服此缺点，提出了二进制差分数字相移键控(2DPSK)方式。

5. 调制方式的性能比较

2ASK 和 2PAK 所需要的带宽是码元速率的 2 倍；2FSK 所需的带宽比 2ASK 和 2PAK 都要高。各种二进制数字调制系统的误码率取决于解调器输入信噪比 r。在抗加性高斯白噪声方面，相干 2PSK 性能最好，2FSK 次之，2ASK 最差。

ASK 是一种应用最早的基本调制方式。其优点是设备简单，频带利用率较高；缺点是抗噪声性能差，并且对信道特性变化敏感，不易使抽样判决器工作在最佳判决门限状态。

FSK 是数字通信中不可或缺的一种调制方式。其优点是抗干扰能力较强，不受信道参数变化的影响，因此 FSK 特别适合应用于衰落信道；缺点是占用频带较宽，尤其是 MFSK，频带利用率较低。目前，调频体制主要应用于中、低速数据传输中。

PSK 和 DPSK 是一种高传输效率的调制方式，其抗噪声能力比 ASK 和 FSK 都强，且不易受信道特性变化的影响，因此在高、中速数据传输中得到了广泛的应用。绝对相移(PSK)在相干解调时存在载波相位模糊度的问题，在实际中很少采用于直接传输，MDPSK 应用更为广泛。

和 ASK,FSK,PSK 和 DPSK 对应,分别有 MASK、MFSK、MPSK 和 MDPSK。这些多进制数字键控的一个码元中包括更多的信息量。但是,为了得到相同的误比特率,它们需要使用更大的功率或占用更宽的频带。

3.3.2　多进制数字调制

上述讨论的都是在二进制数字基带信号的情况,在实际应用中,我们常常用一种称为多进制(如 4 进制,8 进制,16 进制等)的基带信号。多进制数字调制载波参数有 M 种不同的取值,多进制数字调制比二进制数字调制有两个突出的优点:一是由于多进制数字信号含有更多的信息使频带利用率更高;二是在相同的信息速率下持续时间长,可以提高码元的能量,从而减小由于信道特性引起的码间干扰。现实中用得最多的一种调制方式是多进制相移键控(MPSK)。

多进制相移键控又称为多相制,因为基带信号有 M 种不同的状态,所以它的载波相位有 M 种不同的取值,这些取值一般为等间隔。多进制相移键控有绝对移相和相对移相两种,实际中大多采用四相绝对移相键控(4PSK,也称 QPSK),四相制的相位有 0,$\pi/2$,π,$3\pi/2$ 四种,分别对应 4 种状态 11,01,00,10。

1. 最小频移键控(MSK)

(1)MSK 调制。MSK 是一种在无线移动通信中很有吸引力的数字调制方式,是由 2FSK 信号的改进而来,因为它有以下两种主要的特点:

1)信号能量的 99.5%被限制在数据传输速率的 1.5 倍的带宽内。谱密度随频率(远离信号带宽中心)倒数的四次幂而下降,而通常的离散相位 FSK 信号的谱密度却随频率倒数的平方下降。因此,MSK 信号在带外产生的干扰非常小。这正是限带工作情况下所希望有的宝贵特点。

2)信号包络是恒定的,系统可以使用廉价高效的非线性器件。

从相位路径的角度来看,MSK 属于线性连续相位路径数字调制,是连续相位频移键控(CPFSK)的一种特殊情况,有时也叫做最小频移键控(MSK)。MSK 的"最小(Minimum)"二字指的是这种调制方式能以最小的调制指数($h=0.5$)获得正交的调制信号。

MSK 信号调制和解调如图 3.1 所示。

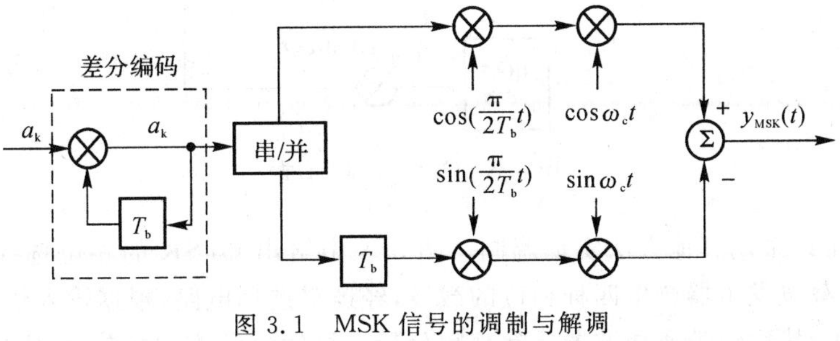

图 3.1　MSK 信号的调制与解调

(2)MSK 解调。实际解调器往往需要解决载波恢复时的相位模糊问题,因此在编码器中,采用差分编码的预编码是必要的,同时在接收端必须在正交相干解调器输出段也要附加一个差分译码器。MSK 解调器的原理框图如图 3.2 所示。图中，定时时钟速率为 $1/2T_b$，需要一个专门的同步电路来提取，如用平方环、判决反馈环、逆调制环等。

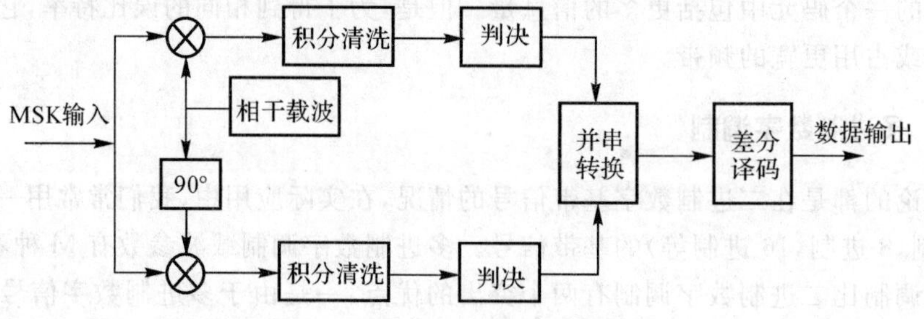

图 3.2　MSK 相干解调框图

2. 四相相移键控(QPSK)

四相相移键控信号简称 QPSK，意为正交相移键控，是一种数字调制方式。它分为绝对相移和相对相移两种。由于绝对相移方式存在相位模糊问题，所以在实际中主要采用相对移相方式 QDPSK。它具有一系列独特的优点，目前已经广泛应用于无线通信中，成为现代通信中一种十分重要的调制解调方式。

(1) QPSK 调制。四相相位键控(QPSK)也称之为正交 PSK，其调制及解调原理如图 3.3 所示。从图中可以看出：如果输入的二进制信息码流(假设＋1V 为逻辑 1，－1V 为逻辑 0)串行进入比特分离器，产生 2 个码流以并行方式输出，分别被送入 I(正交支路)通道及 Q(同相支路)通道，又各自经过一个平衡调制器，与一个和参考振荡器同频的正交的载波调制形成了四相相移键控信号即得到平衡调制器的输出信号后，经过一个带通滤波器，然后再进行信号叠加，可以得到已经调制的 QPSK 信号。

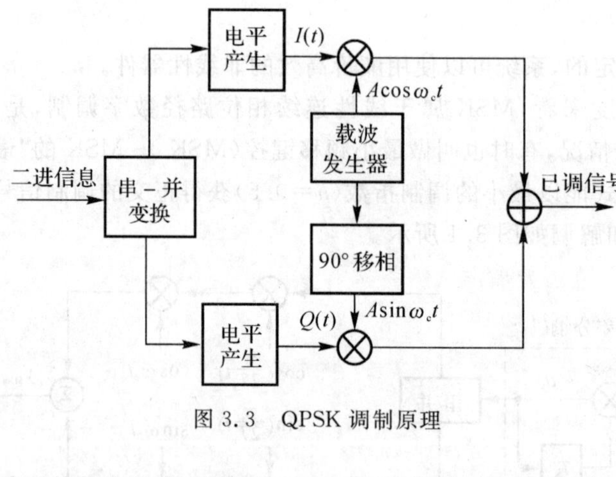

图 3.3　QPSK 调制原理

MPSK 也可以采用其他方法实现调制。图 3.4 中给出 QPSK 的相位选择法调制器。在这种调制器中，载波发生器产生四种相位的载波，经逻辑选择电路，根据输入信息，每次选择其中一种作为输出，然后经带通滤波器滤除高频分量。显然这种方法比较适用于载频较高的场合，此时，带通滤波器可以做得很简单。

另一种调制方法是脉冲插入法，如图 3.5 所示。频率为 4 倍载频的定时信号，经两级二分频输出。输入信息经串-并变换逻辑控制电路，产生 π/2 推动脉冲和 π 推动脉冲，在 π/2 推动脉冲作用下第一级二分频多分频一次，相当分频链输出提前 $\pi/2$ 相位，在 π 推动脉冲作用下第二级二分频多分频一次，相当于提前 π 相位。因此可以用控制两种推动脉冲的办法得到不同相位的载波。显然，分频链输出也是矩形脉冲，需经带通滤波才能得到以正弦波作载频的 QPSK 信号。

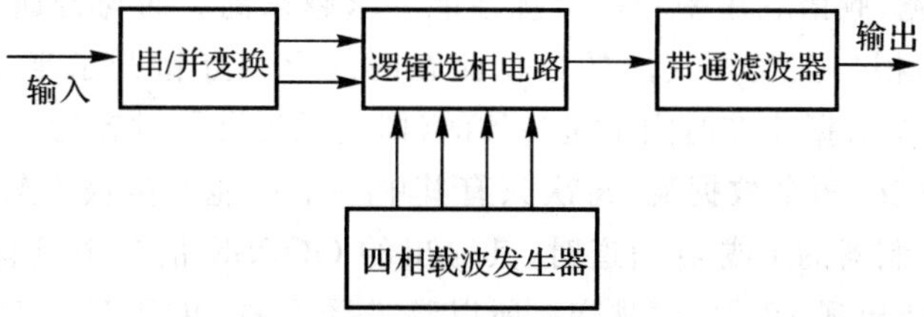

图 3.4　QPSK 的相位选择法调制器框图

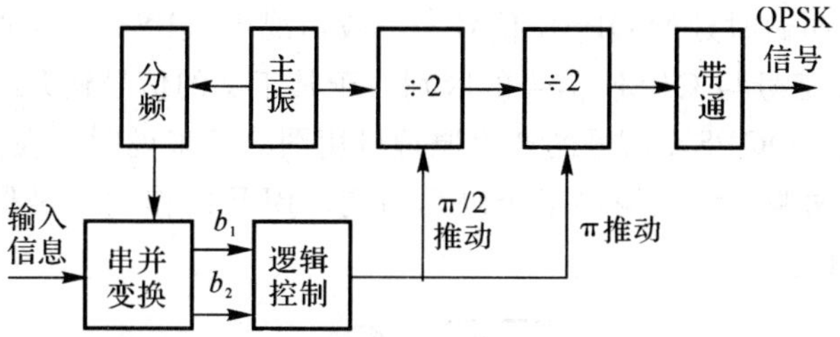

图 3.5　QPSK 的脉冲插入法调制器框图

为了解决载波相位模糊度问题，与 BPSK 时一样，对于 M 进制调相也可以采用相对调相的方法，通常的做法是在将输入二进制信息串-并变换时，同时进行逻辑运算，将其编为多进制差分码，然后再用绝对调相的调制器实现调制。解调时，也同样可以采用相干解调和差分译码的方法。

(2) QPSK 解调。QPSK 的 4 种(I,Q 组合为[0 0]，[0 1]，[1 0]和[1 1])输出相位有相等的幅度，而且 2 个相邻的相位相差值为 90°，但是输出相位并不满足我们前面所讲的 $\varphi_m=2\pi m/M(m=0,1,\cdots,M-1)$，信号相位移可以偏移 45°和 145°，接收端仍可以得到正确的解码。实际中数字输入电压必须比峰值载波电压高出很多，以确保平衡调制器的正常工作。经过调制的信号通过信道传输到达用户端，需要进行解调，这一过程是与调制相类似的逆过程。首先，QPSK 信号经过功率分离器形成两路相同的信号，进入乘积检波器，用两个正交的载波信号实现相干解调，然后各自通过一个低通滤波器得到低频和直流的成分，再经过一个并行-串行变换器，得到解调信号。QPSK 的解调原理如图 3.6 所示。

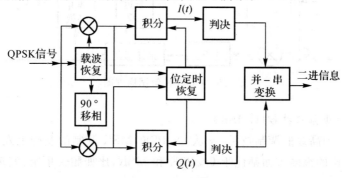

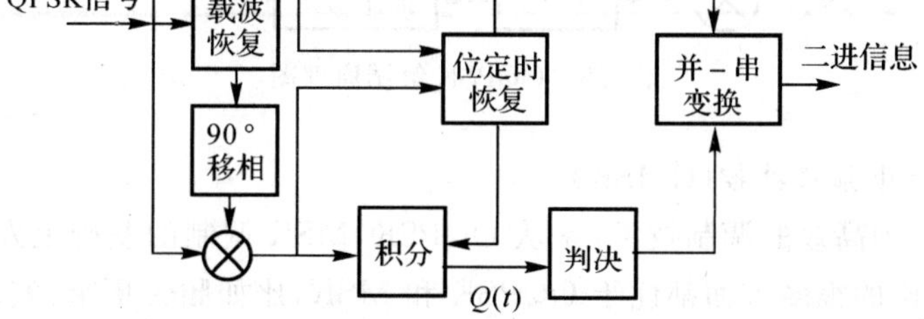

图 3.6　QPSK 解调原理

3. 交错正交相移键控(OQPSK)

交错正交相移键控(OQPSK)是继 QPSK 之后发展起来的一种恒包络数字调制技术，是 QPSK 的一种改进形式，也称为偏移四相相移键控(Offset - QPSK)。它和 QPSK 有着同样的相位关系，也是把输入码流分成两路，然后进行正交调制。随着数字通信技术的发展和广泛应用，人们对系统的带宽、频谱利用率和抗干扰性能要求越来高。而与普通的 OQPSK 比较，交错正交相移键控的同相与正交两支路的数据流在时间上相互错开了半个码元周期，而不像 OQPSK 那样 I,Q 两个数据流在时间上是一致的(即码元的沿是对齐的)。由于 OQPSK 信号中的 I(同相)和 Q(正交)两个数据流，每次只有其中一个可能发生极性转换，所以，每当一个新的输入比特进入调制器的 I 或 Q 信道时，其输出的 OQPSK 信号中只有 0°，±90°三个相位跳变值，而根本不可能出现 180°相位跳变。所以频带受限的 OQPSK 信号包络起伏比频带受限的 QPSK 信号要小，而经限幅放大后的频带展宽也少，因此，OQPSK 性能优于 QPSK。实际上，OQPSK 信号也叫做时延的 QPSK 信号。一般情况下 QPSK 信号两路正交的信号是码元同步的，而 OQPSK 信号与 QPSK 信号的区别在于其正交的信号错开了半个码元。

(1)OQPSK 调制。OQPSK 信号的产生原理可用图 3.7 来说明。在图 3.7 中，$T_b/2$ 的延迟电路用于保证 I,Q 两路码元能偏移半个码元周期。BPF 的作用则是形成 QPSK 信号的频谱形状，并保持包络恒定。

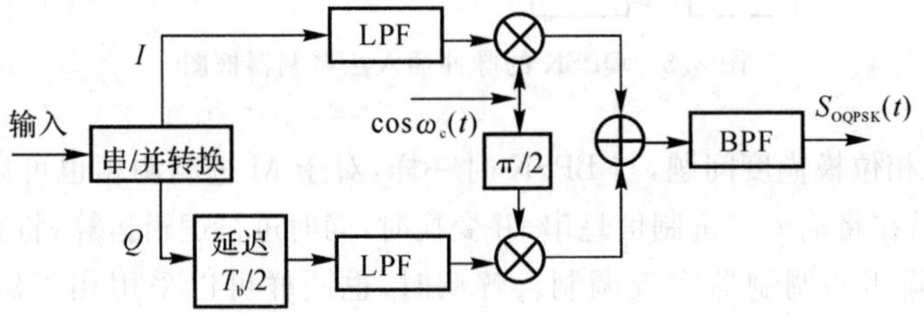

图 3.7　OQPSK 调制原理图

(2)OQPSK 解调。OQPSK 信号可采用正交相干解调方式解调，其解调原理如图 3.8 所示。由图 可以看出，OQPSK 与 QPSK 信号的解调原理基本相同，其差别仅在于对 Q 支路信号抽样判决时间比 I 支路延迟了 $T_b/2$，这是因为在调制时，Q 支路信号在时间上偏移了 $T_b/2$，所以抽样判决时刻也相应偏移 $T_b/2$，以保证对两支路的交错抽样。

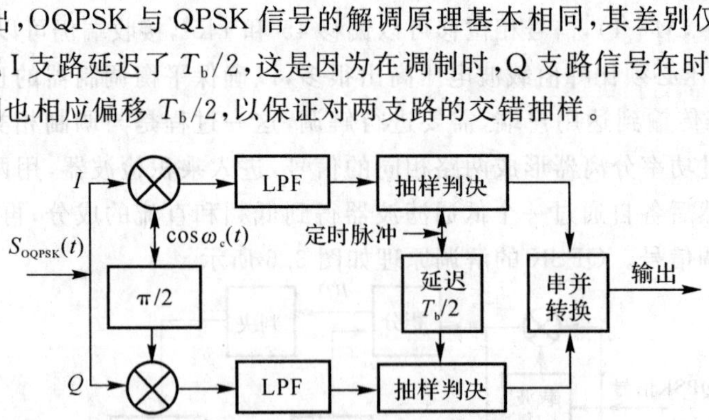

图 3.8　OQPSK 解调原理图

4. 高斯滤波最小频移键控(GMSK)

GMSK 作为一种高效的调制技术，是从 OQPSK，MSK 调制的基础上发展起来的一种数字调制方式，GMSK 的很多方面都优于 OQPSK 和 MSK，比如频带更窄，实现起来更简单，抗干扰能力更强。其特点是在数据流送交频率调制器前先通过一个 Gauss 滤波器(预调制滤波器)进行预调制滤波,以减小两个不同频率的载波切换时的跳变能量,使得在相同的数据传输速率时频道间距可以变得更紧密,因此 GMSK 信号比 MSK 信号具有更窄的带宽。由于数字信号在调制前进行了 Gauss 预调制滤波,调制信号在交越零点不但相位连续,而且平滑过滤。GMSK 调制的信号频谱紧凑、误码特性好,在数字移动通信中得到了广泛使用。

GMSK 信号是在 MSK 调制信号的基础上发展起来的,MSK 信号可以看成是调制指数为 0.5 的连续相位 FSK 信号。尽管 MSK 它具有包络恒定、相位连续、相对较窄的带宽和能相干解调的优点,但它不能满足某些通信系统对带外辐射的严格要求。为了压缩 MSK 信号的功率谱,在 MSK 调制前增加一级预调制滤波器,从而有效的抑制了信号的带外辐射。

预调制滤波器应具有的特性:①带宽窄而带外截止尖锐,以抑制不需要的高频分量;②脉冲响应的过冲量较小,防止调制器产生不必要的瞬时频偏;③输出脉冲响应曲线的面积应对应于 1/2 的相移量,使调制指数为 1/2。

因此,GMSK 采用满足以上条件的高斯滤波器作为脉冲形成的滤波器。数据通过高斯滤波器,然后进行 MSK 调制,滤波器的带宽由时间带宽常数 B_T 决定。在没有载波漂移以及邻道的带外辐射功率相对于总功率小于－60dB 的情况下,选择 $B_T=0.28$ 比较适合于常规的(IEEE 定义频段为 300～1 000MHz)移动无线通信系统。预制滤波器的引入使得信号的频谱更为紧凑,但是它同时在时域上展宽了信号脉冲,引入了码间干扰(ISI),具体的说,预调制滤波器使得脉冲展宽,使得波形在时域上大于码元时间 T。因此,有时候将 GMSK 信号归入部分响应信号。

3.4　多址接入技术

3.4.1　频分多址接入

频分多址(FDMA)是使用较早也是现在使用较多的一种多址接入方式,它广泛应用在卫星通信、移动通信、一点多址微波通信系统中。FDMA 是按照频率的不同给每个用户分配单独的物理信道,这些信道根据用户的需求进行分配,在用户通话期间其他用户不能使用该物理信道,在频分全双工 FDD 情形下 分配给用户的物理信道是一对信道(占用两段频段),一段频段用作前向信道,另一段频段用于反向信道。在频分多址方式中,N 个信道在频率上严格分割但在时间和空间上是可以重叠的。如图 3.9 所示,TACS 系统和 AMPS 系统均采用 FDMA/FDD 方式工作。

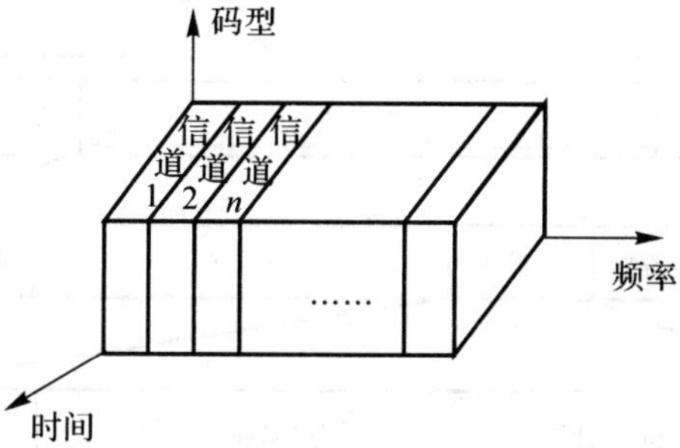

图 3.9　FDMA 示意图

FDMA 方式有以下特点：

(1)FDMA 信道的带宽相对较窄 25～30kHz,但相邻信道间要留有防护带。

(2)同 TDMA 系统相比 FDMA 移动通信系统的复杂度较低,容易实现。

(3)FDMA 系统采用单路单载波 SCPC 设计,需要使用高性能的射频 RF 带通滤波器来减少邻道干扰,因而成本较高,FDMA 的成本较 TDMA 系统高。

FDMA 有采用模拟调制的,也有采用数字调制的,也可以由一组模拟信号用频分复用方式(FDM/FDMA)或一组数字信号用时分复用方式占用一个较宽的频带(TDM/TDMA),调制到相应的子频带后传送到同一地址。模拟信号数字化后占用带宽较大,若要缩小间隔,必须采用压缩编码技术和先进的数字调制技术。总的说来,FDMA 技术比较成熟,应用也比较广泛。

3.4.2 时分多址接入

时分多址(TDMA)就是把每个无线载波按时间划分成周期性的帧,每一帧再分割成若干个时隙(无论帧或时隙都是互不重叠的),每个时隙仅允许一个用户发射或接收信号,每个用户占用一个周期性重复的时隙,如图 3.10 所示。

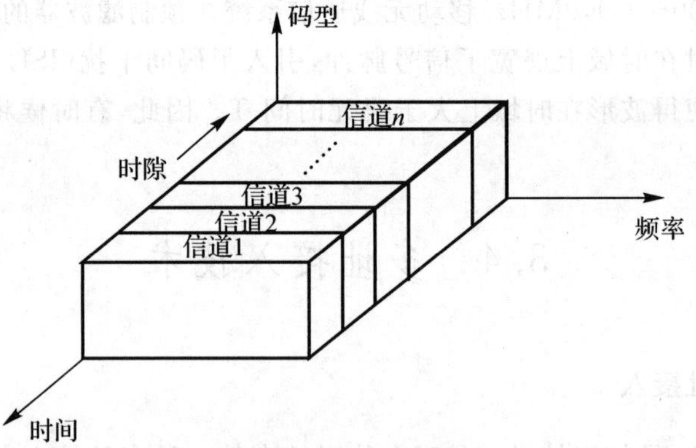

图 3.10 TDMA 示意图

每条物理信道可以看作是每一帧中的特定时隙。在 TDMA 系统中,N 个时隙组成一帧,每帧由前置码、消息码和尾比特组成,如图 3.11 所示。在 TDMA/FDD 系统中,相同或相似的帧结构单独用于前向下行或反向上行传输。一般情况下,前向下行信道和反向上行信道的载波频率不同。在一个 TDMA 的帧中前置码中包括地址和同步信息,以便基站和用户都能彼此识别对方信号,采用保护时间后可使接收机在不同时隙和帧之间同步。

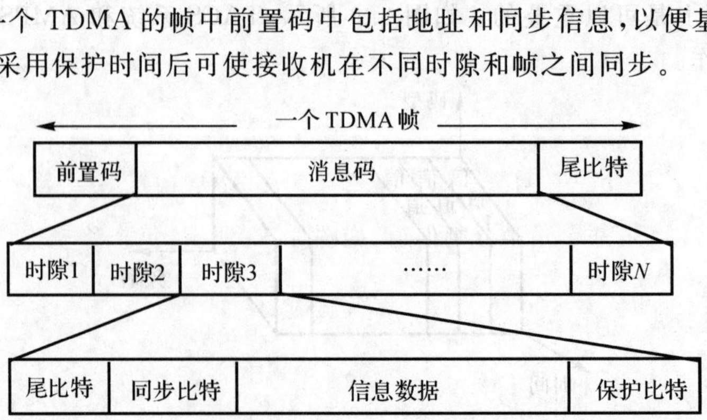

图 3.11 TDMA 帧结构

在频分双工(FDD)方式中,上行链路和下行链路的帧分别在不同的频率上。在时分双工(TDD,Time Divide Duplex)方式中,上下行帧都在相同的频率上。TDD 的方式如图 所示。各个移动台在上行帧内只能按指定的时隙向基站发送信号。为保证在不同传播时延情况下,各移动台到达本站处的信号不会重叠,通常上行时隙内必须有保护间隔,在该间隔内不传送信号。基站按顺序安排在预定的时隙中向各移动台发送信息。

不同通信系统的帧长度和帧结构是不一样的。典型的帧长在几毫秒到几十毫秒之间。TDMA 系统既可以采用频分双工(FDD)方式,也可以采用时分双工(TDD)方式。在 FDD 方式中,上行链路和下行链路的帧结构既可以相同,也可以不同。在 TDD 方式中,通常将在某频率上一帧中一半的时隙用于移动台发另一半的时隙用于移动台接收,收发工作在相同频率上。在 TDMA 系统中,不同信号的能量被分配到不同的时隙里,利用定时选通来限制邻近信道的干扰,从而只让在规定时隙中有用的信号能量通过。实际现在使用的 TDMA 蜂窝系统都是 FDMA 和 TDMA 的组合,如美国 TIA 建议的 DAMPS 数字蜂窝系统就是先使用了 30kHz 的频分信道,再把它分成 6 个时隙进行 TDMA 传输。当前应用这种多址方式的主要蜂窝系统有北美的 D－AMPS 和欧洲的 GSM,在我国这两种制式也都在应用,但 GSM 占绝大多数。

TDMA 有以下特点。

(1) TDMA 系统中几个用户共享单一的载频。其中,每个用户使用彼此互不重叠的时隙。每帧中的时隙数取决于几个因素,例如调制方式、可用带宽等等。

(2) TDMA 系统中的数据发射不是连续的,各移动台发送的是周期性突发信号,而基站发送的是时分复用信号。由于用户发射机可以在不用的绝大部分时间关掉因而耗电较少。

(3) 由于 TDMA 系统发射是不连续的,移动台可以在空闲的时隙里监听其他基站,从而使其越区切换过程大为简化,通过移动台在 TDMA 帧中的空闲时隙监听,可以给移动台增加链路控制功能。如使之提供移动台辅助越区切换 MAHO mobile assisted handoff 等。

(4) 同 FDMA 信道相比,TDMA 系统的传输速率一般较高,故需要采用自适应均衡用以补偿传输失真。

(5) TDMA 必须留有一定的保护时间(或相应的保护比特)。但是,如果为了缩短保护时间而使时隙边缘的发送信号压缩过快,则发射频谱将展宽并将对相邻信道构成干扰。

(6) 由于采用突发式发射,TDMA 系统需要更大的同步报头。TDMA 的发射是分时隙的,这就要求接收机对每个数据突发脉冲串保持同步。此外,TDMA 需要有保护时隙来分隔用户,这使其与 FDMA 系统相比有更大的报头。

(7) TDMA 系统的一个优点是在每帧中可以分配不同的时隙数给不同的用户。这样,通过基于优先级对时隙进行链接或重新分配,可以满足不同用户的带宽需求。

3.4.3 码分多址接入

码分多址(CDMA)是基于码型分割信道,如图 3.12 所示,每个移动用户分配有一个地址码,而这些码型互不重叠,其特点是频率和时间资源均为共享。码分多址是以扩频信号为基础,利用不同码型实现不同用户的信息传输。扩频信号是一种经过伪随机(PN)序列调制的宽带信号,其带宽通常比原始信号带宽高几个量级。常用的扩频信号有两类:跳频信号和直接序列扩频信号(简称直扩信号),因而对应的多址方式为跳频码分多址(FH—CDMA)和直扩码分多址(DS—CDMA)。

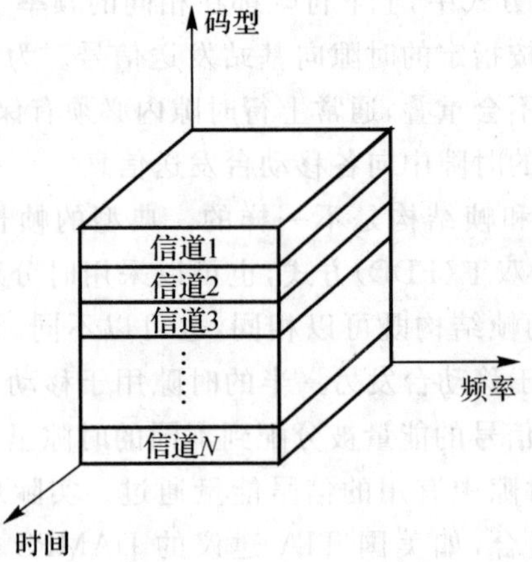

图 3.12　CDMA 原理

(1) FH—CDMA。在 FH—CDMA 系统中,每个用户根据各自的伪随机(PN)序列,动态改变其已调信号的中心频率。各用户的中心频率可在给定的系统带宽内随机改变,该系统带宽通常要比各用户已调信号(如 FM,FSK,BPSK 等)的带宽宽得多。FH—CDMA 类似于 FDMA,但使用的信道是动态变化的。FH—CDMA 中各用户使用的频率序列要求相互正交(或准正交),即在一个 PN 序列周期对应的时间区间内,各用户使用的频率,在任一时刻都不相同(或相同的概率非常小)。

(2) DS—CDMA。在 DS—CDMA 系统中,所有用户工作在相同的中心频率上,输入数据序列与 PN 序列相乘得到宽带信号。不同的用户(或信道)使用不同的 PN 序列。这些序列(或码字)相互正交,从而可像 FDMA 和 TDMA 系统中利用频率和时隙区分不同用户一样,利用 PN 序列(或码字)来区分不同的用户。

在 CDMA 系统中每一个信号被分配一个伪随机二进制序列进行扩频,不同信号的能量被分配到不同的伪随机序列里。在接收机里,信号用相关器加以分离,这种相关器只接收选定的二进制序列并压缩其频谱,凡不符合该用户二进制序列的信号,其带宽就不被压缩。结果只有有用信号的信息才被识别和提取出来。当前应用这种多址方式的主要蜂窝系统有北美的 IS—95 CDMA 系统。

CDMA 有以下特点。

(1) CDMA 系统中许多用户共享同一频率,既可用 TDD 时分双工方式又可用 FDD 频分双工方式。

(2) 与 TDMA 或 FDMA 不同,CDMA 系统的容量极限是所谓的软极限 CDMA 系统,用户数目的增加只是以线性方式增加背景噪声。这样,CDMA 系统中的用户数目没有绝对的限制。然而,用户数目的增加会使系统性能逐渐降低而用户数减少则能使系统性能逐渐变好。

(3) 由于信号扩展到较大的频谱范围内,多径衰落的影响会显著减小。如果扩谱带宽大于信道的相干带宽,则内在的频率分集会缓解小范围衰落的影响。

(4) CDMA 系统中的信道传输速率非常高,因而时隙的持续时间非常短,通常远小于信道的时延扩散。由于 PN 序列具有较低的自相关性,超过一个时隙以上的多径分量将被作为噪声处理，通过采集接收信号的各个时延分量使用 RAKE 接收机可以提高接收性能。

（5）由于 CDMA 采用同信道小区（co－channel cells），因而可以用宏观空间分集的方法来提供软切换。软切换可以通过由 MSC 或 BSC 同时监控特定用户的来自两个或更多基站的信号来实现，在任意时刻 MSC 或 BSC 可以选择最佳信号而不用改变频率。

（6）CDMA 系统存在自阻塞（self－jamming 问题）。当不同用户的扩展序列不是彼此严格正交时，对特定 PN 码的解扩而言接收机对所需信号的判决统计受到来自系统其他用户的发射信号的非零贡献的影响，从而引起自阻塞。

（7）如果对所期望用户信号检测到的功率小于其他不期望的用户，则 CDMA 接收机会产生远近效应，使用功率控制技术可以解决远近效应。

（8）不需要复杂的频率分配和管理。许多码分信道共用同一个载波频率，不需要动态分配其频率，分配和管理都很简单。

（9）小区呼吸功能。指的是负荷量动态控制，重负荷小区通过降低导频信号功率，缩小覆盖范围，而轻负荷小区可适当扩大覆盖增大容量。

3.4.4　空分多址接入

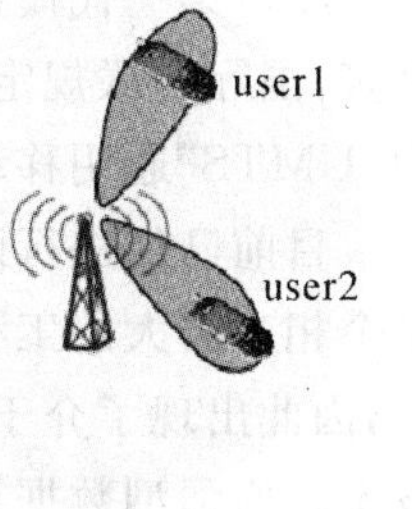

图 3.13　SDMA 原理

空分多址（SDMA），也称为多光束频率复用，就是通过空间的分割来区别不同的用户。在移动通信中，能实现空间分割基本技术的是采用自适应阵列天线，在不同用户方向上形成不同的波束，如图 3.13 所示。SDMA 使用定向波束天线来服务于不同的用户。相向的频率（在 TDMA 或 CDMA 系统中）或同向的频率（在 FDMA 系统中）用来服务于被天线波束覆盖的这些。扇形天线可被看作是 SDMA 的一个基本方式。在极限情况下，自适应阵列天线具有极小的波束和无限快的跟踪速度，它可以实现最佳的 SDMA。此时在每个小区内，每个波束可提供一个无其他用户干扰的信道。采用窄波束天线可以有效地克服多径和同道干扰。将来有可能使用自适应天线，迅速地引导能量沿用户方向发送。这种天线看来是最适合于 TDMA 和 CDMA 的。

在 SDMA 实现时，首先要进行用户配对，由于不同用户之间的隔离度不完全相同，为了减少干扰，提升吞吐量，应该优选隔离度大、相互干扰小的用户对或者用户集进行空分复用。系统给采用空分复用的用户分配相同的时隙、码道和频率资源，在 TD－SCDMA 系统中，采用 SDMA 的不同用户也可以分配相同的训练序列（Midamble 码）窗资源。

在室外 SDMA 技术实现时，主要是通过不同用户之间的 DOA 估计结果判断其隔离程度，显然，用户之间 DOA 估计之间差值越大，则隔离程度越好，其相互干扰也会越小。而在室内 SDMA 技术实现时，主要通过不同用户所在通道之间的物理隔离判断其隔离度，显然，用户所处通道之间的物理隔离度越大，则隔离程度越好，其相互干扰也会越小。

3.5　3G 技术

3G 是第三代（Third Generation）的缩写，即第三代移动通信系统（IMT－2000），它是高速移动网络通信领域的行业术语。3G 是相对第一代模拟制式通信系统和第二代 GSM 数字通信系统而言，一般是指将无线通信与国际互联网等多媒体通信结合的新一代移动通信系统。3G 服务能够同时传送声音和数据信息(电子邮件、即时通信等)。代表特征是提供高速数据业务。

3.5.1 3G 技术的演进

1995 年问世的第一代模拟制式手机(1G)只能进行语音通话；1996 到 1997 年出现的第二代 GSM，TDMA 等数字制式手机(2G)便增加了接收数据的功能，如接受电子邮件或网页；第三代与前两代的主要区别是在传输声音和数据的速度上的提升，它能够在全球范围内更好地实现无缝漫游，并处理图像、音乐、视频流等多种媒体形式，提供包括网页浏览、电话会议、电子商务等多种信息服务，同时也要考虑与已有第二代系统的良好兼容性。

为了提供这种服务，无线网络必须能够支持不同的数据传输速度，也就是说在室内、室外和行车的环境中能够分别支持至少 2Mb/s(兆比特/秒)、384Kb/s(千比特/秒)以及 144Kb/s 的传输速度(此数值根据网络环境会发生变化)。

相对第一代模拟制式手机(1G)和第二代 GSM，TDMA 等数字手机(2G)，3G 通信的名称繁多，国际电联规定为“IMT-2000”(国际移动电话 2000)标准，欧洲的电信业巨头们则称其为“UMTS”通用移动通信系统。

目前已经进行商业应用的 2.5G 移动通信技术是从 2G 迈向 3G 的衔接性技术，由于 3G 是个相当浩大的工程，所牵扯的层面多且复杂，要从目前的 2G 迈向 3G 不可能一下就衔接得上，因此出现了介于 2G 和 3G 之间的 2.5G。HSCSD，GPRS，WAP，EPOC 等技术都是 2.5G 技术。增强型数据提升率 (Enhanced Data rates for Global Evolution，EDGE)是一种被称之为从 2.5G 的 GPRS 到 3G 之间的 2.75 代通信技术平滑过渡而来，能提供高达 150Kb/s 的上网速度。

1. HSCSD(高速电路交换数据服务)

这是 GSM 网络的升级版本，HSCSD(High Speed Circuit Switched Data)能够透过多重时分同时进行传输，而不是只有单一时分而已，因此能够将传输速度大幅提升到平常的 2~3 倍。目前新加坡 M1 与新加坡电讯的移动电话都采用 HSCSD 系统，其传输速度能够达到57.6Kb/s。

2. GPRS(整合封包无线服务)

GPRS(General Packet Radio System)是封包交换数据的标准技术。由于具备立即联机的特性，对于使用者而言，可说是随时都在上线的状态。GPRS 技术也让服务业者能够依据数据传输量来收费，而不是单纯的以联机时间计费。这项技术与 GSM 网络配合，传输速度可以达到 115Kb/s。

3. WAP(无线应用通讯协议)

WAP(Wireless Application Protocol)是移动通信与互联网结合的第一阶段性产物。这项技术让使用者可以用手机之类的无线装置上网，透过小型屏幕遨游在各个网站之间。而这些网站也必须以 WML(无线标记语言)编写，相当于国际互联网上的 HTML(超文本标记语言)。

4. EDGE(全球增强型数据提升率)

完全以目前的 GSM 标准为架构，EDGE(Enhanced Data rates for Global Evolution)不但

能够将 GPRS 的功能发挥到极限，还可以透过目前的无线网络提供宽频多媒体的服务。EDGE 的传输速度可以达到 384Kb/s，可以应用在诸如无线多媒体、电子邮件、网络信息娱乐以及电视会议上。

3.5.2 3G 技术标准

1. WCDMA

全称为 Wideband CDMA，也称为 CDMA Direct Spread，意为宽频分码多重存取，这是基于 GSM 网发展出来的 3G 技术规范，是欧洲提出的宽带 CDMA 技术。它与日本提出的宽带 CDMA 技术基本相同，目前正在进一步融合。其支持者主要是以 GSM 系统为主的欧洲厂商，日本公司也或多或少参与其中，包括欧美的阿尔卡特、朗讯、北电、NTT、富士通、夏普等厂商。这套系统能够架设在现有的 GSM 网络上，对于系统提供商而言可以较轻易地过渡，而 GSM 系统相当普及的亚洲对这套新技术的接受度预料会相当高。因此 WCDMA 具有先天的市场优势。

WCDMA 的技术特点：

基站同步方式：支持异步和同步的基站运行方式，灵活组网；

信号带宽：5MHz；

码片速率：3.84Mchip/s；

发射分集方式：TSTD，STTD，FBTD；

信道编码：卷积码和 Turbo 码，支持 2Mb/s 速率的数据业务；

调制方式：上行：BPSK，下行：QPSK；

功率控制：上、下行闭环功率控制，外环功率控制；

解调方式：导频辅助的相干解调；

语音编码：AMR 与 GSM 兼容；

核心网络基于 GSM/GPRS 网络演进，并保持与 GSM/GPRS 网络的兼容性；

MAP 技术和 GPRS 隧道技术是 WCDMA 移动性管理机制的核心，保持与 Gffo 网络的兼容性；支持软切换和更软切换。

2. CDMA2000

CDMA2000 是由窄带 CDMA（CDMA IS95）技术发展而来的宽带 CDMA 技术，也称为 CDMA Multi-Carrier，它是由美国高通北美公司为主导提出，摩托罗拉、朗讯和后来加入的韩国三星都有参与，韩国现在成为该标准的主导者。这套系统是从窄频 CDMAOne 数字标准衍生出来的，可以从原有的 CDMAOnc 结构直接升级到 3G，建设成本低廉。但目前使用 CDMA 的地区只有日、韩和北美，所以 CDMA2000 的支持者不如 WCDMA 多。不过 CDMA2000 的研发技术却是目前各标准中进度最快的，许多 3G 手机已经率先面世。

该标准提出了从 CDMA IS95（2G）-CDMA20001x-CDMA20003x（3G）的演进策略。CDMA20001x 被称为 2.5 代移动通信技术。CDMA20003x 与 CDMA20001x 的主要区别在于应用了多路载波技术，通过采用三载波使带宽提高。目前中国电信正在采用这一方案向 3G 过渡，并已建成了 CDMA IS95 网络。

CDMA2000 的技术特点：

兼容 IS-95A/B；

前反向同时采用导频辅助相干解调；

快速前向和反向功率控制；

前向发射分集：OTD，STS；

信道编码：卷积码和 Turbo 码，CDMA2000－1x 最高 433.5kbit/s 业务速率（一个基本信道＋两个补充信道），CDMA2000－1xDO 最高支持 2.4Mb/s 业务速率，CDMA2000－3x 最高支持 2Mb/s 业务速率；

可变帧长：5ms，10ms，20ms，40ms，80ms；

支持 F－QPCH，延长手机待机时间；

核心网络基于 ANSI－41 网络的演进，并保持与 ANSI－41 网络的兼容性；

网络采用 GPS 同步，给组网带来一定的复杂性；

支持软切换和更软切换。

3. TD－SCDMA

全称为 Time Division — Synchronous CDMA（时分同步 CDMA），该标准是由中国大陆自主制定的 3G 标准，1999 年 6 月 29 日，中国原邮电部电信科学技术研究院（大唐电信）向 ITU 提出，但技术发明始于西门子公司，TD－SCDMA 具有辐射低的特点，被誉为绿色 3G。该标准将智能无线、同步 CDMA 和软件无线电等当今国际领先技术融于其中，在频谱利用率、对业务支持具有灵活性、频率灵活性及成本等方面的独特优势。另外，由于中国内地庞大的市场，该标准受到各大主要电信设备厂商的重视，全球一半以上的设备厂商都宣布可以支持 TD－SCDMA 标准。该标准提出不经过 2.5 代的中间环节，直接向 3G 过渡，非常适用于 GSM 系统向 3G 升级。军用通信网也是 TD－SCDMA 的核心任务。

TD－SCDMA 的技术特点：

信号带宽：1.23MHz；码片速率 1.28Mchip/s；

采用智能天线（Smart Antenna）技术，提高频谱效率；

采用同步 CDMA（Synchronous CDMA）技术，降低上行用户间的干扰和保护时隙的宽度；

接收机和发射机采用软件无线电（Software Radio）技术；

采用联合检测技术，降低多址干扰；

多时隙 CDMA＋DS－CDMA，具有上下行不对称信道分配能力，适应数据业务；

采用接力切换，降低掉话率，提高切换的效率；

语音编码：AMR 与 GSM 兼容；

核心网络基于 GSM/GPRS 网络演进，并保持与 GSM/GPRS 网络的兼容性；

基站间采用 GPS 或者网络同步方法，降低基站间干扰。

4. 3 种 3G 技术标准的比较

WCDMA，CDMA2000 与 TD－SCDMA 都属于宽带 CDMA 技术。宽带 CDMA 进一步拓展了标准的 CDMA 概念，在一个相对更宽的频带上扩展信号，从而减少由多径和衰减带来的传播问题，具有更大的容量。可以根据不同的需要使用不同的带宽，具有较强的抗衰落能力与抗干扰能力。支持多路同步通话或数据传输，且兼容现有设备。WCDMA，CDMA2000 与 TD－SCDMA 都能在静止状态下提供 2Mbit/s 的数据传输速率，但三者的一些关键技术仍存在着较大的差别，性能上也有所不同。

（1）双工模式。WCDMA 与 CDMA2000 都是采用数字双工 FDD 模式，TD－SCDMA 采

用数字时分双工 TDD 模式。FDD 是将上行发送和下行接收的传输使用分离的两个对称频带的双工模式，需要成对的频率，通过频率来区分上、下行，对于对称业务(如语音)能充分利用上下行的频谱，但对于非对称的分组交换数据业务(如互联网)时，由于上行负载低频谱利用率则大大降低。TDD 是将上行和下行的传输使用同一频带的双工模式，根据时间来区分上、下行并进行切换。物理层的时隙被分为上、下行两部分，不需要成对的频率。上下行链路业务共享同一信道，可以不平均分配，特别适用于非对称的分组交换数据业务(如互联网)。

TDD 的频谱利用率高，而且成本低廉，但由于采用多时隙的不连续传输方式，基站发射峰值功率与平均功率的比值较高，造成基站功耗较大。基站覆盖半径较小，同时也造成抗衰落和抗多普勒频移的性能较差。当手机处于高速移动的状态实下时通信能力较差。WCDMA 与 CDMA2000 能够支持移动终端在时速 500km 左右时的正常通信，而 TD - SCDMA 只能支持移动终端在时速 120km 左右时的正常通信。TD - SCDMA 在高速公路及铁路等高速移动的环境中处于劣势。

(2)码片速率与载波带宽。WCDMA(FDD - DS)采用直接序列扩频方式，其码片速率为 3.84Mchip/s。CDMA2000 - 1x 与 CDMA2000 - 3x 的区别在于载波数量不同。CDMA2000 - 1x 为单载波码片速率为 1.2288Mchip/s；CDMA2000 - 3x 为三载波，其码片速率为 1.2288×3＝3.6864Mchip/s；TD - SCDMA 的码片速率为 1.28Mchip/s。码片速率高能有效地利用频率选择性分集以及空间的接收和发射分集，可以有效地解决多径衰落问题，WCDMA 在这方面最具优势。

载波带宽方面，WCDMA 采用了直接序列扩频技术，具有 5MHz 的载波带宽。CDMA20001x 采用了 1.25MHz 的载波带宽，CDMA2000 - 3x 利用三个 1.25MHz 载波的合并形成 3.75MHz 的载波带宽。TD - SCDMA 采用三载波设计，每载波具有 1.6MHz 的带宽。载波带宽越高，支持的用户数就越多，在通信时发生拥塞的可能性就越小。在这方面 WCDMA 具有比较明显的优势。

TD - SCDMA 系统仅采用 1.28Mchip/s 的码片速率，采用 TDD 双工模式，因此只需占用单一的 1.6MHz 带宽，就可传送 2Mb/s 的数据业务。而 WCDMA 与 CDMA2000 要传送 2Mb/s 的数据业务，均需要两个对称的带宽分别作为上、下行频段，因而 TD - SCDMA 对频率资源的利用率是最高的。

(3)越区切换。WCDMA 与 CDMA2000 都采用了越区“软切换”技术，即当手机发生移动或是目前与手机通信的基站话务繁忙使手机需要与一个新的基站通信时，并不先中断与原基站的联系，而是先与新的基站连接后，再中断与原基站的联系。“软切换”是相对于“硬切换”而言的。

FDMA 和 TDMA 系统都采用“硬切换”技术：先中断与原基站的联系，再与新的基站进行连接，因而容易产生掉话。由于软切换在瞬间同时连接两个基站，对信道资源占用较大。而 TD - SCDMA 则是采用了越区“接力切换”技术。智能天线可大致定位用户的方位和距离，基站和基站控制器可根据用户的方位和距离信息，判断用户是否移动到应切换给另一基站的临近区域，如果进入切换区，便由基站控制器通知另一基站做好切换准备，达到接力切换目的。接力切换是一种改进的硬切换技术，可提高切换成功率，与软切换相比可以减少切换时对邻近基站信道资源的占用时间。

在切换的过程中，需要两个基站间的协调操作。WCDMA 无需基站间的同步，通过两个基站间的定时差别报告来完成软切换。CDMA2000 与 TD-SCDMA 都需要基站间的严格同步,因而必须借助 GPS 等设备来确定手机的位置并计算出到达两个基站的距离。由于 GPS 依赖于卫星,CDMA2000 与 TD-SCDMA 的网络布署将会受到一些限制,而 WCDMA 的网络在许多环境下更易于部署,即使在地铁等 GPS 信号无法到达的地方也能安装基站,实现真正的无缝覆盖。而且 GPS 是美国的系统,若将移动通信系统建立在 GPS 可靠工作的基础上将会受制于美国的 GPS 政策,有一定的风险。

(4)与第二代通信的兼容性。WCDMA 由 GSM 网络过渡而来,虽然可以保留 GSM 核心网络,但必须重新建立 WCDMA 的接入网,并且不可能重用 GSM 基站。CDMA2000-3x 从 CDMA IS95、CDMA2000-1x 过渡而来,可以保留原有的 CDMA IS95 设备。TD-SCDMA 系统的的建设只需在已有的 GSM 网络上增加 TD-SCDMA 设备即可。三种技术标准中 WCDMA 在升级的过程中耗资最大。

3.5.3 B3G 与 4G 技术

目前,对于新一代的移动系统还无法精确定义,但这种新一代移动通信系统在概念和技术上与 4G 系统和 Beyond 3G 系统大致相同。第四代移动通信系统(4G)标准比第三代具有更多的功能。它具有超过 2Gb/s 的非对称数据传输能力,对高速移动用户能提供 100Mb/s 的高质量的数据服务。并首次实现三维图像的高质量传输,它包括广带无线固定接入、广带无线局域网。移动广带系统和互操作的广播网络(基于地面和卫星系统)是集多种无线技术和无线 LAN 系统为一体的综合系统,也是宽带 IP 接入系统。在这个系统上,移动用户可以实现全球无缝漫游,且进一步提高了其利用率,满足高速率、大容量的业务需求,同时克服高速数据在无线信道下的多径衰落和多径干扰等众多优势。

B3G 移动通信接入系统的显著特点是,智能化多模式终端基于公共平台,通过各种接入技术,在各种网络系统(平台)之间实现无缝连接和协作。在 B3G 移动通信中,各种专门的接入系统都基于一个公共平台相互协作,以最优化的方式工作,来满足不同用户的通信需求。当多模式终端接入系统时,网络会自适应分配频带、给出最优化路由,以达到最佳通信效果。

B3G 移动通信的主要接入技术有:无线蜂窝移动通信系统(例如 2G,3G);无绳系统(如 DECT);短距离连接系统(如蓝牙);WLAN 系统;固定无线接入系统;卫星系统;平流层通信(STS);广播电视接入系统(如 DAB,DVB-T,CATV)。随着技术发展和市场需求变化,新的接入技术将不断出现。不同类型的接入技术针对不同业务而设计,因此,我们根据接入技术的适用领域、移动小区半径和工作环境,对接入技术进行分层。

(1)分配层:主要由平流层通信、卫星通信和广播电视通信组成,服务范围覆盖面积大。

(2)蜂窝层:主要由 2G,3G 通信系统组成,服务范围覆盖面积较大。

(3) 热点小区层:主要由 WLAN 网络组成,服务范围集中在校园、社区、会议中心等,移动通信能力很有限。

(4)个人网络层:主要应用于家庭、办公室等场所,服务范围覆盖面积很小。移动通信能力有限,但可通过网络接入系统连接其他网络层。

(5)固定网络层:主要指双绞线、同轴电缆、光纤组成的固定通信系统。

网络接入系统在整个移动网络中处于十分重要的位置。未来的接入系统将主要在以下三方面进行技术革新和突破:为最大限度开发利用有限的频率资源,在接入系统的物理层,优化调制、信道编码和信号传输技术，提高信号处理算法、信号检测和数据压缩技术，并在频谱共享和新型天线方面做进一步研究。为提高网络性能，在接入系统的高层协议方面，研究网络自我优化和自动重构技术，动态频谱分配和资源分配技术，网络管理和不同接入系统间协作。提高和扩展 IP 技术在移动网络中的应用；加强软件无线电技术；优化无线电传输技术，如支持实时和非实时业务、无缝连接和网络安全。

3.6　正交频分复用

正交频分复用(OFDM)技术在 20 世纪 50 年代就已经提出来了，当时由于实现等原因，未能引起人们广泛的重视。直到 70 年代采用 DFT 实现多载波调制算法的提出，实现 IFFT/FFT 快速算法芯片的出现，使得多载波调制的实现变得非常简单。由此，OFDM 技术开始被人们所接收和重视。在通信的各个领域，OFDM 利用许多并行的、低速率数据传输的子载波来实现一个高速率的数据通信。

OFDM 的主要思想是在频域内将给定信道分成许多正交子信道，在每个子信道上使用一个子载波进行调制，并且各子载波并行传输，这样，尽管总的信道是非平坦的，即具有频率选择性，但是每个自信道是相对平坦的，并且在每个子信道上进行的是窄带传输，信号带宽小于信道的相应带宽，因此就可以大大消除信号波形间的干扰。OFDM 技术的最大优点是能对抗频率选择性衰落或窄带干扰。在 OFDM 系统中各个子信道的载波相互正交，于是它们的频谱是相互重叠的，这样不但减少了子载波间的相互干扰，同时又提高了频谱利用率。

3.6.1　基本原理

在 OFDM 系统中，输入数据信元的速率为 R，经过串并转换后，分成 M 个并行的子数据流，每个子数据流的速率为 R/M，在每个子数据流中的若干个比特分成一组，每组的数目取决于对应子载波上的调制方式，如 PSK，QAM 等。M 个并行的子数据信元编码交织后进行 IFFT 变换，将频域信号转换到时域，IFFT 块的输出是 N 个时域的样点，再将长为 L_p 的 CP(循环前缀)加到 N 个样点前，形成循环扩展的 OFDM 信元，因此，实际发送的 OFDM 信元的长度为 L_p+N，经过并/串转换后发射。接收端接收到的信号是时域信号，此信号经过串并转换后移去 CP，如果 CP 长度大于信道的记忆长度时，ISI 仅仅影响 CP，而不影响有用数据，去掉 CP 也就去掉了 ISI 的影响，如图 3.14 所示。

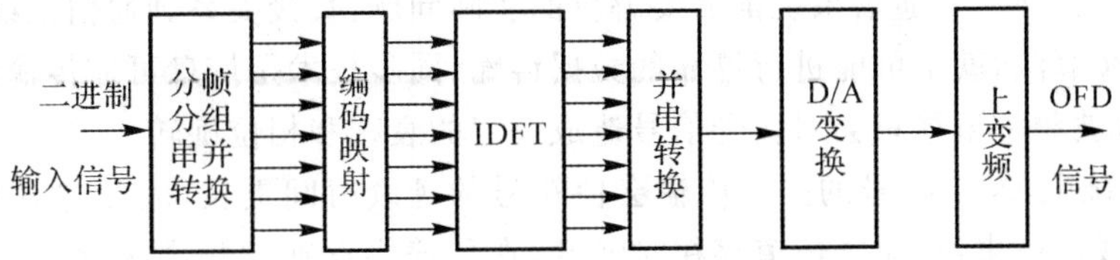

图 3.14　OFDM 系统原理

OFDM 技术之所以越来越受关注，原因在于其存在如下独特的优点：①抗多径干扰与频率选择性衰落能力强。由于 OFDM 系统把数据分散到多个子载波上，大大降低了各子载波的符号速率，从而减弱多径传播的影响。通过采用循环前缀作为保护间隔，避免了信道间干扰

(ICI)。②频谱利用率高。这一点在频谱资源有限的无线通信中很重要。OFDM 信号的相邻子载波相互重叠,理论频谱利用率可以接近奈奎斯特极限。③采用动态子载波分配技术使系统达到最大比特率。即各子信道信息分配遵循信息论中的"注水定理",亦即优质信道多传送,较差信道少传送,劣质信道不传送的原则。④OFDM 技术基于离散傅立叶变换(DFT),可采用 IFFT 和 FFT 来实现调制和解调,便于 DSP 实现。⑤无线数据业务一般都存在非对称性,即下行链路中的数据传输量要远远大于上行链路中的数据传输量,因此无论从用户高速数据传输业务的需求,还是从无线通信自身来考虑,都希望物理层支持非对称高速数据传输,而 OFDM 系统容易通过使用不同数量的子信道来实现上行和下行链路中不同的传输速率。

当然,OFDM 系统也还存在如下主要缺点:①易受频率偏差的影响。无线信道中的多普勒频移、频率偏差都会造成 OFDM 系统子信道之间正交性的破坏,导致信道间干扰。②存在较高的峰值平均功率比(PAR)。由于多载波调制的输出信号由多个子信道上的信号叠加而成,当这些信号的相位一致时,输出信号的瞬时功率会远远大于平均功率。高峰均比对发射机内放大器的线性提出了极高的要求,如果放大器的动态范围不能满足信号幅度的变化,就会造成信号和频谱的畸变,从而破坏子载波的正交性,使系统性能恶化。

3.6.2 高峰均功率比

由于 OFDM 信号是有一系列的子信道信号重叠起来的,所以很容易造成较大的 PAPR。大的 PAPR 信号通过功率放大器时会有很大的频谱扩展和带内失真。但是由于大的 PARP 的概率并不大,可以把大的 PAPR 值的 OFDM 信号去掉。但是把大的 PAPR 值的 OFDM 信号去掉会影响信号的性能,所以采用的技术必须保证这样的影响尽量小。一般通过以下几种技术解决:

(1)信号失真技术。采用修剪技术、峰值窗口去除技术或峰值删除技术使峰值振幅值简单地线性去除。

(2)编码技术。采用专门的前向纠错码会使产生非常大的 PAPR 的 OFDM 符号去除。

(3)扰码技术。采用扰码技术,使生成的 OFDM 的互相关性尽量为 0,从而使 OFDM 的 PAPR 减少。这里的扰码技术可以对生成的 OFDM 信号的相位进行重置,典型的有 PTS(部分传输序列)和 SLM(选择映射)。

3.6.3 系统同步

同步技术是任何一个通信系统都需要解决的实际问题,直接关系到通信系统的整体性能。没有准确的同步算法,就不可能进行可靠的数据传输,同步技术是信息可靠传输的前提。在单载波系统中,载波频率偏移只会对接受信号造成一定的衰减和相位旋转。

OFDM 系统中,N 个符号的并行传输会使符号的延续时间更长,因此它对时间的偏差不敏感。对于无线通信来说,无线信道存在时变性,在传输中存在的频率偏移会使 OFDM 系统子载波之间的正交性遭到破坏,相位噪声对系统也有很大的损害。

由于发送端和接受端之间的采样时钟有偏差,每个信号样本都一定程度地偏离它正确的采样时间,此偏差随样本数量的增加而线性增大,尽管时间偏差会破坏子载波之间的正交性,但是通常情况下可以忽略不计。当采样错误可以被校正时,就可以用内插滤波器来控制正确的时间进行采样。

载波频率的偏移会使子信道之间产生干扰。OFDM 系统的输出信号是多个相互覆盖的子信道的叠加,它们之间的正交性有严格的要求。无线信道时变性的一种具体体现就是多普勒频移,多普勒频移与载波频率以及移动台的移动速度都成正比。多普勒扩展会导致频率发生弥散,引起信号发生畸变。从频域上看,信号失真会随发送信道的多普勒扩展的增加而加剧。因此对于要求子载波严格同步的 OFDM 系统来说,载波的频率偏移所带来的影响会更加严重,如果不采取措施对这种信道间干扰(ICI)加以克服,系统的性能很难得到改善。

OFDM 系统的同步通常包括 3 方面的内容:①帧检测;②载波频率偏差及校正;③采样偏差及校正。

由于同步是 OFDM 技术中的一个难点,因此,很多人也提出了很多 OFDM 同步算法,主要是针对循环扩展和特殊的训练序列以及导频信号来进行,其中较常用的有利用奇异值分解的 ESPRIT 同步算法和 ML 估计算法,其中 ESPRIT 算法虽然估计精度高,但计算复杂,计算量大,而 ML 算法利用 OFDM 信号的循环前缀,可以有效地对 OFDM 信号进行频偏和时偏的联合估计,而且与 ESPRIT 算法相比,其计算量要小得多。对 OFDM 技术的同步算法研究得比较多,需要根据具体的系统具体设计和研究,利用各种算法融合进行联合估计才是可行的。OFDM 系统对定时频偏的要求是小于 OFDM 符号间隔的 4%,对频率偏移的要求大约要小于子载波间隔的 1%～2%,系统产生的 -3dB 相位噪声带宽大约为子载波间隔的 0.01%～0.1%。

3.6.4　信道估计

OFDM 系统中信道估计器的设计主要有两个问题。一个是导频信息的选择问题,由于无线信道的时变特性,需要接收机不断地对信道进行跟踪,因此导频信息必须不断地被传送。二是既有较低计算复杂度又有良好信道跟踪能力的信道估计器的设计问题,即在确定的导频发送方式和信道估计准则条件下,寻找最佳的信道估计器结构。

OFDM 系统中的经典信道估计技术,有常见的最小平方(LS)、线性最小均方误差(LMMSE)信道估计,以及基于离散傅立叶变换(DFT)的信道估计算法、基于奇异值分解(SVD)的信道估计算法和最大似然信道估计算法。

3.7　多输入多输出

无线电的多路径传播会导致信号的衰落,因而被视为有害因素。然而研究结果表明,多径可以作为一个有利因素加以利用。多输入多输出(MIMO)技术是指在发射端和接收端分别使用多个发射天线和接收天线,信号通过发射端和接收端的多个天线传送和接收,从而改善每个用户的服务质量。

如图 3.15 所示,MIMO 系统同时利用信道编码和多天线技术,信号 $S(t)$经过空时编码形成 N 个发射子流 $W_k(t)$,($k=0,1,\cdots,N-1$)。这 N 个子流由 N 个天线发射出去,经空间传输后由 M 个接收天线接收。MIMO 接收机通过空时解码处理这些子数据流,对其进行区分和解码,从而实现最佳的信号处理。MIMO 系统正是依靠这种同时使用空域和时域分集的方法来降低信道误码率,提高无线链路的可靠性。

另一方面,这 N 个子流同时发射时,只占用同一传输信道,并不会增加使用带宽。在自由空间里，MIMO 系统占用比普通天线系统更多的传输空间，用来在各发射和接收天线间构筑多条相互独立的通道，产生多个并行空间信道，并通过这些并行的空间信道独立地传输信息，达到了空间复用的目的，以此方式来提高系统的传输容量。

对于天线数与信道容量的关系，可以假设在发射端，各天线发射独立的等功率信号，而且各信号满足 Rayleigh 分布，根据 MIMO 系统的信道传输特性和香农信道容量计算方法，推导出平衰落 MIMO 系统信道容量近似表达式为

$$C=[\min(N,M)B\log_2(SNR/2)]$$

其中 B 为信号带宽，SNR 为接收端平均信噪比，$\min(N,M)$ 为发射天线数量 N 和接收天线数量 M 中的最小者。

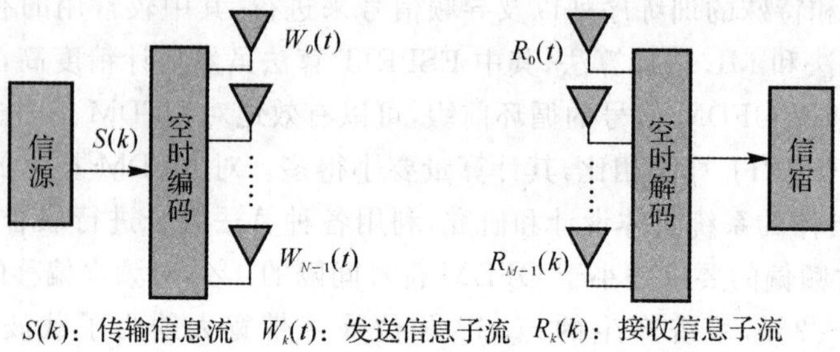

图 3.15　多输入多输出系统原理

上式表明，在同等传输带宽，而且接收端信噪比不变化的情况下(基本取决于外界条件和发射功率的变化)，多入多出系统的信道容量随最小天线数目的增加而线性增加。而在同样条件下，在接收端或发射端采用多天线或天线阵列的普通智能天线系统，其容量仅随天线数量的对数增加而增加。相对而言，在不占用额外的带宽，也不消耗额外的发射功率的情况下，利用 MIMO 技术可以成倍地提高系统传输容量，大大提高了频谱利用率，这是无线通信领域智能天线技术的重大突破。

当前，MIMO 技术主要通过 3 种方式来提升无线传输速率及品质。

(1) 空间复用。系统将数据分割成多份，分别在发射端的多根天线上发射出去。接收端接收到多个数据的混合信号后，利用不同空间信道间独立的衰落特性，区分出这些并行的数据流。从而达到在相同的频率资源内获取更高数据速率的目的。

空间复用技术是在发射端发射相互独立的信号，接收端采用干扰抑制的方法进行解码，此时的空间信道容量随着天线数量的增加而线性增大，从而能够显著提高系统的传输速率。使用空间复用技术时，接收端必须进行复杂的解码处理。业界主要的解码算法有迫零算法、ZF-MMSE 算法、最大似然解码算法、分层空时处理算法、BLAST。

(2)传输分集技术。以空时编码为代表，在发射端对数据流进行联合编码以减小由于信道衰落和噪声所导致的符号错误率。空时编码通过在发射端的联合编码增加信号的冗余度，从而使信号在接受端获得分集增益。但空时编码方案不能提高数据率。空时编码主要分为空时格码和空时块码。空时格码在不牺牲系统带宽的条件下能使系统同时获得分集增益和编码增益。但是当天线个数一定时，空时格码的解码复杂度随着分集程度和发射速率的增加呈指数增加。

MIMO 信道中的衰落特性可以提供额外的信息来增加通信中的自由度(degrees of freedom)。从本质上来讲，如果每对发送接收天线之间的衰落是独立的，那么可以产生多个并行的子信道。如果在这些并行的子信道上传输不同的信息流，可以提供传输数据速率，这称为空间复用。需要特别指出的是在高 *SNR* 的情况下，传输速率是自由度受限的，此时 *N* 根发射天线、*M* 根接收天线、天线对之间都是独立均匀分布的瑞利衰落。

(3)波束成形。系统通过多根天线产生一个具有指向性的波束，将信号能量集中在欲传输的方向，从而提升信号质量，并减少对其他用户的干扰。

波束成形技术又称为智能天线，通过对多根天线输出信号的相关性进行相位加权，使信号在某个方向形成同相叠加，在其他方向形成相位抵消，从而实现信号的增益。当系统发射端能够获取信道状态信息时，如 TDD 系统，系统会根据信道状态调整每根天线发射信号的相位，数据相同，以保证在目标方向达到最大的增益。当系统发射端不知道信道状态时，可以采用随机波束成形方法实现多用户分集。

第4章　移动互联网接入

4.1　无线局域网 WLAN

无线局域网提供了移动接入的功能，这就给许多需要发送数据但又不能坐在办公室的工作人员提供了方便。当大量持有便携式电脑的用户都在同一个地方同时要求上网时（如在临时地点的会议、野外等），如果采用电缆连网，布线就是个很大的问题，这时采用无线局域网就比较容易。无线局域网还有投资少，建网的速度比较快等优点。

4.1.1　无线局域网的基本概念

无线局域网是计算机网络与无线通信技术相结合的产物。它利用射频（RF）技术，取代旧式的双绞铜线构成局域网，提供传统有线局域网的所有功能。

无线局域网的发展经历了两个阶段：IEEE 802.11 标准出台以前各个标准互不兼容的阶段和 IEEE 802.11 标准问世后的无线网络产品规范化阶段。IEEE 802.11 标准代表了无线网所需要具备的特点。无线局域网有两种配置实现方案：有基站，或者没有基站。IEEE 802.11 标准对这两种方案都提供了支持，其模型如图 4.1 所示。凡使用 IEEE 802.11 系列协议的局域网又称为 Wi - Fi（Wireless - Fidelity）。

1. IEEE 802.11 基站结构模型

IEEE 802.11 标准规定无线局域网的最小构件是基本服务集 BSS（Basic Service Set）。一个基本服务集 BSS 包括一个基站和若干个使用相同 MAC 协议竞争共享媒体的移动站，所有的站在本 BSS 以内都可以直接通信，但在和本 BSS 以外的站通信时都必须通过本 BSS 的基站。基本服务集内的基站（base station）就是接入点 AP（Access Point）。

一个基本服务集可以是孤立的，也可通过接入点 AP 连接到一个分配系统 DS（Distribution System），然后再连接到另一个基本服务集，这样就构成了一个扩展的服务集 ESS（Extended Service Set）（见图 4.1(b)）。分配系统可以使用以太网（这是最常用的）、点对点链路或其他无线网络。扩展服务集 ESS 可以为无线用户提供到有线局域网的接入。这种接入是通过无线网桥来实现的。

2. 自组网络

没有基站的无线局域网又叫做自组网络（ad hoc network），如图 4.1(a)所示。这种自组网络没有上述基本服务集中的接入点 AP，而是由一些处于平等状态的站之间相互通信组成的临时网络。在 ad hoc 网中，源节点和目标节点之间的其他节点为转发节点，这些节点都具有路由器的功能。由于自组网络没有预先建好的网络固定基础设施（基站），因此自组网络的服务范围通常是受限的，而且自组网络一般也不和外界的其他网络相连接。

自组网络有很好的应用前景，例如战场指挥、灾害场景、移动会议、传感器网络等。

近年来，无线传感器网络 WSN(Wireless Sensor Network)引起了人们广泛的关注。无线传感器网络是由大量传感器节点通过无线通信技术构成的自组网络。无线传感器网络的应用就是进行各种数据的采集、处理和传输，一般并不需要很高的带宽，但是在大部分时间必须保持低功耗，以节省电池的消耗。由于无线传感节点的存储容量受限，因此对协议栈的大小有严格的限制。

无线传感器网络中的节点基本上是固定不变的，这点和移动自组网络有很大的区别。

无线传感器网络主要的应用领域是：①环境监测与保护(如洪水预报)；②战争中的敌情监控；③医疗中的病房监测和患者护理监测；④在危险的工业环境中的安全监测(如井下瓦斯的监控)；⑤城市交通管理、建筑内的温度/照明/安全监控等。

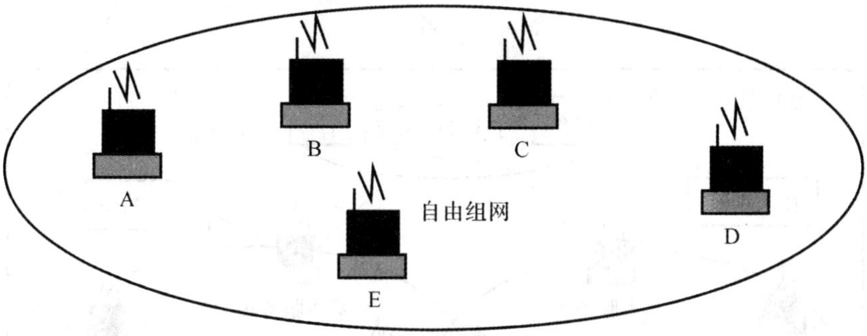

(a)

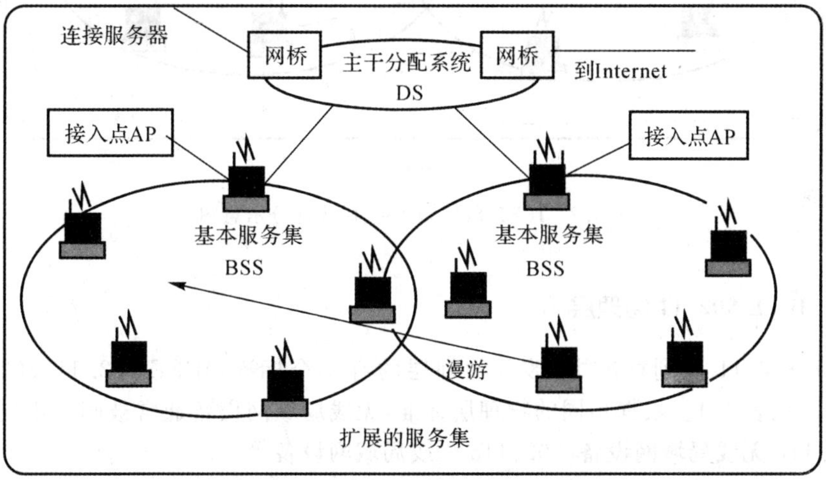

(b)

图 4.1　IEEE 802.11 的两种配置方案

(a)自由组网；　(b)扩展的服务集

3. IEEE 802.11 协议栈

图 4.2 给出了 IEEE 802.11 协议栈的部分示意图。在 IEEE 802.11 中，MAC 子层确定了信道的分配方式，即由它决定下一个该由谁传输数据，LLC 子层的任务是隐藏 IEEE 802 各标准之间的差异，对网络层保持一致性。

1997 年出现的 IEEE 802.11 标准规定了物理层上允许的 3 种技术：红外线、直接序列扩频 DSSS、跳频扩频 FHSS，后来又引入了 OFDM 和高速率直接序列扩频 HR-DSSS。

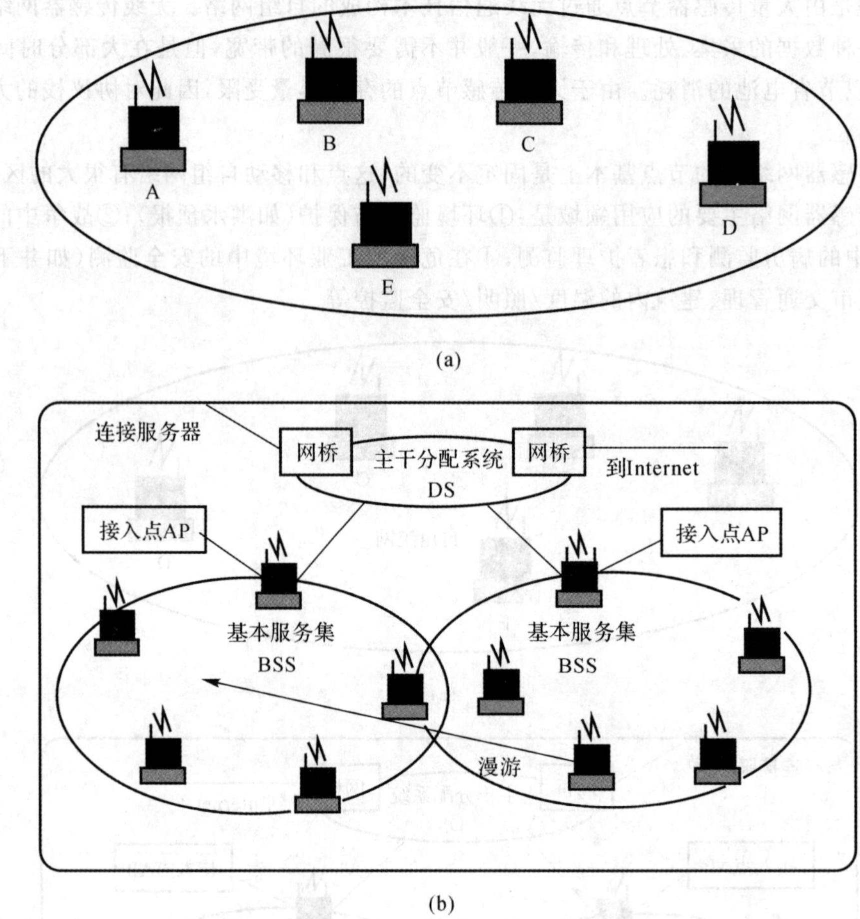

图 4.2　IEEE 802.11 协议栈的部分示意图

4.1.2　IEEE 802.11 物理层

在 IEEE 802.11 系列标准中，涉及物理层的有 4 个标准：IEEE 802.11，802.11b，802.11a，802.11g，见表 4.1。根据不同的物理层标准，无线局域网设备通常被归为不同的类别，如常说的 802.11b 无线局域网设备、802.11a 无线局域网设备等。

表 4.1　IEEE 802.11 系列标准的物理层

协　议	802.11	802.11a	802.11b	802.11g
发布时间	July 1997	Sept 1999	Sept 1999	July 2003
有效频宽	83.5MHz	325MHz	83.5MHz	83.5MHz
调制方式	FHSS/DSSS	OFDM	HR-DSSS	OFDM
传输速率	2Mb/s	6～54 Mb/s	5.5Mb/s，11Mb/s	54 Mb/s

IEEE 802.11 工作于 2.4GHz 的 ISM 频段，物理层采用红外、DSSS 或 FHSS 技术，共享

数据速率最高可达 2Mb/s。它主要用于解决办公室局域网和校园网中用户终端的无线接入问题。

IEEE 802.11 的数据速率不能满足日益发展的业务需要，于是 IEEE 在 1999 年相继推出了 802.11b、802.11a 两个标准。并且在 2001 年年底又通过 802.11g 试用混合方案。

IEEE 802.11b 工作于 2.4GHz 的 ISM 频带，采用高速率直接序列扩频 HR－DSSS，能够支持 5.5Mb/s 和 11Mb/s 两种速率，可以与速率为 1Mb/s 和 2Mb/s 的 802.11 DSSS 系统交互操作，但不能与 1Mb/s 和 2Mb/s 的 802.11 FHSS 系统交互操作。

IEEE 802.11a 工作于 5GHz 频带，它采用 OFDM（正交频分复用）技术。802.11a 支持的数据速率最高可达 54Mb/s。802.11a 速率虽高，但和 802.11b 不兼容，并且成本也比较高，所以在目前的市场中 802.11b 仍然占据主导地位。

IEEE 802.1g 与已经得到广泛使用的 802.11b 是兼容的，这是 802.11g 相比于 802.11a 的优势所在。802.11g 是对 802.11b 的一种高速物理层扩展，同 802.11b 一样，802.11g 工作于 2.4GHz 的 ISM 频带，但采用了 OFDM 技术，可以实现最高 54Mb/s 的数据速率，与 802.11a相当；该方案可在 2.4GHz 频带上实现 54Mb/s 的数据速率，并与 802.11b 标准兼容。并且较好地解决了 WLAN 与蓝牙的干扰问题。

4.1.3　IEEE 802.11 的 MAC 子层协议

在 MAC 层，IEEE 802.11，802.11b，802.11a，802.11g 这 4 种标准均采用的是 CSMA/CA（CA，Collision Avoidance，冲突避免）协议。

在无线局域网的环境下的 MAC 协议必须解决两个问题：①不能避免隐藏站问题；②存在暴露站的问题。

图 4.3(a)表示站点 A 和 C 都想和 B 通信。但 A 和 C 相距较远，彼此都听不见对方。当 A 和 C 检测到信道空闲时，就都向 B 发送数据，结果发生了碰撞。这种未能检测出信道上其他站点信号的问题叫做隐蔽站问题。

图 4.3(b)给出了另一种情况。站点 B 要向 C 发送数据，而 A 正在和 D 通信。但 B 检测到信道忙，于是就停止向 C 发送数据，其实 A 向 D 发送数据并不影响 B 向 C 发送数据。这是暴露站问题。

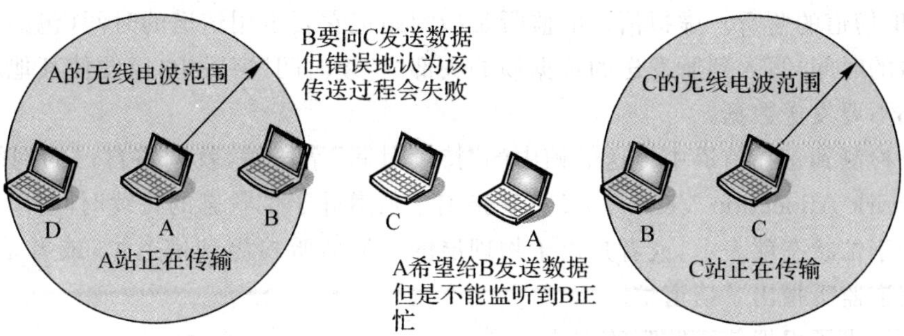

图 4.3　无线环境下的典型问题

(a)隐藏站问题；(b)暴露站问题

因此，无线局域网无法避免碰撞的发生。IEEE 802.11 的做法是尽量减少碰撞，即冲突避免 CA。IEEE 802.11 局域网在使用 CSMA/CA 的同时还使用停止等待协议,这是因为无线信道的通信质量远不如有线信道且有冲突,因此无线站点每通过无线局域网发送完一帧后,要等到收到对方的确认帧后才能继续发送下一帧。

1. IEEE 802.11 协议结构

IEEE 802.11 的 MAC 层在物理层的上面,它包括两个子层:点协调功能 PCF(Point Coordination Function)子层和分布协调功能 DCF(Distributed Coordination Function)子层,如图 4.4 所示。

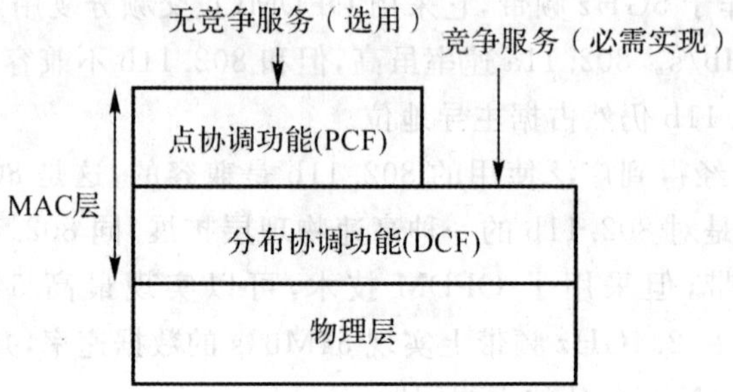

图 4.4 IEEE 802.11 协议结构

PCF 是用接入点 AP 集中控制整个 BSS 内的活动,因此自组网络就没有 PCF 子层。PCF 使用集中控制的接入算法,用类似于探询的方法把发送数据权轮流交给各个站,从而避免了碰撞的产生。例如时间敏感的业务(如分组话音)就应使用提供无竞争服务的 PCF。对某些无线局域网,PCF 可以没有。

DCF 不采用任何中心控制,而是在每一个节点使用 CSMA 机制的分布式接入算法,让各个站通过争用信道来获取发送权。IEEE 802.11 协议规定,所有的实现都必须有 DCF 功能。

2. CSMA/CA 协议的基本原理

DCF 让各个站争用信道使用的是 CSMA/CA 协议。在该协议中使用了物理信道的监听手段与虚拟信道的监听手段。

(1)物理信道的监听。站点发送数据帧的前提之一是信道空闲,因此需要先检测信道(进行载波监听)。在数据帧传送过程中它并不监听信道,而是直接送出整个帧。

(2)虚拟信道的监听。虚拟信道的监听是指源站把它要占用信道的时间(包括目的站发回确认帧所需的时间)写入到所发送的数据帧的头部“持续时间”字段中,以便使其他所有站在这一段时间都不要发送数据。

当站点检测到正在信道中传送的帧中的“持续时间”字段时,就调整自己的网络分配向量 NAV(Network Allocation Vector)。NAV 指出了信道处于忙状态的持续时间。

信道处于忙状态就表示:或者是由于物理层的载波监听检测到信道忙,或者是由于 MAC 层的虚拟信道监听指出了信道忙。

图 4.5 给出了虚拟信道监听的方法。

源站 A 在发送数据帧之前先发送一个短的控制帧,叫做请求发送 RTS(Request To Send),它包括源地址、目的地址和这次通信(包括相应的确认帧)所需的持续时间。若信道空闲,则目的站 B 就响应一个控制帧,叫做允许发送 CTS(Clear To Send),它也包括这次通信所需的持续时间。A 收到 CTS 帧后就可发送其数据帧,目的站若正确收到此帧,则用确认帧

ACK 应答，结束协议交互。

在此交互过程中，假设 C 处于 A 的无线范围内，但不在 B 的无线范围内。因此一般能够收到 A 发送的 RTS，C 就调整自己的网络分配向量 NAV，以使自己保持安静。假设 D 收不到 A 发送的 RTS 帧，但能收到 B 发送的 CTS 帧。D 也调整自己的网络分配向量 NAV。

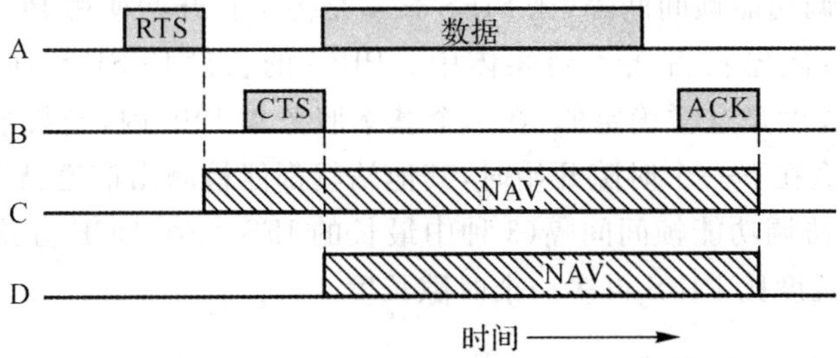

图 4.5　虚拟信道监听的方法

(3)退避机制。为了尽量减少冲突，CSMA/CA 采用了一种退避机制(具体的退避算法本书不作详细介绍)。当一个站要发送数据帧时，在以下几种情况下必须进行退避。

①在发送第一个帧之前检测到信道处于忙态。

②每一次的重传。

③每一次的成功发送后再要发送下一帧。

只有检测到信道是空闲的，并且这个数据帧是它想发送的第一个数据帧时才不退避。

(4)帧间间隔。CSMA/CA 通过定义帧间间隔来实现一个 BSS 内的 PCF 数据与 DCF 数据的共存。

IEEE 802.11 规定，所有的站在完成发送后，必须再等待一段很短的时间(继续监听)才能发送下一帧。这段时间的通称是帧间间隔 IFS(InterFrame Space)。帧间间隔的长短取决于该站要发送的帧的类型。高优先级帧需要等待的时间较短，因此可优先获得发送权，但低优先级帧就必须等待较长的时间。若低优先级帧还没来得及发送而其他站的高优先级帧已发送到媒体，则媒体变为忙态，因而低优先级帧就只能再推迟发送了。这样就减少了发生碰撞的机会。至于各种帧间间隔的具体长度，则取决于所使用的物理层特性。

常用的 3 种帧间间隔的作用如下，如图 4.6 所示。

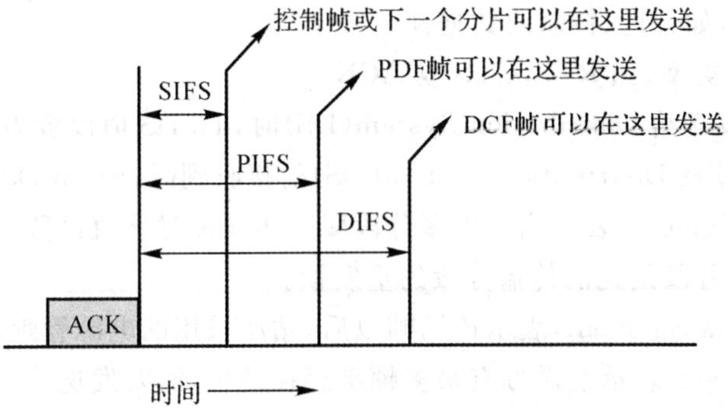

图 4.6　802.11 的帧间间隔

1)SIFS，即短(Short)帧间间隔。SIFS 是最短的帧间间隔，主要用来分隔开属于一次对话的各帧。在这段时间内，一个站应当能够从发送方式切换到接收方式。使用 SIFS 的帧类型有：ACK 帧、CTS 帧、由过长的 MAC 帧分片后的数据帧，以保证一次会话的相对连续。使用 SIFS 的帧还有回答 AP 探询的帧和在 PCF 方式中接入点 AP 发送出的任何帧，因为这些帧更重要。

2)PIFS，即点协调功能帧间间隔（比 SIFS 长），是为了在开始使用 PCF 方式时（在 PCF 方式下使用，没有争用）优先获得接入到媒体中。PIFS 的长度是 SIFS 加一个时隙时间（slot time）长度。时隙的长度是这样确定的：在一个基本服务集 BSS 内，当某个站在一个时隙开始时接入到信道时，那么在下一个时隙开始时，其他站就都能检测出信道已转变为忙态。

3)DIFS，即分布协调功能帧间间隔（3 种中最长的 IFS），在 DCF 方式中用来发送数据帧和管理帧。DIFS 的长度比 PIFS 再多一个时隙长度。

4.1.4 IEEE 802.11 帧结构

IEEE 802.11 标准定义了 3 种用于通信的帧：数据帧、控制帧和管理帧。

IEEE 802.11 数据帧格式如图 4.7 所示。

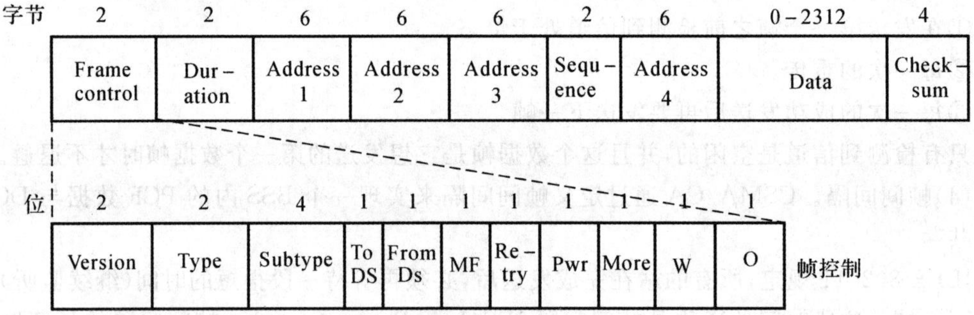

图 4.7 IEEE 802.11 数据帧

①各字段意义如下；

②帧控制字段共分为 11 个子字段。

(1)帧控制：

①Version：表示 IEEE 802.11 标准版本。

②Type：帧类型，如管理、控制或数据帧。

③Subtype：帧子类型，如 RTS，CTS 或 ACK。

④To DS：当帧发送给 Distribution System(DS)时，To DS 值设置为 1。

⑤From DS：当帧从 Distribution System(DS)处接收到时，From DS 值设置为 1。

⑥MF：More Fragment，表示当有更多分段属于相同帧时该值设置为 1。

⑦Retry：表示该分段是先前传输分段的重发帧。

⑧Pwr：Power Management，表示传输帧以后，站所采用的电源管理模式。

⑨More：More Data，表示发送方有很多帧缓存在站中，需要发送。

⑩W：WEP，表示根据 WEP(Wired Equivalent Privacy)算法对帧主体进行加密。

⑪O：Order，表示利用严格顺序服务类处理发送帧的顺序。

(2)Duration：Duration 值用于网络分配向量(NAV)计算。

(3)Address Fields(1—4):包括 4 个地址(其中前三个用于源地址、目标地址、发送方地址和接收方地址,地址 4 用于自组网络),取决于帧控制字段(To DS 和 From DS 位)。

(4)Sequence Control:由分段号和序列号组成。用于表示同一帧中不同分段的顺序,并用于识别数据包副本。

(5)Data:发送或接收的信息。

(6)CRC :包括 32 位的循环冗余校验(CRC)。

管理帧的格式与数据帧的格式非常类似,只不过管理帧少了一个基站地址,因而管理帧被严格限定在一个 BSS 中。控制帧要短些,它只有一个或者两个地址,没有 Data 域,也没有 Sequence 域。对于控制帧,关键信息在 Subtype 域。

4.1.5　IEEE 802.11 服务

IEEE 802.11 定义了标准无线 LAN 必须提供的 9 种服务。这些服务可以分成两类:5 种分发服务和 4 种站服务。分发服务涉及到对 BSS 的成员关系的管理,并且会影响到 BSS 之外的站。与之相反,站服务则只与一个 BSS 内部的活动有关系。

5 种分发服务是由基站提供的,它们处理站的移动性:当移动站进入 BSS 的时候,通过这些服务与基站关联起来;当移动站离开 BSS 的时候,通过这些服务与基站断开联系。这 5 种分发服务如下:

(1)关联(association)。移动站利用该服务连接到基站上。典型情况下,当一个移动站进入到一个基站的无线电距离范围之内的时候,这种服务就会被用到。

(2)分离(disassociation)。不管是移动站,还是基站,都有可能会解除关联关系。一个站在离开或者关闭之前,先使用这项服务;基站在停下来进行维护之前也可能会用到该服务。

(3)重新关联(reassociation)。利用这项服务,一个站可以改变它的首选基站。这项服务对于那些从一个 BSS 移动到另一个 BSS 中的移动站来说,是非常有用的。

(4)分发(distribution)。这项服务决定了如何路由那些发送给基站的帧。如果帧的目标对于基站来说是本地的,则该帧将被直接发送到空中。否则的话,它们必须通过 DS 来转发。

(5)融合(integration)。如果一帧需要通过一个非 IEEE 802.11 的网络来发送,并且该网络使用了不同的编址方案或者不同的帧格式,则通过这项服务可以将 IEEE 802.11 格式的帧翻译成目标网络所要求的帧格式。

4 种站服务都是在 BSS 内部进行的。在关联过程完成之后,这些服务才可能会用到。这 4 种站服务如下:

(1)认证(authentication)。因为未授权的站很容易就可以发送或者接收无线通信流量,所以,任何一个站必须首先证明了它自己的身份之后才允许发送数据。典型情况下,当基站接受了一个移动站的关联请求之后,基站将给它发送一个特殊的质询帧,以确定该移动站是否知道原先分配给它的密钥(口令);移动站只要加密质询帧,并送回给基站,如果结果正确的话,就可以证明它是知道密钥的,则移动站就被完全接纳。

(2)解除认证(deauthentication)。如果一个原先已经通过认证的移动站要离开网络,则它需要解除认证。

(3)私密性(privacy)。如果在无线 LAN 上发送的信息需要保密的话,则它必须要被加密。这项服务管理加密和解密。

(4)数据投递(data delivery)。最后,真正的目的是为了传输数据,所以,IEEE 802.11 必须要提供一种传送和接收数据的方法。IEEE 802.11 的传输过程不保证可靠性,上面的层必须处理检错和纠错工作。

4.2 无线个域网 WPAN

无线个域网 WPAN(Wireless Personal Area Network)是当前计算机网络发展最为迅速的领域之一。WPAN 就是在个人工作或生活的地方把属于个人使用的电子设备(如便携式电脑、掌上电脑、便携式打印机以及蜂窝电话等)用无线技术连接起来的自组网络。WPAN 可以是一个人使用,也可以是若干人共同使用(例如,一个教研小组的几位教师把几米范围内使用的一些电子设备组成一个无线个人区域网)。这些电子设备可以很方便地进行通信,并且解决了用导线的麻烦。

WPAN 的 IEEE 标准都由 IEEE 的 802.15 工作组制定,这个标准也是包括 MAC 层和物理层这两层的标准。WPAN 都工作在 2.4 GHz 的 ISM 频段。

WPAN 被广泛关注的技术及其标准有以下 3 个:

(1)IEEE 802.15.1,覆盖了蓝牙(BlueTooth)协议栈的物理层/媒体接入控制层(PHY/MAC)层。

(2)IEEE 802.15.3a,超宽带 UWB(Ultra - Wide Band)标准。

(3)IEEE 802.15.4,低速无线个域网(LR - WPAN),覆盖了 ZigBee 协议栈的物理层/媒体接入控制层(PHY/MAC 层)。

本节简要介绍这 3 种技术。

4.2.1 蓝牙技术与 IEEE 802.15.1 标准

1998 年 5 月,5 家世界著名的 IT 公司爱立信、IBM、因特尔、诺基亚和东芝联合宣布了“蓝牙”计划,使不同厂家的便携设备在没有电缆连接时,利用无线技术在近距离范围内具有相互操作的性能。随后这 5 家公司组建了一个特殊的兴趣组织(SIG)来负责此项计划的开发。这项计划一经公布,就得到了包括摩托罗拉、朗讯、康柏、西门子以及微软等大公司在内的近 2000 家厂商的广泛支持和采纳。1999 年 7 月蓝牙 SIG 推出了蓝牙协议 1.0 版。

IEEE 802.15.1 标准是由 IEEE 与蓝牙 SIG 合作共同完成的。源于蓝牙 v1.1 版的 IEEE 802.15.1 标准已于 2002 年 4 月 15 日由 IEEE - SA 的标准部门批准成为一个正式标准,它可以同蓝牙 v1.1 完全兼容。

IEEE 802.15.1 是用于 WPAN 的无线媒体接入控制层和物理层规范。标准的目标在于在个人操作空间(POS)内进行无线通信。

1. 蓝牙组网方式

蓝牙有两种网络形式:

(1)微微网(Piconet)。由一个主控设备(Master,即主节点)和 10m 距离之内的 1 到 7 个从属设备(Slave,即从节点)组成。同时,一个微微网最多可以有 255 个静观的设备(静观状态的从节点),一个处于静观状态的设备,除了响应主节点的激活或者指示信号以外,不做其他任何事情。

(2)分散网。一个 IEEE 802.15.1 设备可在一个微微网中充当主控设备，而在另一个或几个微微网中充当从属设备，从而将不同的微微网桥接起来，如此组成一个分散网(Scatternet)。也可通过从设备桥接，如图 4.8 所示。

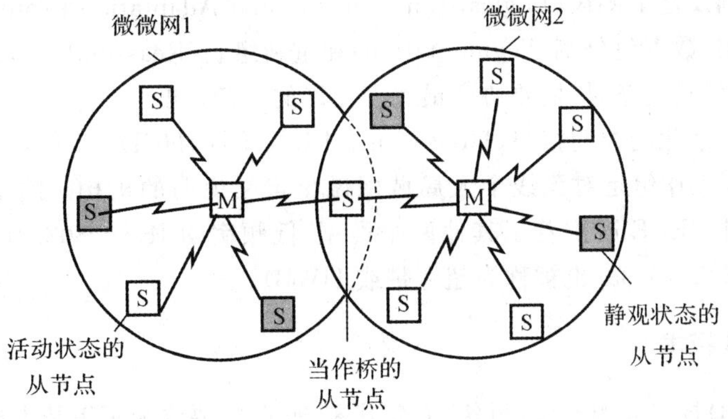

图 4.8 两个微微网连接构成的分散网

2. 物理层主要特性

(1)蓝牙是一个低功率的系统，工作在 2.4GHz 的 ISM 频段，频段被分成 79 个信道，每个 1MHz，覆盖半径为 10m。

(2)采用 GFSK 调制，每 Hz1 位，所以总数据率为 1M/s，但是，这段频谱中有相当一部分被消耗在各种开销上。

(3)蓝牙使用了跳频扩频技术，每秒 1600 跳，停延时间为 625μs。在一个微微网中的所有节点同步跳频，主节点规定了跳频的序列。采用快速跳频的目的是减少同频干扰。

(4)支持 64Kb/s 的实时语音，具有一定的组网能力。

(5)2004 年蓝牙工作组推出 2.0 版本，带宽提高三倍，且功耗降低一半。

3. MAC 层主要特性

(1)微微网的跳频分时机制。蓝牙的微微网采用 TDM 系统，时隙的间隔为 625μs，主/从模式，主控设备控制时钟(即决定每个时隙中哪个设备可以进行通信)，从属设备基本上都是哑设备。所有的通信都是通过主控设备进行的，从属设备和从属设备之间不能直接通信。

主节点的传输过程从偶数时隙开始，从节点的传输过程从奇数时隙开始。所有的从节点共享一半的时隙，帧的长度可以为 1,3 或者 5 个时隙。

在跳频分时机制中，每一跳一般有一个大约 250～260μs 的停顿时间，这样才能使无线电路变得稳定。对于一个单时隙的帧来说，在停顿之后，625 位中的 366 位被留下来了；在这 366 位之中，其中 126 位是一个访问码和头部，余下 240 位才是数据。

(2)逻辑信道。蓝牙的微微网支持两种逻辑信道：

1)面向连接的同步信道(Sychronous Connection - Oriented,SCO link)，主要用于实时数据，例如提供双向 64Kb/s 的 PCM 语音通路。这种信道是在每个方向中的固定时隙中分配的。由于 SCO 链路的实时性本质，在这种链路上发送的帧永远不会被重传，相反，通过前向纠错机制可以提供高的可靠性。一个从属设备与它的主控设备之间可以有多达 3 条 SCO 链路。每条 SCO 链路可以传送一个 64Kb/s 的 PCM 音频信道。

2)无连接异步信道(Asychronous Connection - Less,ACL link)用于那些无时间规律的分

组交换数据。采用确认重传机制,不对称时数据传输速率可达 723.2Kb/s,对称时可达 433.9Kb/s。

3)协议与接口。链路管理协议(Link Manager Protocol),负责物理链路的建立和管理。

逻辑链路控制及适配协议(Logical Link Control and Adaptation Protocol,L2CAP),负责对高层协议的复用,数据包分割(Segmentation)和重新组装(Reassembly),处理与服务质量有关的需求(例如在建立链路时,需要协商最大可允许的净荷长度)。

规定了一个标准化的控制接口(Host Control Interface,HCI)。

IEEE 802.15 工作组是对无线个人局域网做出定义说明的机构。除了基于蓝牙技术的 IEEE 802.15 之外,IEEE 还推荐了其他两个类型:低频率的 IEEE 802.15.4(也被称为 ZigBee)和高频率的 802.15.3a(也被称为超宽带或 UWB)。

4.2.2 UWB 技术

超宽带(UWB)技术起源于 20 世纪 50 年代末,此前主要作为军事技术在雷达探测和定位等应用领域中使用。美国 FCC(联邦通信委员会)于 2002 年 2 月准许该技术进入民用领域,用户不必进行申请即可使用。作为室内通信用途,FCC 已将 3.1～10.6GHz 频带向 UWB 通信开放。

超宽带无线通信技术是一种使用 1GHz 以上带宽的无线通信技术,又称脉冲无线电(IR)技术。UWB 不需要载波,而是利用纳秒至微微秒级的非正弦波窄脉冲来传输数据,需占用很宽的频谱范围,有效传输距离在 10m 以内,传输速率可达几百 Mbps 甚至更高。

通常把相对带宽(信号带宽与中心频率之比)大于 25% ,而且中心频率大于 500MHz 的宽带称为超宽带。

传统的"窄带"和"宽带"都是采用无线电频率(RF)载波来传送信号,利用载波的状态变化来传输信息。而超宽带是基带传输,通过发送代表 0 和 1 的脉冲无线电信号来传送数据。这些脉冲信号的时域极窄(纳秒级),频域极宽(数 Hz 到数 GHz,可超过 10GHz),其中的低频部分可以实现穿墙通信。

关于 UWB 技术主要有两种相互竞争的标准:以 Intel 和 Texas Instrument 为代表的 MBOA 标准,主张采用多频带方式来实现 UWB 技术;以及以 Motorola 为代表的 DS - UWB 标准,主张采用单频带方式来实现 UWB 技术。

UWB 技术有以下几个突出特点:

(1)超宽带技术使用了瞬间高速脉冲,因此信号的频带就很宽,就是指可支持 100～400Mb/s 的数据率。可用于小范围内高速传送图像或 DVD 质量的多媒体视频文件。

(2)UWB 只在需要传输数据时才发送脉冲,信号的功率谱密度极低,发射系统比现有的传统无线电技术功耗低得多。在高速通信时系统的耗电量仅为几百 μW～几十 mW。民用的 UWB 设备功率一般是传统移动电话所需功率的 1/100 左右,是蓝牙设备所需功率的 1/20 左右,因此,UWB 设备在电池寿命和电磁辐射上,相对于传统无线设备有着很大的优越性。

(3)由于 UWB 的脉冲非常短,频段非常宽,因此能避免多路径传输的信号干扰问题,同时短而弱的脉冲也使 UWB 与其他无线通信技术(IEEE 802.11x、微波等等)间产生干扰的可能性大幅降低,因此可与其他技术共存。

(4)由于 UWB 信号射频带宽可以达到 1GHz 以上,它的发射功率谱密度很低,信号隐蔽在环境噪声和其他信号之中,用传统的接收机无法接收和识别,必须采用与发端一致的扩频码脉冲序列才能进行解调,因此增加了系统的安全性。

UWB 技术还有一些优点,其实现技术也存在诸多问题(例如 UWB 天线设计),这里不再讨论。

IEEE 802.15.3a 工作组提出使用超宽带 UWB 技术的超高速 WPAN。由于 UWB 技术功耗低、带宽高、抗干扰能力强、安全性好,超高速 WPAN 无疑具有非常好的发展前景。

4.2.3　IEEE 802.15.4 与 ZigBee

IEEE 802.15.4 标准主要针对低速无线个域网(Low - Rate Wireless Personal Area Network,LR - WPAN)制定。该标准把低能量消耗、低速率传输、低成本作为重点目标。而 ZigBee 标准是在 IEEE 802.15.4 标准基础上发展而来的。IEEE 802.15.4 定义了 ZigBee 协议栈的最低的两层(物理层和 MAC 层),而上面的两层(网络层和应用层)则是由 ZigBee 联盟定义的。

ZigBee 一词难于翻译,来源于蜂群使用的赖以生存和发展的通信方式。蜜蜂通过跳 Z 形(即 zigzag)的舞蹈,来通知其伙伴所发现的新食物源的位置、距离和方向等信息,因此就把 ZigBee 作为新一代无线通信技术的名称。

ZigBee 技术主要用于各种电子设备(固定的、便携的或移动的)之间的无线通信,其主要特点是通信距离短(10～100m),传输数据速率低,功耗低,并且成本低廉。

1. IEEE 802.15.4 及 ZigBee 协议栈

IEEE 802.15.4 标准定义了物理层和介质访问控制子层,符合开放系统互连模型(OSI)。物理层包括射频收发器和底层控制模块,介质访问控制子层为高层提供了访问物理信道的服务接口。图 4.9 给出了 IEEE 802.15.4 及 ZigBee 协议栈。

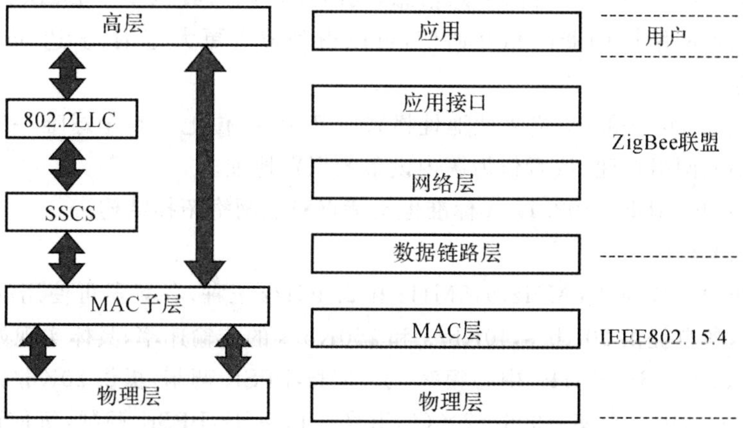

图 4.9　IEEE 802.15.4 及 ZigBee 协议栈

其中的 ZigBee 联盟成立于 2001 年 8 月,最初成员包括:霍尼韦尔(Honeywell),Invensys,三菱(MITSUBISHI)、摩托罗拉和飞利浦等,目前拥有超过 200 多个会员。ZigBee 联盟对网络层协议和应用程序接口 API 进行了标准化。ZigBee 协议栈架构基于开放系统互连模型 7 层模型,包含 IEEE 802.15.4 标准以及由该联盟独立定义的网络层和应用层协议。另外,ZigBee 联盟也负责 ZigBee 产品的互通性测试与认证规格的制定。

2.ZigBee的组网方式

EEE802.15.4的网络设备分为两类:完整功能设备FFD(Full Functional Device)支持所有的网络功能,是网络的核心部分;精简功能设备RFD(Reduced Functional Device)只支持最少的必要的网络功能,因而,它的电路简单,存储容量较小,成本较低。

它主要有两种组网方式,如图4.10所示。

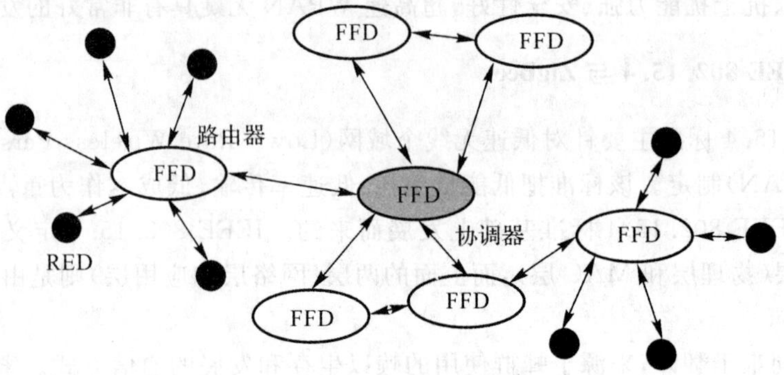

图4.10 ZigBee的组网方式

(1)星型网络,以一个完整功能设备为网络中心。

(2)簇型网络,在若干星型网络基础上,中心的完整功能设备再互相连接起来,组成一个簇型网络。可以将该网络中一个星型ZigBee网络单元理解为一个簇。

FFD节点具备控制器(Controller)的功能,能够提供数据交换,是ZigBee网络中的路由器。RFD节点只能与处在该星形网的中心的FFD节点交换数据,是ZigBee网络中数量最多的端设备。在一个星型ZigBee网络中有一个FFD充当该网络的协调器(coordinator)。协调器负责维护整个星型ZigBee网络的节点信息,同时还可以与其他星型ZigBee网络的协调器交换数据。通过各网络协调器的相互通信,可以得到覆盖更大范围、多达65 000个节点的ZigBee簇型网络。

ZigBee网络有16位和64位两种地址格式。其中64位地址是全球唯一的扩展地址,16位段地址用于小型网络构建,或者作为簇内设备的识别地址。

需要说明的的是IEEE 802.15.4标准也支持点对点网络拓扑结构。

3.物理层主要特性

采用的工作频率分为868MHz,915MHz和2.4GHz三种,各频段可使用的信道分别有1个、10个、16个,各自提供20Kb/s,40Kb/s和250Kb/s的传输速率,具体实现如下:

(1)信道0,868~868.6MHz,中心频率868.3Hz,BPSK调制,提供20Kb/s的数据通路。

(2)信道1~10,中心频率=906+2×(信道号-1)MHz,BPSK调制,每信道提供40Kb/s的数据通路。

(3)信道11~26,中心频率=2405+5×(信道号-11)MHz,O-QPSK调制,每信道提供250Kb/s的数据通路。

由于规范使用的3个频段是ITU-T定义的用于工业、科研和医疗的ISM开放频段,被各种无线通信系统广泛使用。为减少系统间干扰,协议规定在各个频段采用直接序列扩频DSSS编码技术。与其他数字编码方式相比较,直接序列扩频技术可使物理层的模拟电路设计变得简单,且具有更高的容错性能,适合低端系统的实现。

4. MAC 层主要特性

IEEE 802.15.4 在 MAC 层,定义了以下两种访问模式:

(1)CSMA/CA。这种方式参考 WLAN 中 IEEE 802.11 标准定义的 DCF 模式,易于实现与无线局域网 WLAN 的信道级共存。IEEE 802.15.4 的 CSMA/CA 是在传输之前,先侦听介质中是否有同信道(co-channel)载波,若不存在,意味着信道空闲,将直接进入数据传输状态;若存在载波,则在随机退避一段时间后重新检测信道。这种介质访问控制层方案简化了实现自组(ad Hoc)网络应用的过程,但在大流量传输应用时给提高带宽利用率带来了麻烦;同时,因为没有功耗管理设计,所以要实现基于睡眠机制的低功耗网络应用,需要做更多的工作。

(2)可选的超级帧分时隙机制,类似于 IEEE 802.11 标准定义的 PCF 模式。该模式通过使用同步的超帧机制提高信道利用率,并通过在超帧内定义休眠时段,很容易实现低功耗控制。在此模式下,FFD 设备作为协调器控制所有关联的 RFD 设备的同步、数据收发过程,可以与网络内任何一种设备进行通信;而 RFD 设备只能和与其关联的 FFD 设备互通。在此模式下,一个 ZigBee 网络单元中至少存在一个 FFD 设备作为网络协调器,起着网络主控制器的作用,担负簇间和簇内同步、分组转发、网络建立、成员管理等任务。

5. ZigBee 技术的优点

ZigBee 技术有以下主要优点。

(1)省电(功耗低)。两节五号电池支持长达 6 个月到 2 年左右的使用时间。

(2)可靠。采用了碰撞避免机制,同时为需要固定带宽的通信业务预留了专用时隙,避免了发送数据时的竞争和冲突;节点模块之间具有自动动态组网的功能,信息在整个 Zigbee 网络中通过自动路由的方式进行传输,从而保证了信息传输的可靠性。

(3)延迟短。针对延迟敏感的应用做了优化,通信延迟和从休眠状态激活的延迟都非常短。

(4)网络容量大。可支持达 65 000 个节点。

(5)安全和高保密性:ZigBee 提供了数据完整性检查和鉴权功能,加密算法采用通用的 AES-128。

6. Zigbee 技术的应用领域

Zigbee 技术的目标就是针对工业,家庭自动化,遥测遥控,汽车自动化,农业自动化和医疗护理等应用领域,例如灯光自动化控制、传感器的无线数据采集和监控等。另外它还可以对局部区域内移动目标(例如城市中的车辆)进行定位。

通常,符合如下条件的一个或几个的无线应用,就可以考虑采用 Zigbee 技术做无线传输:

(1)需要数据采集或监控的网点多。

(2)要求传输的数据量不大,而要求设备成本低。

(3)要求数据传输可靠性高,安全性高。

(4)设备体积很小,不便放置较大的充电电池或者电源模块。

(5)电池供电。

(6)地形复杂,监测点多,需要较大的网络覆盖。

(7)现有移动网络的覆盖盲区。

(8)使用现存移动网络进行低数据量传输的遥测遥控系统。

(9)使用GPS效果差，或成本太高的局部区域移动目标的定位应用。

4.3 无线城域网 WMAN

20世纪90年代，宽带无线接入技术快速发展起来，但是相关市场一直没有繁荣扩大，一个很重要的原因就是没有统一的全球性标准。1999年，IEEE成立了IEEE 802.16工作组来专门研究宽带固定无线接入技术规范，目标就是要建立一个全球统一的宽带无线接入标准。为了促进达成这一目的，几家世界知名企业还发起成立了WiMAX(World Interoperability for Microwave Access)论坛，力争在全球范围推广这一标准。IEEE 802.16的出现大大地推动了宽带无线接入技术在全球的发展，特别是WiMAX论坛的发展壮大，强烈地刺激了市场的发展。

近年来，无线城域网WMAN又成为无线网络中的一个热点，可提供“最后一英里”的宽带无线接入(固定的、移动的和便携的)。在许多情况下，无线城域网可用来代替现有的有线宽带接入，因此它有时又称为无线本地环路(wireless local loop)。

现在，无线城域网共有两个正式标准。一个是2004年6月通过了IEEE 802.16的修订版本，即IEEE 802.16d，是固定宽带无线接入空中接口标准(2～66GHz频段)。另一个是2005年12月通过的IEEE 802.16的增强版本，即IEEE 802.16e，是支持移动性的宽带无线接入空中接口标准(2～6GHz频段)，在其频段上它向下兼容IEEE 802.16d，如图4.11～图4.13所示。

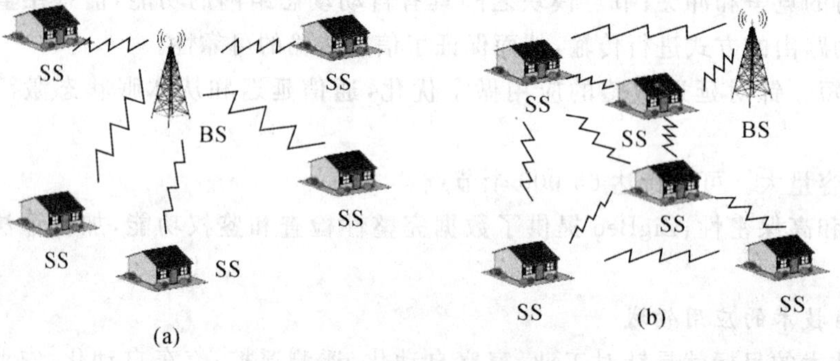

图4.11 IEEE 802.16协议网络结构

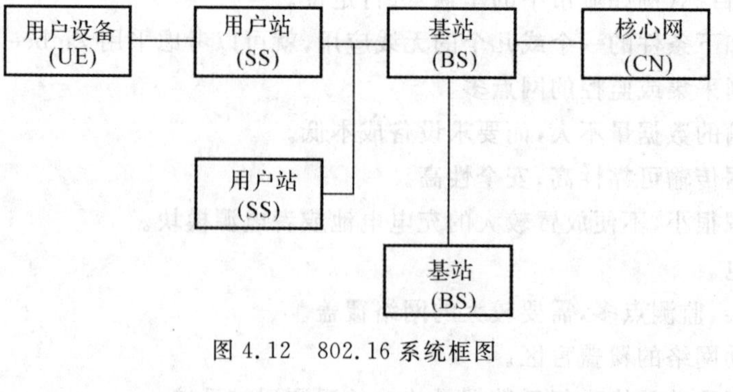

图4.12 802.16系统框图

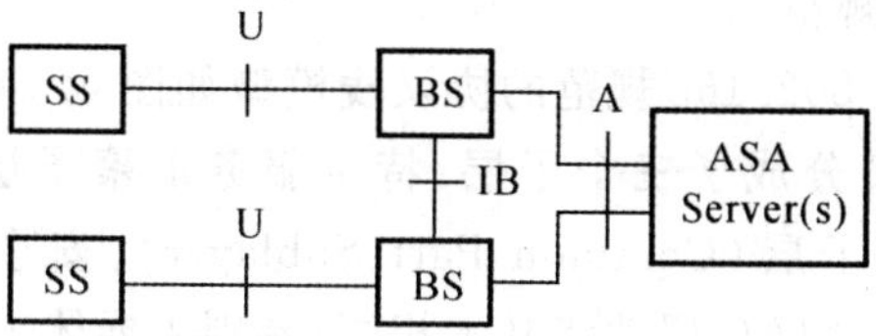

图 4.13 802.16e 参考模型

4.3.1 基本概念

1. WiMAX

WiMAX，即全球微波接入互操作性，是 2001 年 4 月成立的旨在推动 IEEE 802.16 技术的论坛。现在已有包括 Intel 公司在内的超过 150 家著名 IT 行业的厂商参加了这个论坛。为了推动无线城域网的使用，WiMAX 论坛给通过 WiMAX 的兼容性和互操作性测试的宽带无线接入设备颁发“WiMAX 论坛证书”。在许多文献中，常用 WiMAX 来表示无线城域网 WMAN。

2. 空中接口

在 IEEE 802.16 活动中，主要的工作都围绕空中接口展开。IEEE 802.16e 中定义的参考模型如图 4.14 所示。

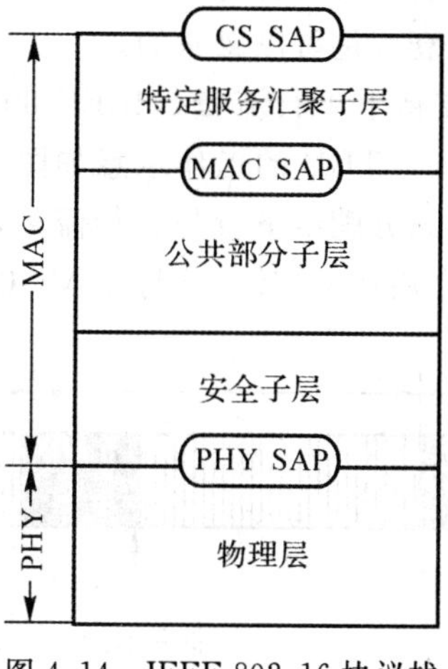

图 4.14 IEEE 802.16 协议栈

IEEE 802.16e 网络由移动用户站(SS)、基站(BS)、认证和业务授权服务器(ASA)组成，其中 ASA 服务器实际上就是人们常说的 AAA 服务器，提供认证、授权和计费等功能。虽然在 IEEE 802.16e 中定义了 U，IB 和 A 接口，但是目前主要对 U 接口进行规范。

3. 网络结构

IEEE 802.16 协议中定义了两种网络结构：点到多点(PMP)结构和网格(Mesh)结构。

一个完整的 802.16 系统应包含的网络实体有：用户设备 UE，用户站 SS，基站 BS，核心网 CN。

4. 协议栈

最终制定的 IEEE 802.16 系列标准协议栈按照两层体系结构组织，主要对网络的低层，即 MAC 层和物理层进行了规范。

IEEE 802.16d 和 IEEE 802.16e 规范的协议栈模型如图 4.14 所示。空中接口由物理层和 MAC 层组成，MAC 层又分成了三个子层：特定服务汇聚子层（Service Specific Convergence Sublayer）、公共部分子层（Common Part Sublayer）、安全子层（Privacy Sublayer）。802.16 系列协议中各协议的 MAC 层功能基本相同，差别主要体现在物理层上。

4.3.2 IEEE 802.16 物理层

宽带无线网络需要大段的毫米波频谱，工作在 10～66GHz 频段的毫米波像向光线一样进行直线传播。此特性也导致了这样的结果：基站可以有多个天线，每个天线指向周边地区的不同扇形区域。每个扇区有它自己的用户，与相邻的扇区保持相对独立，这是蜂窝单元无线电波所不具备的特性，因为蜂窝无线电波是全方向的。同时，这个频段对于像建筑物和树这样的障碍物无穿透能力，所以，要求基站和用户站是视距（LOS）链路，这限制了基站的覆盖范围。

因为毫米波段信号的强度会随着与基站的距离的增加急剧地衰减，所以信噪比也会随着与基站的距离的增加而下降。因而，工作在毫米波段（10～66GHz 频段）的 IEEE 802.16 采用了 3 种不同的单载波调制方案，到底使用哪一种取决于用户站离基站的距离。对于距离比较近的用户，使用 QAM－64（64 相正交幅度调制），可以达到 6 位/波特；对于中等距离的用户，使用 QAM－16（16 相正交幅度调制），可以达到 4bit/Hz；对于距离较远的用户，使用 QPSK（正交移相键控），可以达到 2 位/波特。该波段使用单载波的原因是由于工作波长较短，必须要求视距传输，而多径干扰造成的衰减是可以忽略的。

为了更好地使用带宽（灵活支持上下行流量），IEEE 802.16 可支持 TDD（时分双工）和 FDD（频分双工）两种无线双工方式。TDD 的工作示意如图 4.15 所示，其实质是对每一帧的时分多路复用，并把其中的时隙动态分配给下行与上行流量，中间的防护时间，各站用来切换方向。利用这两种方式可以进行介质访问控制，这将在 MAC 层介绍。

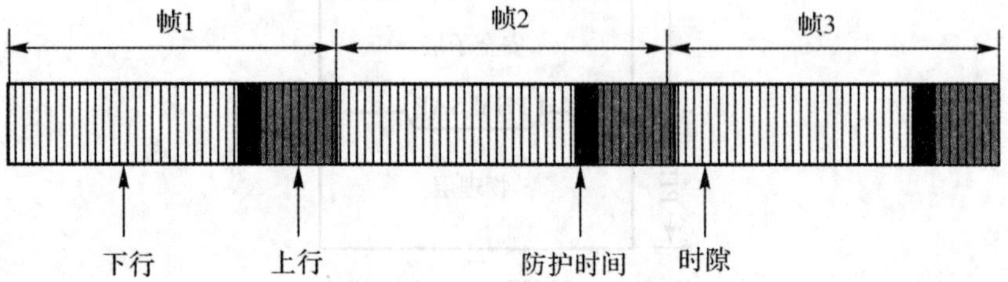

图 4.15　TDD 的工作示意图

IEEE 802.16 采用了前向纠错技术，这是由于在宽带无线城域网环境下，传输错误可能会频繁发生，因此在物理层上进行错误纠正。现在具体介绍 802.16d 和 802.16e 的物理层。

1. IEEE 802.16d 的物理层

IEEE 802.16 可支持 TDD 和 FDD 两种无线双工方式，根据使用频段的不同，分别有不同的物理层技术与之相对应：单载波（SC）、正交频分复用 OFDM（256 点）、OFDMA（2048 点）。其中，10～66GHz 固定无线接入系统主要采用单载波调制技术，而对于 2～11GHz 频段的系统，将主要采用 OFDM 和 OFDMA 技术。

OFDM 是 IEEE 802.16 中的核心物理层技术，在 OFDM 技术的基础上结合频分多址

(FDMA),将信道带宽内可用的子载波资源分配给不同的用户使用,就是 OFDMA。

与高频段相比 2～11GHz 频段能以更低的成本提供更大的用户覆盖,系统受雨衰影响不大,系统可以在非视距传输环境下运行,大大降低了用户站安装的要求。同时,由于 OFDM, OFDMA 具有的明显优势,OFDM 和 OFDMA 将成为 IEEE 802.16 中两种典型的物理层应用方式。

IEEE 802.16 未规定具体的载波带宽,系统可以采用从 1.25～20MHz 之间的带宽。对于 10～66GHz 的固定无线接入系统,还可以采用 28MHz 载波带宽,提供更高的接入速率。

2. IEEE 802.16e 的物理层

IEEE 802.16e 的物理层实现方式与 IEEE 802.16d 是基本一致的,主要差别是对 OFDMA 进行了扩展。在 IEEE 802.16d 中,仅规定了 2048 点 OFDMA。而在 IEEE 802.16e 中,可以支持 2048 点、1024 点、512 点和 128 点,以适应不同地理区域从 20MHz 到 1.25MHz 的信道带宽差异。

当 IEEE 802.16e 物理层采用 256 点 OFDM 或 2048 点 OFDMA 时,IEEE 802.16e 后向兼容 IEEE 802.16d(物理层),但是当物理层采用 1024,512 或 128 点 OFDMA 方式时,IEEE 802.16e 无法后向兼容 IEEE 802.16d。

4.3.3　IEEE 802.16 的 MAC 层

1. MAC 层各子层的功能

(1)CS 子层为 MAC 层和高层的接口,汇聚上层不同业务。它将通过服务访问点(SAP)收到的外部网络数据转换和映射为 MAC 业务数据单元,并传递到 MAC 层的 SAP。协议提供了多个 CS 规范作为与外部各种协议的接口,可实现对 ATM,IP 等协议数据的透明传输。

(2)CPS 子层实现主要的 MAC 功能,包括系统接入、带宽分配、连接建立和连接维护等。它通过 MAC 层 SAP 接收来自各种 CS 层的数据并分类到特定的 MAC 连接,同时对物理层上传输和调度的数据实施 QoS 控制。

(3)安全子层的主要功能是提供认证、密钥交换和加解密处理。该子层支持 128 位、192 位及 256 位加密系统,并采用数字证书的认证方式,以保证信息的安全传输。

2. 介质访问机制

媒体访问控制机制的设计是任何一个采用共享信道方式的无线接入系统必须要考虑的问题。与 IEEE 802.11 的 CSMA/CA 不同,IEEE 802.16 采取的方式是在物理层将时间资源进行分片,通过时间片区分上行和下行。每个物理帧的帧长度固定,由上行和下行两部分组成,上行和下行的切换点可以通过 MAC 层的控制自适应调整。在 TDD 模式下,每一帧由 n 个时隙组成。下行是广播的,上行是 SS 发向 BS 的。下行在先,上行在后。

上行时,物理层基于时分多用户接入(TDMA)和按需分配多用户接入(DAMA)相结合的方式。上行信道占用了许多个时隙,初始化、竞争、维护、业务传输等应用都是通过占用一定数目的时隙来完成的,其占用的数目由 BS 的 MAC 层统一控制,并根据系统要求而动态改变。下行信道采用时分复用(TDM)方式,BS 侧产生的信息被复用成单个的数据流,广播发送给扇区内的所有 SS。每个 SS 接收到广播消息后,在 MAC 层中提取检查消息连接的 CID(连接标识符)信息,从而判断出发给自己的信息,丢弃其他信息。BS 还可以以单播、多播的方式向一个或一组 SS 发送消息。

对于宽带无线接入系统而言，这种媒体访问机制兼顾了灵活性和公平性，每个SS都有机会发送数据，避免了长期竞争不到信道的现象出现；其次，每个SS都只在属于自己的发送时段内才发送数据，可以保证任何时刻，媒体上只有一个数据流传输；再次，这种机制便于进行QoS、业务优先级以及带宽等方面的控制。

3. MAC层的链路自适应机制

IEEE 802.16的MAC层提供多种链路自适应机制以保证链路尽可能高效地运行，其中比较常见的链路自适应机制如下：

(1)自动请求重传(ARQ)。接收端在正确接收发送端发来的数据包之后，向发送端发送一个确认信息(ACK)，否则发送一个否认信息(NACK)。

(2)混合自动重传请求(H-ARQ)。混合自动重传请求是一种将自动重传请求(ARQ)和前向纠错编码结合在一起的技术，对于前向纠错无法纠正的错误，采用了最为简单的停等重传机制，以降低控制开销和收发缓存空间。此时如果使用OFDMA物理层，则可以巧妙地克服停等协议信道利用率低的缺陷。因此，协议中仅规定OFDMA物理层提供对H-ARQ的支持。

(3)自适应调制编码(AMC)。自适应调制编码是指IEEE 802.16可以根据信道情况的变化来动态地调整调制方式和编码方式。通过改变调制编码方式而不是发射功率来改善性能，还可以在很大程度上降低因发射功率提高而引入的额外干扰。

4. QoS保证机制

IEEE 802.16是第一个提出在MAC层提供QoS保证的无线接入标准。众所周知，无线信道上多径、衰落等因素的影响会导致较高的误码率和丢包率，数据传输的可靠性和有效性难以得到保障。为满足高速多媒体业务对延迟、带宽、丢失率等指标的更高要求，IEEE 802.16的MAC层定义了一系列严格的QoS控制机制，可以在无线接入网部分为不同业务提供不同质量的服务。

IEEE 802.16MAC层是基于连接的，即所有终端的数据业务以及与此相关的QoS要求，都是基于连接进行的。每一个连接均由一个标识符(CID)来唯一进行标识。

IEEE 802.16系统的Qos机制可以根据业务的实际需要来动态分配带宽，具有较大的灵活性。为了更好地控制上行数据的带宽分配，标准还定义了四种不同的业务，与之对应的是四种上行带宽调度模式，分别为：

(1)非请求的带宽分配业务：用于恒定比特率的服务。

(2)实时轮询业务：周期性地为终端分配可变长度的上行带宽，位速率可变的实时服务。

(3)非实时轮询业务：不定期地为终端分配可变长度的上行带宽，位速率可变的非实时服务。

(4)尽力而为业务：尽可能地利用空中资源传送数据，但是不会对高优先级的连接造成影响，尽力投递服务。

4.4 移动自组织网络MANET

移动自组织网络(Mobile AdHoc Network, MANET)是有一组带有无线收发装置的移动节点组成的一个无线移动通信网络。它不依赖于预设的基础设施而临时组建，网络的移动节点利用自身的无线收发设备交换信息，当相互之间不在通信范围内时，可以借助其他中间节点中继来实现通信。中间节点帮助其他节点中继时，先接收前一个节点发送的分组，然后再向下一个节点转发以实现中继，所以也称为分组无线网或多跳网。典型的移动自组织网络构成如图 4.16 所示。

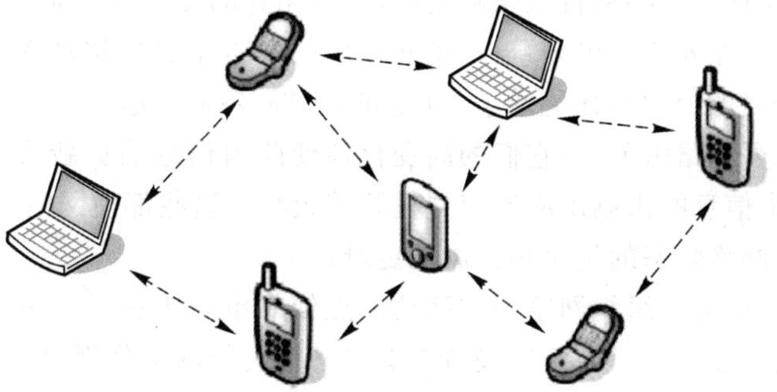

图 4.16　MANET 构成

MANET 的前身是分组无线网(Packet Radio Network)。早在 1972 年，美国 DARPA 就启动了分组无线网项目 PRNET，研究在战场环境下利用分组无线网进行数据通信。在此之后，DARPA 于 1983 年启动了高残存性自适应网络项目 SURAN(Survivable Adaptive Network)，研究如何将 PRNET 的研究成果加以扩展，以支持更大规模的网络。1994 年，DARPA 又启动了全球移动信息系统 GloMo(Globle Mobile Information Systems)项目，旨在对能够满足军事应用需要的、可快速展开、高抗毁性的移动信息系统进行全面深入的研究。成立于 1991 年 5 月的 IEEE 802.11 标准委员会采用了“Ad hoc 网络”一词来描述这种特殊的自组织对等式多跳移动通信网络，Ad hoc 网络就此诞生。IETF 也将移动 Ad hoc 网络称为 MANET。

MANET 在不必增加任何基础设施就可以在更大范围内实现无线接入，为手持终端用户和网络运营商降低经济成本；MANET 内的用户可以不借助任何固有通信基础设施(如基站)进行通信，如视频会议、IP 电话等。无线接入点、无线接入路由器之间通过 Ad Hoc 方式组成无线骨干网，可以减少各种设备间布线所带来的麻烦，为设备的重新布置提供方便的移动特性。在公共场合(如地铁、公园)里，手持终端可以自由组成 MANET，享受自组织服务，如视频点播、在线游戏等。对于大型的集会(如奥运会)，来自国外工作团体的所有成员可以使用自己的手机，组成一个临时网络来实现自组织语音通信，也可在移动终端(PDA、笔记本电脑等)上实现群体内的自组织数据通信(如文件传输、名片交换等)。各种传感器通过自组织方式组成的传感器网络可以提供各种各样的服务(如恶劣环境中的气象预测、地下资源探测等)。另外，与有线网络融合的 MANET 还可用在交通、旅游、医疗、救险、战争等场合。

4.4.1　移动自组织网络的特点

作为移动通信的一种基本组网模式，移动自组织网络与传统的蜂窝技术的根本区别在于移动节点之间的通信是在没有固定基础设施(例如基站或路由器)支持的条件下进行的。系统支持动态配置和动态流控，所有网络协议也都是分布式的。

由于这类网络的组织和控制并不依赖于某些重要的节点，所以它们允许节点发生故障、离开网络或加入网络。也就是说每一个移动节点可以根据自己的需要在整个网络内随意移动，而无须考虑如何维护与其他实体的通信连接。因此具备动态搜索、定位和恢复连接能力是这类网络得以实现的基本要求。也正是由于这些原因，自组织网络的设计实现十分困难。现在用于固网的很多通信机制都无法用于移动自组织网络中。

拓扑结构动态变化。在移动自组织网络中，网络拓扑的变化可能非常剧烈，这种变化主要来自两方面：一是节点加入和退出频繁；二是网络中的节点本身的移动性。此外，在有线网络中，路由节点（路由器）的变化性比终端节点（主机）小得多；而 AdHoc 网络中所有节点既可能是发送、接收节点也可能路由节点，它们的高变化性使路由信息的更新可能很快，这就要求路由协议重新配置路由信息的机制反应迅速并且开销较小。这些都使网络的状态变化频繁和不可预测，而要做到对网络状态的优化和控制就更难。

节点能量有限。移动自组织网络中的移动节点依靠电池来提供能量，能量决定节点的生存期，过分消耗一些节点的能量导致这些节点退出网络会使网络分割，影响网络的连通性。因此，移动自组织网络中的路由选择要综合考虑对能量进行优化。

无线链路带宽有限、容量可变。无线链路的容量显著低于有线链路的容量。考虑多接入、多径衰减、噪声和信号干扰等因素后，无线通信实际的吞吐量常常远远低于它的最大传输速率，以至于在网络中出现拥塞成为一种正常情况，而不是意外。

4.4.2 移动自组织网的协议栈

无线通信的协议栈尽管包括 IrDA 和 WAP，但是这里只讨论经典的 OSI 参考模型。移动自组织网网络节点的参考模型如图 4.17 所示。应用与服务层位于顶部，物理层位于底部，中间层包括（从高到低）操作系统与中间件、传输层、网络层、数据链路层（含 LLC 子层和 MAC 子层）。

图 4.17 移动自组织网络的协议栈

（1）物理层：物理层包括射频（RF）电路、调制、信道编码系统。

（2）数据链路层：数据链路层负责在不可靠的无线链路上建立可靠和安全的逻辑链路。数据链路层的功能因此包括无线链路差错控制、安全（加密/解密）、将网络层的分组组帧以及分组重发等。数据链路层的子层 MAC 协议层负责在一个区域的共享无线信道的移动节点之间分配时间-频率或者编码空间。

（3）网络层：网络层负责分组的路由，建立网络服务类型（无连接和面向连接）以及在传输与链路层之间传输分组。在移动环境中，此层还额外负责分组的重新路由和移动管理。

（4）传输层：传输层负责在网络终节点之间提供有效可靠的数据传输服务，而独立于所使用的物理网络。

(5)操作系统/中间件层:操作系统与中间件层处理连接断开、适配支持以及无线设备中的功耗和服务质量(QoS)管理。这些都是在传统的进程调度和文件系统管理等任务基础上增加的部分。

(6)应用层:应用和服务层处理固定和移动主机的任务分割、源编码、数字信号处理和移动环境下的场景适应。此层上提供的服务是多变的并且与应用相关。

4.4.3 移动自组网的 MAC 协议

1. 移动自组网 MAC 协议须解决的问题

如何解决多个用户高效、合理地共享有限的无线信道资源这一问题,即媒体接入控制(MAC)协议的设计是移动自组网中的关键技术之一。MAC 协议的好坏直接影响到网络吞吐量、延时等性能指标的优劣。由于自组网自身的一些特性,因而使得 MAC 协议的设计面临许多富有挑战性的技术问题,难点主要由以下几点造成。

(1)移动自组网没有类似于基站或是接入点(AP)中心控制设备,因此无法使用集中控制方式;

(2)移动自组网的节点移动会导致信道相互改变;

(3)移动自组网是多跳网络,必须解决隐藏终端和暴露终端、资源空间重用等问题。

2. 异步 MAC 协议

异步网络中每个节点都有自己的时间标准,一般来说不划分时隙,即使划分等长的时隙,其时间起点也不对准。异步 MAC 协议可以灵活地根据数据分组的大小为节点申请资源,而不需要受时隙大小的约束。

(1)MACA 协议。MACA 协议是继 CSMA/CA 协议后提出的一个较为完善的自组网接入控制协议,该协议提出的握手机制随后得到了广泛的应用。在 MACA 协议中,有业务要发送的节点首先向目的节点发起 RTS(请求发送),请求通信。如果目的节点能够正确收到 RTS,则回复 CTS(清除发送),表示可以接受数据分组。

不过,节点决定是否退避根据不在是载波侦听的结果,而是是否收到并解析了一个 RTS 或是 CTS 分组,如果解析到 RTS,则进行退避,保证 CTS 能正常到达发送节点;如果解析到 CTS,同样要进行退避,但时间要长于对 RTS 的退避,保证节点能收完数据分组。如果节点同时解析到 RTS 和 CTS,则不能发送业务,如果没有解析到任何信息,则发送自己的 RTS,并等待目的节点回复 CTS。握手成功后发送数据分组,如果握手失败,则根据 BEB 算法进行退重发。这样,暴露终端在避开 CTS 后就可以使用信道,隐藏终端只要避开 DATA 后就可以使用信道。

(2)FAMA 协议。FAMA(Floor Acquisition Multiple Access)协议的宗旨是要保证节点在发送之前先获得信道的使用权,从而实现无冲突的数据分组传输过程。也可以看做一种动态预约机制,但 FAMA 中的预约不要求独立的控制信道,即控制分组与数据分组复用同一个信道。尽管控制分组会发生冲突,但协议可以保证数据的无冲突发送。

在目前的 MAC 协议中,有各种各样的机制可以让节点获得信道的使用权。其中基于 RTS - CTS 交互的握手机制在自组网中具有强烈的吸引力,因为它能解决隐藏终端问题。在使用握手机制的前提下,对于控制分组的发送还有多种方式,在 FAMA 中主要使用两种:采用 RTS－CTS 交互而不采用载波侦听；采用 RTS－CTS 交互及非坚持的载波侦听。

FAMA 协议簇包括以下几种不同的协议。

1)FAMA－NCS 协议：采用非坚持的载波侦听机制发起业务，即节点在发送 RTS 之前首先进行载波侦听，如果信道上无信号，则发送；否则进入退避状态。但在协议中，要求 CTS 帧长度要远大于 RTS 帧，利用这种方式解决隐藏终端的冲突问题。

2)FAMA－NPS 协议：采用非坚持的分组侦听机制发起业务，即节点只有在侦听并解析到了完整的 RTS 或是 CTS 分组后才进行退避，否则将按照非坚持的方式接入信道。

3)FAMA－NTR 协议：采用非坚持的载波侦听机制与 MACA 中提出的 RTS－CTS 分组结合的方式发送请求分组。

4)FAMA－PJ 协议：较为特殊的一个协议，该协议只针对全连通网络，它不采用握手信号，由发送节点发送 RTS 后暂停一段时间再进行载波侦听和冲突检测。

(3)双忙音检测协议(DBTMA)。为克服隐藏终端的影响而提出忙音多址(BTMA)和闲音多址(ITMA)协议，只适用于集中控制式网络。其中，忙音多址的基本方法是把系统所占用的总频带分出一小部分，用于发送忙音消息，其余的大部分频带仍用于业务信息。当中心控制节点检测到业务信道上出现信号载波时，它就在忙音信道上向其所属节点广播忙音消息，使这些节点在此时间内不再争用数据信道。

忙音多址的性能在很大程度上取决于各个节点对忙音进行检测的可靠程度，如果忙音消息受到噪声、干扰和衰落的影响而未被检测，仍然会导致不应有的发送冲突。为此，可以在忙音信道上改发闲音消息，这就是所谓的闲音多址方式。

当中心控制节点检测到业务信道上没有信号载波时，就在闲音信道上发送闲音消息，并规定各个节点只有在检测到闲音消息时才允许争用数据信道。这样，即使在某段时间内有节点没有收到闲音消息，也不会因此引起冲突。

DBTMA(DualBusyToneMultipleAccess)对 BTMA/ITMA 做了改进，形成了适合无中心网络的分布接入机制。除了数据信道和控制信道，DBTMA 增加了两个窄带忙音：接收忙音 BTr(在接收节点发送 CTS 前发送)和发送忙音 BTt(在发送节点发送数据前发送)，用于指示节点在数据信道上接收和发送报文。通过对 BTr 和 BTt 载波侦听，加上 RTS/CTS 握手机制，共同解决隐藏终端和暴露终端的问题。DBTMA 协议的接入过程如图 4.18 所示。

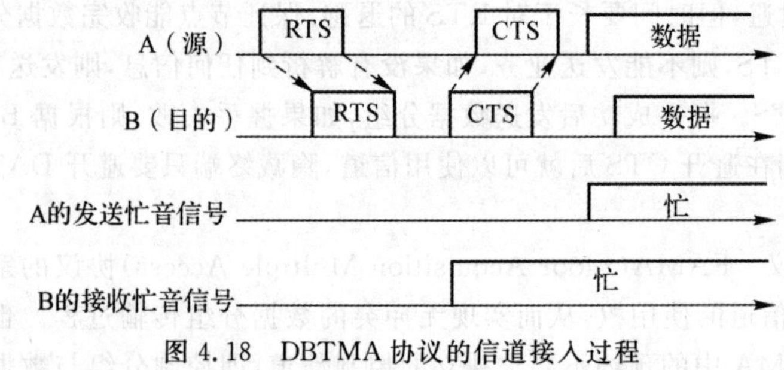

图 4.18 DBTMA 协议的信道接入过程

(4)无线令牌环(WTRP)。WTRP 通过建立逻辑令牌环实现对无线信道资源的管理和应用。令牌环上的每个节点都有自己的上游节点和后继节点。当节点收到上游节点发送的令牌后，开始在规定的时间内发送数据，然后再将令牌传向它的后继节点。每当节点发送数据的时间超出规定时长，就会被迫停止发送，将令牌传向后继节点。依次类推，同一个令牌环上的所有节点按照接收令牌的次序，轮流享用同一个无线媒介。

WTRP 允许节点动态地加入和离开令牌环。在转交令牌环的过程中，每个节点对令牌的循环时间和令牌环上的节点数量进行检测，如果令牌环上存在多余资源，节点就会向外面的节点发送求情。想要加入令牌环的节点根据对条件的判断决定是否加入，对邀请做出响应。

通过 solicit_successor→set_successor→set_predecessor→set_predecessor 的四次握手机制，最终完成节点加入令牌环的过程；当节点要离开令牌环时，就会分别通知它的后继节点和上游节点，上游节点设法与其后继节点建立联系，如果不能成功的话，上游节点就会在连接表中下一个连接节点，与其连接，再次闭和令牌环；如果令牌环上的节点在传递令牌时检测到它的后继节点失效，无法到达，就会在连接表中寻找下一个连接点，建立新的连接。

3. 同步 MAC 协议

由于自组网的无基础设施的特性，因而实现全网精确的时钟同时往往要求节点配备有 GPS 或其他授时定位系统，或者采用分布式算法实现全网同步，但这两种方法都有各自的局限性。保证节点间的精确同步是同步 MAC 协议应用的一个重要问题。同步网络中的物理信道可以进一步划分为帧和时隙，节点对时隙的占用通常以时隙为最小单位。同步 MAC 协议中节点接入信道同样多是依靠随机竞争方式，只是接入时间一定是在在时隙的开始时刻，分组的大小最好与时隙长度成倍数关系，这样可以减少冲突，避免信道的浪费。

(1)FPRP 协议。在无线网络中，应用于同步网络的 MAC 协议对于时隙的分配方式一般有三种：①中心分配方式，通过一个中心控制节点对整个网络的无线资源进行集中分配；②固定分配方式，网络为各节点固定分配一定数目的时隙，用于节点间信息的交互；③竞争方式，网络中的节点通过竞争获得信道的使用权。然而，对于自组网来说，网络中不存在中心控制节点。因此，第一种分配方式不适合于自组网。当采用第二种方式时，协议对网络中的节点数量有严格的要求，对网络拓扑变化敏感，不能适应自组网移动性及拓扑不断变化的要求。

FPRP(Five - Phase Reservation Protocol)采用第三种分配方式，是一种应用于同步物理信道、基于竞争接入机制的同步 MAC 协议。该协议实现了全分布式的无线媒介接入控制，具有对网络结构的变化不敏感、灵活性和适应性高等优点，适合于自组网的应用。

FPRP 在同步网中实现了全分布式的信道接入控制，可应用于各种规模的移动自组织网络中。通过节点间的竞争，实现了自组网中两跳范围内无冲突的广播时隙的可靠分配和调度。该协议是针对广播业务设计的，没有考虑传送点对点时协议的具体运行情况。利用该协议传送点对点业务时，会造成资源的浪费。

(2)E - TDMA 协议。虽然 FPRP(Evolutionary - TDMA)实现了全分布式的无线媒介接入控制，并对网络规模变化不敏感，适用于各种规模的移动字组织网。但是，FPRP 只考虑了网络中广播业务资源的分配，不能适应网络业务类型日趋丰富的发展趋势。目前，较为流行的 802.11 协议基于 CSMA/CA，但信道竞争 RTS/CTS，很难满足实时多媒体业务的 QoS 要求。

E - TDMA 协议在 FPRP 的五握手竞争机制的基础上对节点的时隙预约过程进行了改进。通过改进，E - TDMA 可以以跳邻节点预约无冲突的单播、多播和广播业务时隙。E - TDMA 协议在继承了 FPRP 优点的基础上，能够适应网络拓扑结构随机变化和带宽动态变化的要求，该协议不受网络规模的限制，提高了资源分配的灵活性，能够教好地保证实时多媒体业务转送的 QoS 要求。

(3)RR-ALOHA 协议。RR-ALOHA 协议是欧洲的一个基于车辆间通信的辅助驾驶系统研究开发项目 FleetNet 所采用的 MAC 层协议,它是自组网的特点对 R-ALOHA 协议的改进。

正确运行 R-ALOHA 需要一个转发中心来保证所有的节点都能接收到所有的传输信号,最终要的是,要得到同一时隙状态信息。RR-ALOHA 通过每帧周期广播 FI(Frame Information),使所有的邻节点都知道每一个时隙的信道使用情况,从而使 R-ALOHA 协议能够在自组网中正确运行。其中,FI 是发送节点感知的前一帧的时隙状态信息。

RR-ALOHA 协议可提供如下服务:为单跳广播服务提供了一条无竞争的可靠的信道;快速预约附加带宽;高带宽利用律的点对点通信;最少转发节点的多跳广播服务。

(4)TBMAC 协议。TBMAC(Time Bounded Medium Access Control For Adhoc Network)是由于多跳无线自组织网的限时媒体接入协议,其目的是提供一种高概率限时接入信道的接入方式。与其他协议不同,该协议主要考虑的性能指标是业务的接入时间,即保证节点在一定的时间内能接入信道。所以,TBMAC 要求尽量减少节点间的冲突,同时在一定的时限内发现冲突,并采取措施防止冲突的再次发生。

TBMAC 协议将节点覆盖的区域划分为许多物理小区(见图 4.19),每个小区分配一个子信道,从而降低了冲突产生的概率;为了进一步减小冲突,还可以将小区划分为子小区。TBMAC 将接入信道的过程分为两个时段:无竞争时段和竞争时段,从而增加了在一定时间内完成信道接入过程的概率。TBMAC 协议是基于时分多址的协议,保证了每个节点都可以获得一定的带宽传送自己的数据。但是,由于在 CFP 内采用固定的时隙数,即限定了每个小区节点数的上限,当小区内的节点数超过时隙时,易造成拥塞,从而引起较大的接入时延。邻小区通信时,因为有多个相邻小区存在,可能存在同时与多个邻小区通信的情况,此时邻小区信道将产生竞争,从而造成拥塞。

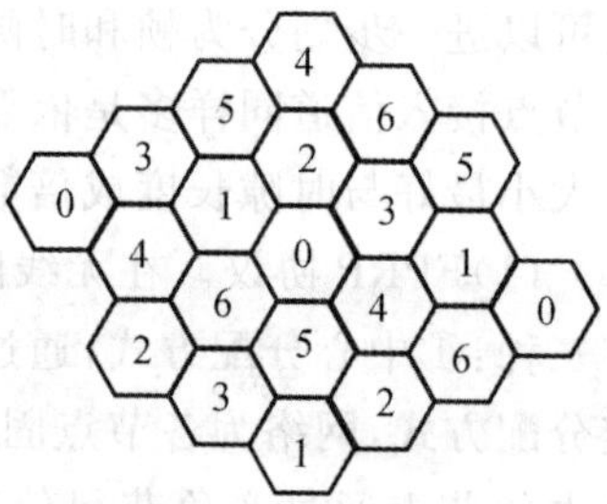

图 4.19　TBMAC 的小区划分

4.4.4　移动自组网的路由协议

移动自组网中的路由协议主要包括路径产生、路径选择和路径维护三项核心功能。其中,路径产生是根据集中式或分布式的网络状态信息和用户业务需求生成路径,网络状态信息和用户业务状态信息的收集与分发是该过程的主要内容;路径选择是指根据网络状态信息和用户业务状态信息选择最恰当的路径,在自组网路由协议中,路径产生和路径维护这两项功能通常合在一起称为路由协议。路径的维护是指对所选路径进行维护。由于节点具有移动性,因此,移动自组网的路由协议还必须考虑这些因素所造成的影响。移动自组网路由协议应该具有以下特点。

- 采用分布式路由算法;
- 具有自适应能力,可适应快速变化的网络拓扑结构;
- 无环路;
- 控制开销少;
- 具有可宽展性,适应于大规模网络。

自组网是一个多跳的移动计算机网络，多跳是研究自组网路由协议的前提基础。网的特性为自组网路由协议设计提出了新的问题和挑战，主要有以下几点：①网络的自组性；②动态变化的网络拓扑结构；③有限的无线传输带宽；④无线移动终端的局限性；⑤单向信道的存在；⑥分布式的控制网络；⑦有限的网络安全；⑧生存时间较短。

移动自组网路由协议的任务是实现路由。具体地说，主要有以下几个方面：监控网络拓扑结构的变化；交换路由信息；确定目的节点的位置；产生、维护以及取消路由；选择路由并转发数据。由于自组网具有动态拓扑、有限带宽、终端受限、存在单向信道等特点，对在其上运行的路由协议便提出了许多具体而严格的要求。相对于有线网络，有些要求是自组网特有的。这些要求主要有：

(1)收敛迅速。自组网的拓扑结构是动态的，随时处于变化之中，这就要求路由协议必须对拓扑的变化具有快速反应能力，在计算路由时能够迅速收敛，及时获得有效的路由，避免出现目的节点不可达的情况。

(2)提供无环路由。无论在有线网络还是天线网络，提供无环路由都是对路由协议的一项基本要求。但在自组网中，由于拓扑结构动态变化会导致大量已有路由信息在短时间内作废，从而更容易产生路由环路。因此，在自组网中提供无环路由就显得尤为重要而且更难做到。

(3)避免无穷计算。经典的距离矢量算法在某条链路失效时，有可能出现无穷计算的情况。在自组网中，链路失效是经常发生的事，这就要求在自组网中运行的路由协议必须能够避免无穷计算，不采用或者改进会出现无穷计算的算法。

(4)控制管理开销小。自组网中无线传输带宽有限，传送控制管理分组不可避免地会消耗掉一部分带宽资源。为了更有效地利用宝贵的带宽资源，需要尽可能地减小控制管理的开销。

(5)对终端性能无过高要求。天线移动终端使用可耗尽能源，CPU 性能、内存大小、外部存储容量等都低于固定的有线终端。因此，在自组网中不能对终端性能要求过高。有线网络中用计算的复杂度来换取路由协议性能的做法，在自组网中不再适用。

(6)支持单向信道。在自组网中，经常有可能出现单向信道。支持单向信道，也是对路由协议的要求之一。

(7)尽量简单实用。简单有助于提高可靠性，简单有助于减少各种开销。在实现路由功能的前提下力求简单，应是设计自组网路由协议的原则之一。

按需路由协议也被称为反应式路由协议、源启动按需路由协议。与主动路由协议不同的是，按需路由仅在需要路由时才由源节点创建，因此，拓扑结构和路由表内容是按需建立的，它可能仅仅是整个拓扑结构信息的一部分。通信过程中维护路由，通信完毕后便不再进行维护。

通常，按需路由包括 3 个过程：路由发现过程、路由维护过程和路由拆除过程。这种路由选择方式只有当源节点需要时才建立路由。当一个节点需要到目的节点的路由时，它会在全网内开始路由发现过程。一旦检验完所有可能的路由排列方式或找到新的路由后就结束路由发现过程。路由建立后，由路由维护程序来维护这条路由，直到它不再被需要或发生链路断开现象。当源节点发现没有去往目的节点的路由时，触发路由发现过程；找到路由后，在通信过程中进行路由维护，此过程依靠底层提供的链路失效检测机制进行触发；通信完毕后，路由拆除过程将路由取消。由于重要性不及前两个过程，路由拆除过程在有些协议中忽略。

第5章 移动IP协议

5.1 移动IP技术的提出

早期的网络用户基本上是采用固定接入的方式连接到Internet。但随着移动通信技术的迅速发展，笔记本电脑、手机、PDA等便携式移动终端得到了广泛地普及，人们迫切需要能在任何时间、任何地点很方便地访问Internet。现在多种网络技术正在逐步融合，IP协议已成为统一的网络平台。移动IP技术就是在这样一种背景下产生和发展的，它是Internet技术与通信技术高度发展、密切结合的产物。

移动IP在电子商务、电子政务、个人移动办公、大型展览会和学术交流会、信息服务领域都有广泛的应用前景，在军事领域也具有重要的应用价值。对于公务人员来说，他们会希望在办公室、家中，或者在火车、飞机上，都能通过笔记本电脑或手机方便地接入互联网，随时随地处理电子邮件、阅读新闻和处理公文。

互联网中每台主机都被分配了一个唯一的IP地址，或者被动态地分配一个IP地址。IP地址由网络号与主机号组成，标识了一台主机连接网络的网络号，标识出自己的主机号，也就明确地标识出它所在的地理位置。互联网中主机之间数据分组传输的路由都是通过网络号来决定的。路由器根据分组的目的IP地址，通过查找路由表来决定转发端口。

移动IP节点也简称为移动节点，是指从一个链路移动到另外一个链路或者一个网络移动到另一个网络的主机或路由器。Internet的可扩展性很大程度上依赖于网络前缀路由，而不是特定主机路由。这要求接在同一链路上的节点IP地址应具有相同的网络前缀部分。当移动节点从一条链路切换到另一条链路或从一个网络移动到另一个网络时，最初分配给它的IP地址已经不能表示它目前所在的网络位置。若仍然沿用原来的IP地址，则路由器无法将分组发送到该节点的新位置上。

为实现移动节点对Internet的访问，曾经提出了几种方案。第一种方案，在移动节点位置改变时，变换其IP地址。这种方案的主要缺点是不能保持通信的连续性，尤其是当移动节点在两个子网之间漫游时，由于其IP地址不断变化，将导致移动节点无法与其他主机通信。第二种方案，根据特定的主机地址进行路由选择。但这种方案的缺点也很明显，由于路由器需要对移动节点发送的每个分组都进行路由选择，从而导致路由表急剧膨胀，无法满足大型网络的互连要求。

以上方案都存在缺陷，因此必须寻找一种新的机制来解决移动节点在不同网络之间自由访问的问题。为此，IETF专门组织成立了移动IP工作组（IP Routing for Wireless/ Mobile Hosts），并于1992年开始制定移动IPV4的标准草案。其草案主要包括以下内容。

RFC 2002，定义了移动I P协议；

RFC 2003，2004和1701，分别定义了移动I P的3种隧道技术；

RFC 2005，叙述了移动 IP 的应用；

RFC 2006，定义了移动 IP 的管理信息库 M I B(Management Information Base)。移动 IP 的 MIB 库是实现移动 IP 节点的变量集合，管理平台可以通过简单网络管理协议 SNMPv2(Simple Network Management Protocol) [RFC 1905]对这些变量进行检查和配置。

1996 年 6 月，Internet 工程指导组 IESG(Internet Engineering Steering Group)讨论通过了移动 IP 标准草案，并于 11 月公布为建议标准(Proposed Standard)，为移动 IPV4 成为 Internet 的正式标准奠定了基础。

5.2　设计目标与特征

移动 IP 的设计目标是：移动节点在改变接入点时，无论是在不同的网络之间，还是在不同的物理传输介质之间移动，都不必改变其 IP 地址，从而在移动过程中保持已有通信的连续性。因此，移动 IP 要解决支持移动节点 IP 分组转发的网络层协议问题。移动 IP 的研究主要解决以下两个基本问题：移动节点可以通过一个永久的 IP 地址，连接到任何链路上；移动节点在切换到新的链路上时，仍能够保持与通信对端主机的正常通信。

为了解决以上两个问题，移动 IP 协议应能满足以下几个基本要求：

(1)移动节点在改变网络接入点之后，依然能与互联网中的其他节点通信。

(2)移动节点无论连接到任何连接点，都能够使用原来的 IP 进行通信。

(3)移动节点应能与其他不具备移动 IP 功能的节点通信，而不需要修改协议。

(4)移动节点通常使用无线方式接入，涉及无线信道带宽、误码率与电池供电等因素，应尽量简化协议，减少协议开销，提高协议效率。

(5)移动节点不应该比互联网中的其他节点受到更大的安全威胁。

作为网络层的一种协议，移动 IP 协议应该具备以下特征：

(1)移动 IP 协议要与现有的互联网协议兼容。

(2)移动 IP 协议与底层所采用的物理传输借助类型无关。

(3)移动 IP 协议对传输层及以上的高层协议是透明的。

(4)移动 IP 协议应该具有良好的可扩展性、可靠性和安全性。

5.3　基本概念

1. 功能实体

移动 IP 中使用 3 个功能实体：移动节点、外地代理、家乡代理；通过完成代理搜索、注册、分组传输这 3 个基本功能来协同完成移动节点的路由问题，如图 5.1 所示。

(1)移动节点(mobile node)。移动节点是指从一个链路移动到另外一个链路的主机或路由器。移动节点在改变网络接入点之后，可以不改变其 IP 地址，继续与其他节点通信。

(2)家乡代理(home agent)。家乡代理是指移动节点的家乡网络连接到互联网的路由器。当移动节点离开家乡网络时，它负责把发送到移动节点的分组通过隧道方式转发到移动节点，并且维护移动节点当前的位置信息。

(3)外地代理(foreign agent)。外地代理是指移动节点所访问的外地网络连接到互联网的路由器。它接收移动节点的家乡代理通过隧道方式发送给移动节点的分组,并为移动节点发送的分组提供路由服务。家乡代理和外地代理统称为移动代理。

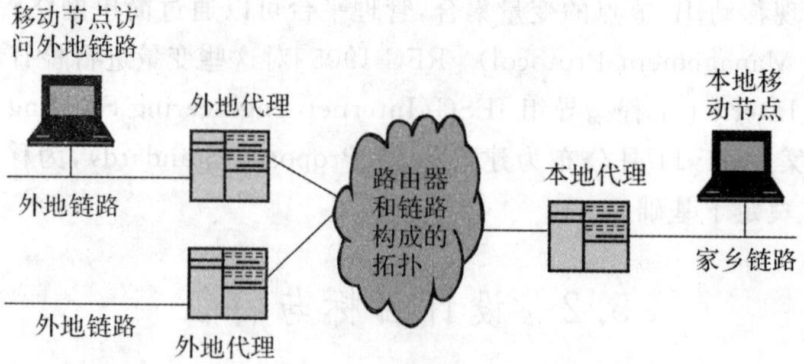

图 5.1　移动 IP 的功能实体

2. 常用术语

移动 IP 常用的基本术语主要有家乡地址、转交地址、家乡网络、家乡链路、外地链路、移动绑定等。

(1)家乡地址(home address)。家乡地址是指家乡网络为每个移动节点分配的一个长期有效的 IP 地址。

(2)转交地址(care - of address)。转交地址是指移动节点接入一个外地网络时,被分配的一个临时的 IP 地址。

(3)家乡网络(home network)。家乡网络是指为移动节点分配长期有效的 IP 地址的网络。目的地址为家乡地址的 IP 分组,将会以标准的 IP 路由机制发送到家乡网络。

(4)家乡链路(home link)。家乡链路是指移动节点在家乡网络时接入的本地链路。

(5)外地链路(foreign link)。外地链路是指移动节点在访问外地网络时接入的链路。家乡链路与外地链路比家乡网络与外地网络更精确地表示出了移动节点所接入的位置。

(6)移动绑定(mobility binding)。移动绑定是指家乡网络维护移动节点的家乡地址与转交地址的关联。

(7)隧道(tunnel)。家乡代理通过隧道将发送给移动节点的 IP 分组转发到移动节点。隧道的一端是家乡代理,另外一端通常是外地代理,也有可能是移动节点。

5.4　移动 IPv4

移动 IPv4 的工作过程分为代理发现、注册、分组路由与注销四个阶段。基本的通信流程如图 5.2 所示,主要包括以下步骤。

(1) 移动代理(外地代理和家乡代理)通过代理通告消息告诉移动节点移动代理的存在,移动节点也可以通过向当前访问网络发送代理请求获得代理通告消息。移动节点接收到代理通告消息后,可以确定它是在家乡网络还是外地网络上。如果移动节点发现自己在家乡网络,则其操作与固定主机一样。如果它是从其他注册的网络回到家乡网络,将通过和家乡代理交换“注销请求”和“注销应答”消息在家乡代理上进行注销。

(2) 如果移动节点发现它已经移动到了一个外地网络上,它将获得该外地网络上的一个转交地址。这个转交地址或者来自外地代理的通告，或者由 DHCP[11]（动态主机配置协议）等外部分配机制确定，前者称为外地代理转交地址（Foreign Agent Care—of Address），后者称为配置转交地址（Co—located Care—of Address）。

（3）移动到外地网络上的移动节点随后与家乡代理交换注册请求和注册应答消息，注册它的转交地址。

（4）家乡代理截获发往移动节点家乡地址的数据分组。

（5）家乡代理通过隧道把截获的数据分组发送到移动节点的转交地址。

（6）隧道的输出端点（外地代理或者移动节点本身，在图 5.2 中是外地代理）收到的报文进行拆封后，交给移动节点。

（7）移动节点发出的报文通过标准的 IP 路由机制被路由到目的节点，不需要经过家乡代理。

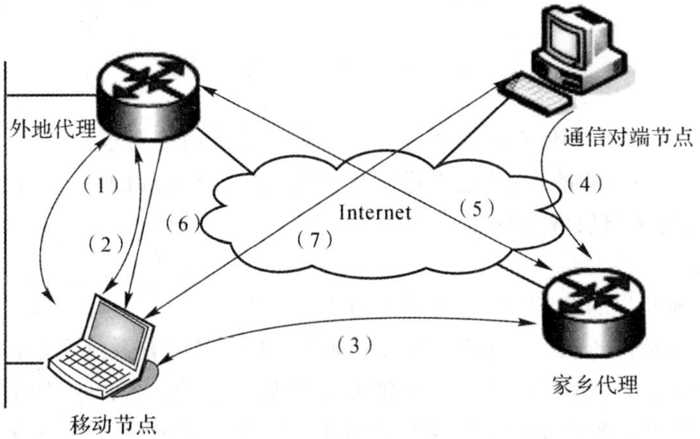

图 5.2 移动 IPv4 的基本操作流程

5.4.1 代理发现

移动 IPv4 的代理发现是通过扩展 ICMP 路由发现机制来实现的。它定义了“代理通告”和“代理请求”两种新的消息报文。“代理通告”报文在 ICMP 路由器通告消息中增加“移动代理通告扩展”部分，“代理请求”报文与 ICMP 路由器请求报文基本一致，不过其首部的 TTL 字段必须为 1。

图 5.3 给出了移动 IPv4 的代理发现机制示意图。移动代理周期性地发送代理通告报文，或者因响应移动节点的代理请求而发送代理通告报文。移动节点在接收到代理通告报文后，判断它是在家乡网络还是在外地网络，是否需要从一个网络切换到另一个网络。在切换到外地网络时，移动节点可以选择使用外地代理提供的转交地址。如果系统在链路层已经实现了代理发现，就没有必要在网络层实现代理通告和代理请求功能。这里假设移动节点与移动代理在链路层上已经建立连接，但是并没有实现代理发现机制。

1. 代理通告的实现

移动代理定期响应代理请求消息，并发送代理通告消息，使用代理通告通知其他节点它在本链路上能提供哪些服务。代理通告通过扩展 ICMP 路由器通告来实现，这些扩展包括移动代理通告扩展、前缀长度扩展（可选实现）、单字节的填充扩展或者其他将来可能定义的扩展等。

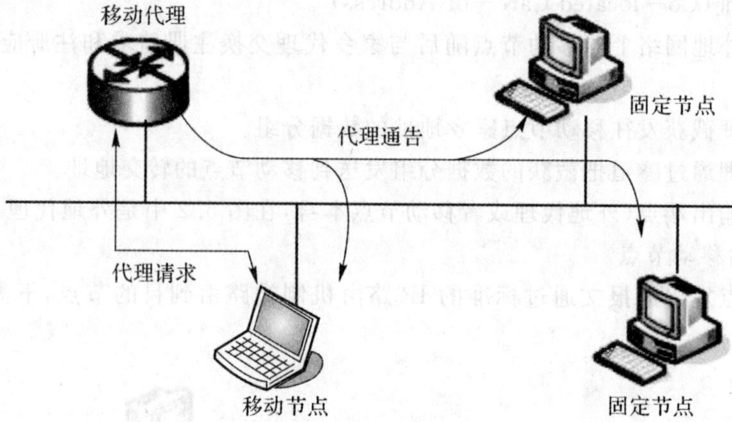

图 5.3　代理发现机制

在代理通告消息中，ICMP 路由器通告字段要求满足下面的要求。

(1) 链路层字段。目的地址：单播发送的代理通告的链路层目的地址，必须是引发这个通告的代理请求消息的链路层源地址。

(2) IP 字段：

TTL：所有代理通告的 TTL 都必须设置为 1。

目的地址：代理通告的 IP 组播目的地址必须是“本链路所有系统”地址（224.0.0.1），或者“受限广播”地址（255.255.255.255），不能使用形如＜前缀＞.＜1＞的面向子网的广播地址，这是因为移动节点一般并不知道外地网络的前缀。需要把代理通告单播发送给移动节点的时候，应该使用移动节点的家乡 IP 地址作为目的地址（显然，此时移动节点没有该外地网络提供的转交地址）。

(3) ICMP 字段：

① 编码(Code) 字段：编码字段已定义的数值及含义如下：

0：移动代理处理普通的流量，也就是说它是一个常规的路由器，没有与移动节点关联。

16：移动代理不路由正常的流量，但是所有的外地代理都必须把注册的移动节点接收到的所有数据分组转发给默认路由器。

② 生存期(Lifetime)：在没有收到下次通告时通告被认为有效的最长时间。

③ 路由器地址(Router Addrs)：ICMP 路由器通告部分可以包含一个或者多个路由器地址，代理可以把自身的地址放在通告中。无论它自身的地址是否出现在“路由器地址”字段中，外地代理必须路由接收来自注册的移动节点的数据分组。

④ 地址数目(Nmu Addrs)：通告消息中路由器地址的数目。注意，ICMP 路由器通告部分指定的路由器地址数目可能为零。如果周期性发送代理通告，那么发送间隔应该设置为不大于 ICMP 协议头指定的通告生存期的 1/3，这样，即使移动节点连续 3 次没有收到正确接收某代理发出的通告消息，也不会将代理从移动节点的有效代理列表中删除。实际上，对于每个通告的发送，时间上应该有某些细微的随机差距，这可以避免与其他代理发送的代理通告产生同步和并发冲突。

2. 对移动节点的要求

对于移动节点如何进行代理发现，有如下的约定。

(1) 代理请求的发送。每个移动节点都必须实现代理请求。在没有收到代理公告和没有通过链路层协议或者其他方法配制到转交地址的时候，应该发送代理请求。代理请求使用和 ICMP 路由器请求一样的过程和参数设置，只是移动节点可以把发送频率设置得高于每 3s 一次，而当移动节点没有连接到任何无线链路时可以发送更多的代理请求次数。

移动节点必须限制自己发送请求的速度。当搜索代理的时候，移动节点可以使用最大的速度发送开始的 3 条请求，之后必须减小发送的速度以减轻本地链路的负担。随后的请求速度以 2 的指数的后退机制减小，每次将请求和发送的时间间隔加倍，以致达到一个最大的时间间隔值。

在搜索代理的过程中，除非收到一个主动的指示，说明移动节点已经到达了一个新链路，否则不能随意增加发送请求的速度。成功注册到一个代理后，移动节点可以增加下次代理搜索的发送请求速度，可以把发送速度设置为最大值，然后按照前述规则减小。

(2) 代理通告的处理。移动节点必须处理接收到的代理通告。通过检查 ICMP 的移动代理通告扩展来识别是否是代理通告。如果存在多于一个的被通告地址，移动节点应该取出第一个地址进行注册尝试，如果失败后，并返回错误状态显示被外地代理拒绝，则可进一步选择后面的地址进行注册。

(3) 移动检测。移动节点有两种方法检测它是否从一个子网移动到另外一个子网。当移动节点检测到自己到了一个新的网络区域，它首先应该在新网络上注册一个新的转交地址。但是，移动节点注册的频率不能超过每秒 1 次。具体检测方法如下：

① 第一种检测方法。该方法基于代理通告的 ICMP 路由器通告部分主体内的生存期字段。移动节点在指定的生存期内应该收到来自相同代理的另外一个通告值。如果超过生存期也没有收到通告，则该通告的生存期溢出，那么应该假设自己已经失去了和这个代理的连接。如果移动节点在生存期内收到了来自另外一个代理的代理通告，那么可以根据需要选择注册到新的代理，否则移动节点尝试去发现新的移动代理。

② 第二种检测方法。该方法使用网络前缀。前缀长度扩展确定新收到的代理通告是否来自它当前转交地址所属的子网。如果前缀不一样，则表示移动节点发生了移动。当前注册的代理超时，如果这种方法指出移动节点已经发生了移动，则移动节点可以选择注册到这个发送新通告的外地代理，而不是重新注册自己当前的转交地址。新注册代理的代理通告不能超过其生存期。

3. 代理请求

代理请求消息的格式和 ICMP 路由器请求的格式消息一致，只是进一步限制其中的 IP TTL 字段必须设置为 1。关于 ICMP 路由器请求消息的具体说明，可以参见 RFC 1256。

5.4.2 注册

1. 注册的概念

移动节点到达新的网络之后，通过注册过程将自己的可达信息通知家乡代理。注册过程涉及移动节点，外地代理和家乡代理。移动节点与家乡代理交换注册报文，在家乡代理上创建或修改“移动绑定”，使家乡代理在规定的生存期内保持移动节点的家乡地址与转交地址的关联性。

通过注册过程可以达到以下目的：

(1)使移动节点获得外地代理的转发服务。

(2)使家乡代理知道移动节点当前的转交地址。

(3)家乡代理实时更新即将过期的移动节点的注册信息，或注销回到家乡的移动节点。

注册过程可以使移动节点在未配置家乡地址的时候，发现一个可用的家乡地址；维护多个注册，使数据分组能通过隧道，被复制、转发到每个活动的转交地址；在维护其他移动绑定的同时，注销某个特定的转交地址；当它不知道家乡地址的时候，通过注册过程找到家乡地址。

2.注册过程

移动 IPv4 为移动节点到家乡代理的注册定义了两种过程：一种过程是通过外地代理转发移动节点注册请求，另一种过程是移动节点直接到家乡代理注册。

图 5.4 给出了通过外地代理转发注册请求的过程。

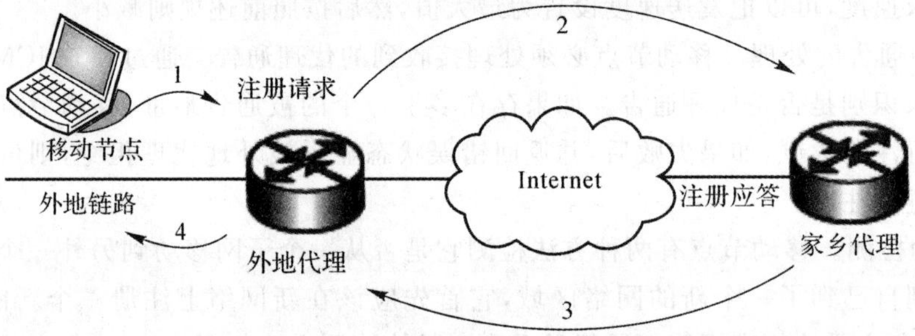

图 5.4 经过外地代理的注册过程

通过外地代理注册需要经过以下步骤：

(1)移动节点发送注册请求报文到外地代理，开始注册的过程。

(2)外地代理处理注册请求报文，然后将它转发到家乡代理。

(3)家乡代理向外地代理发送注册应答报文，同意(或拒绝)请求。

(4)外地代理接收注册应答报文，并将处理结果告知移动节点。

图 5.5 给出了移动节点直接到家乡代理注册的过程。

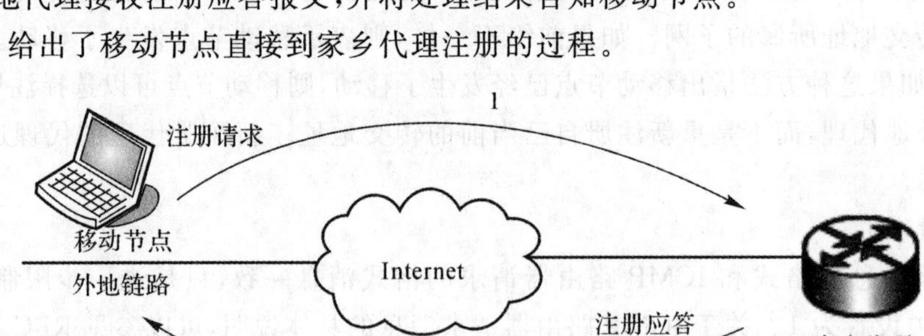

图 5.5 不经过外地代理的注册过程

移动节点直接到家乡代理注册需要经过以下两步：

(1)移动节点向家乡代理发送注册请求报文。

(2)家乡代理向移动节点发送一个注册答案，同意(或拒绝)请求。

具体采用哪种方法注册，需要按照以下规定来确定：

(1)如果移动节点使用外地代理转交地址，则它必须通过外地代理进行注册。

(2)如果移动节点使用配置转交地址，并从它当前使用的转交地址的链路上收到外地代理的代理通报报文，该报文的"标志位-R(需要注册)"置位，则它必须通过外地代理进行注册。

(3)如果移动节点转发时使用配置转交地址，它必须到家乡代理进行注册。

5.4.3　分组路由

移动 IP 的分组路由可以分为单播、广播与多播 3 种情况来讨论。

1. 单播分组路由

(1)移动节点接收单播分组。图 5.6 描述了移动节点接收单播分组的过程。在移动 IPv4 中，与移动节点通信的节点使用移动节点的 IP 地址所发送的数据分组，首先会被传送到家乡代理。家乡代理判断目的的主机已经在外地网络访问，它会利用隧道技术将数据分组发送到外地代理，最后由外地代理发送给移动节点。

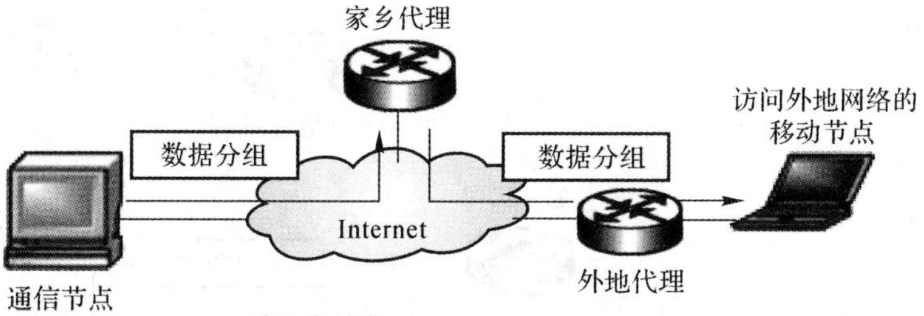

图 5.6　移动节点接收单播分组

(2)移动节点发送单播分组。图 5.7 描述了移动节点发送单播分组的过程。移动节点发送单播分组有两种方法：一种方法是通过外地代理路由到目的主机，如图 5.7(a)所示；另一种方法是通过家乡代理转发，如图 5.7(b)所示。

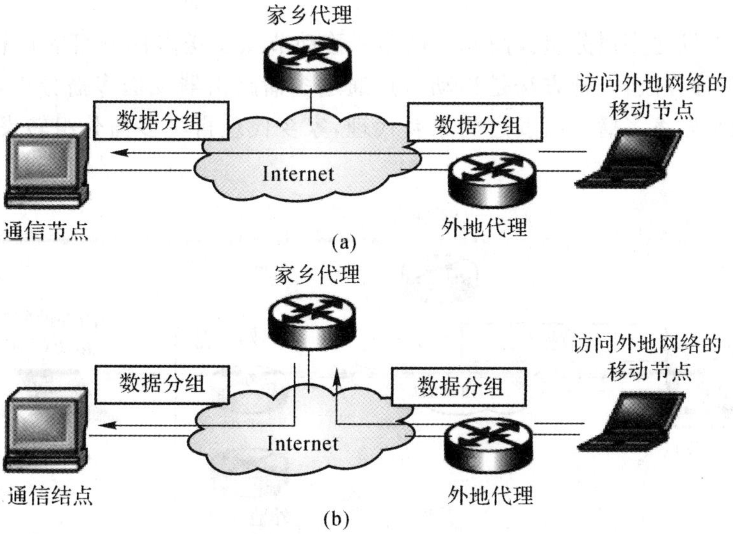

图 5-7　(a)外地代理路由和(b)家乡代理转发

2. 广播分组路由

一般情况下，家乡带代理不将广播数据分组转发到移动绑定列表中的每个移动节点。如果移动节点已请求转发广播数据分组，则家乡代理将采取“IP 封装”的方法实现转发。

3. 多播分组路由

(1)移动节点接收多播分组。图 5.8 描述了移动节点接收多播分组的过程。移动节点接收多播分组有两种方法：一种是移动节点通过多播路由器加入多播组，如图 5.8a 所示；另一种方法是通过家乡代理之间建立的双向隧道加入多播组，移动节点将 IGMP 报文通过反向隧道发送到家乡代理，家乡代理通过隧道将多播分组发送到移动节点，如图 5.8(b)所示。

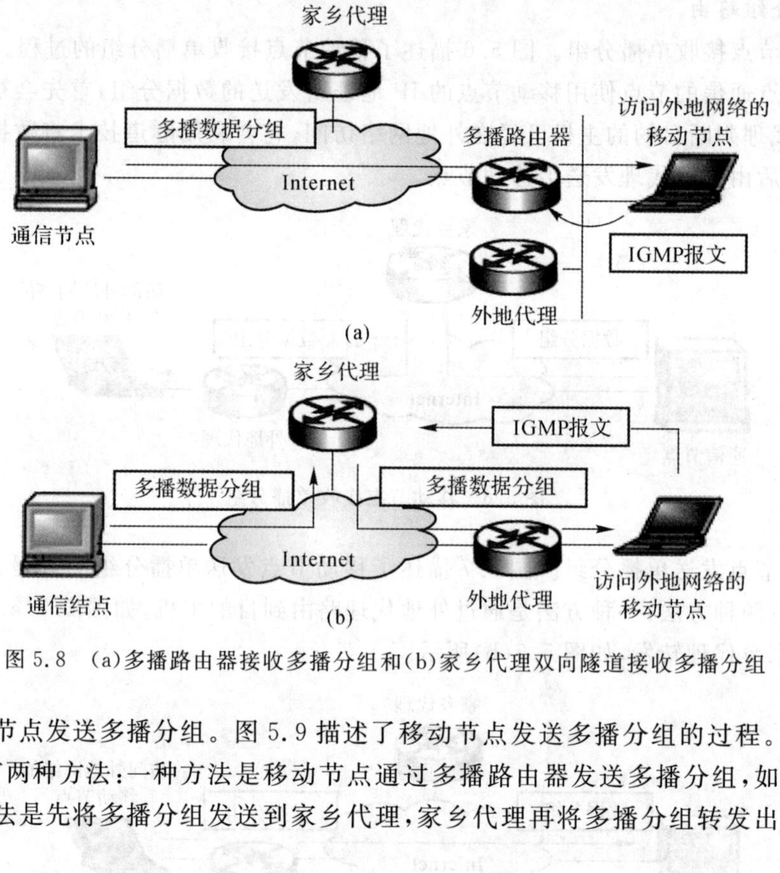

图 5.8 (a)多播路由器接收多播分组和(b)家乡代理双向隧道接收多播分组

(2)移动节点发送多播分组。图 5.9 描述了移动节点发送多播分组的过程。移动节点发送多播分组有两种方法：一种方法是移动节点通过多播路由器发送多播分组，如图 5.9(a)所示；另一种方法是先将多播分组发送到家乡代理，家乡代理再将多播分组转发出去，如图 5.9(b)所示。

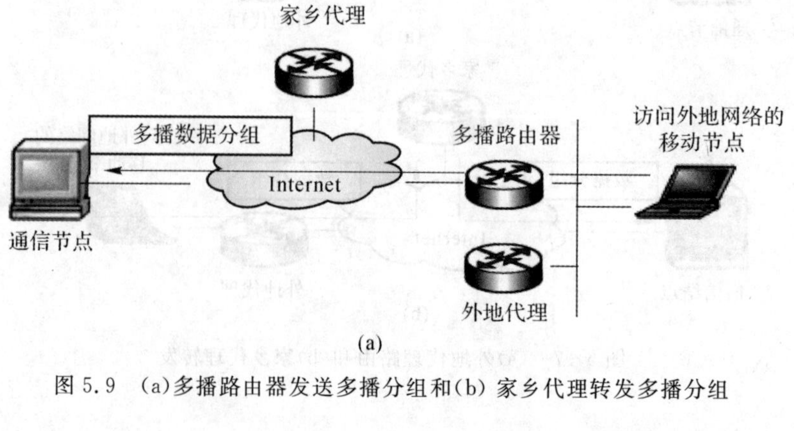

图 5.9 (a)多播路由器发送多播分组和(b) 家乡代理转发多播分组

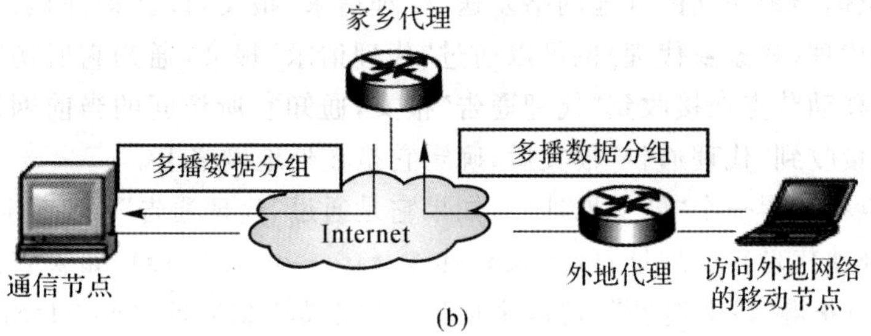

续图 5.9 (a)多播路由器发送多播分组和(b) 家乡代理转发多播分组

5.4.4 注销

如果移动节点已经回到家乡网络,则它需要到家乡代理进行注销。注销过程如图 5.10 所示。移动节点首先向家乡代理发送“注册注销请求”报文,家乡代理接受移动节点的注销请求,向移动节点返回“注册注销应答”报文。

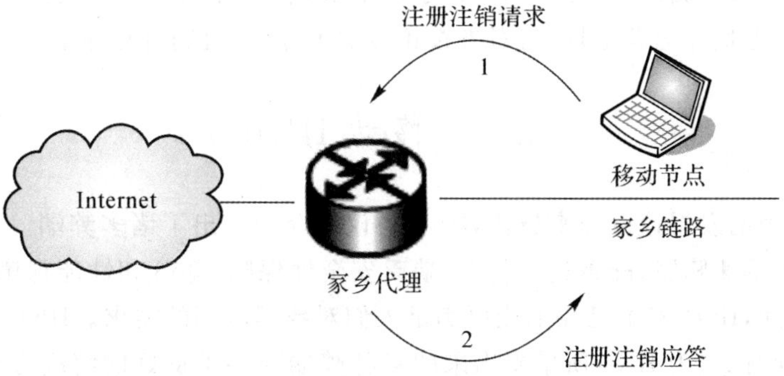

图 5.10 注销的过程

5.4.5 移动节点的通信过程

图 5.11 描述了移动 IPv4 中移动节点和通信对端的通信过程,基本操作大致可以分为以下几步:

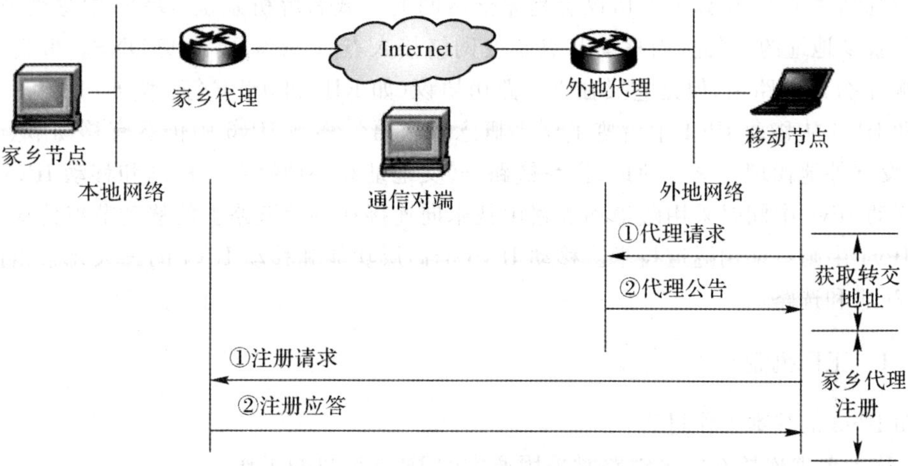

图 5.11 移动节点和通信对端的通信

(1)移动节点向当地访问的外地网络发送“代理请求”报文，以获得外地代理返回的“代理通告”报文；外地代理(或家乡代理)也可以通过“代理请求”报文，通知它所访问的当前网络的外地代理信息。移动节点在接收到“代理通告”报文，通知它所访问的当前网络的外地代理信息。移动节点在接收到“代理通告”报文后，确定它是在外地网络上。

(2)移动节点将获得一个“转交地址”。如果它是通过“代理通告”报文获得“转交地址”，则这个地址称为“外地代理转交地址”(foreign agent care - of address)；如果它是通过动态主机配置协议(DHCP)获得“转交地址”，则这个地址为“配置转交地址”(co - located care - of address)。

(3)移动节点向家乡代理发送“注册请求”报文，接收“注册应答”报文，注册它获得的“转交地址”。

(4)家乡代理截获发送到移动节点家乡地址的数据分组。

(5)家乡代理通过隧道，将截获的数据分组按照“转交地址”发送给移动节点。

(6)隧道的输出端将收到的数据分组拆包后，转交给移动节点。

在完成以上步骤后，移动节点已经知道了通信对端的地址。它可以将通信对端的地址作为目的地址、转交地址作为源地址，与对方按正常的IP路由机制进行通信。

5.5　移动IPv6

随着数据应用的发展速度越来越快，IPv4协议逐渐暴露出了诸多弊端。具体表现为地址数量太少，路由表迅速膨胀，配置过于复杂，缺乏安全性保障，QoS和性能保障不足，对移动性支持不够等。因此，IPv4基本已经不能再满足人们对数据应用的需求。IPv6的出现给数据应用带来了曙光，同时，也为IPv4所暴露出来的各种弊端提供了良好的解决方案。尤其是其地址数量几乎无限，使得移动终端海量的地址需求得以满足，并且其移动性也比IPv4增强了许多。

移动IP的主要目标就是使移动节点总是通过家乡地址寻址，不管是连接在家乡链路还是移动到外地网络。移动IP在网络层加入新的特性，使得网络节点改变其连接链路时，运行在节点的应用程序不需修改或配置仍然可用。这些特性使得移动节点总是通过家乡地址进行通信。这种机制对于IP层以上的协议层是完全透明的。域名解析系统(DNS)中移动节点的条目是关于家乡地址的，因此，当移动节点改变网络接入点时，不需要改变DNS。事实上，移动IPv6影响了分组的路由，但是它又独立于路由协议(如RIP和0SPF等)本身。

移动IPv6从移动IPv4中借鉴了许多概念和术语。移动IPv6中仍然有移动节点和家乡代理，但没有外地代理。家乡地址、家乡链路、转交地址和外地链路的概念和移动IPv4中几乎一样。移动IPv6中同时采用隧道和源路由技术向连接在外地链路上的移动节点传送分组，而在移动IPv4中则只采用隧道技术。移动IPv6的高层功能和移动IPv4的三大元素相似，即代理搜索、注册和选路。

5.5.1　工作机制

移动IPv6的基本工作过程：

(1) 移动节点连接在家乡链路时采用通常的IP寻址机制工作。

（2）移动节点采用 IPv6 版的路由器发现(router discovery)机制确定它的转交地址。

（3）当移动节点连接在外地链路时，它采用 IPv6 定义的地址自动配置方法获得外地链路上的转交地址。

（4）移动节点通过布告(notification)过程将它的转交地址告诉家乡代理。

（5）若可以保证操作时的安全性，移动节点也可将它的转交地址通告其他的通信节点。

（6）不知道移动节点的转交地址的通信节点送出的分组和移动 IPv4 中一样进行路由，即先被路由至移动节点的家乡网络，家乡代理再将它们经过隧道送到移动节点的转交地址。

（7）知道移动节点转交地址的通信节点发送的分组可以利用 IPv6 选路报头直接送给移动节点，选路报头将移动节点的转交地址作为一个中间目的地址。

（8）在相反方向，移动节点送出的分组采用特殊的机制直接路由到它们的目的地。当存在入口方向的过滤时，移动节点可以将分组通过隧道发送给家乡代理，隧道的源地址为移动节点的转交地址。

5.5.2　相邻节点搜索

移动 IPv6 的邻节点搜索主要包括移动节点在当前链路上如何发现相邻节点，如何与相邻节点通信的功能。下面介绍移动 IPv6 的代理搜索，移动节点通过这个过程完成以下工作：

（1）确定它当前连接的是家乡链路还是外地链路；

（2）确定它是否从一条链路转移到了另一条链路；

（3）当连接在外地链路上时取得一个转变地址。

1. ICMPv6 路由器发现

ICMPv6 路由器发现与移动 IPv4 的代理发现十分相似。移动 IPv6 相邻节点搜索[RFC 1970]中定义的路由器发现报文包括路由器请求报文和路由器广播报文两种类型。与移动 IPv4 一样，路由器广播报文是路由器和家乡代理在它们所连接的链路上进行的周期性广播，路由器请求报文则是来不及等待下一个路由器广播报文的移动节点主动发送的。与移动 IPv4 中一样，路由器发现报文也不要求进行认证。

(1)路由器搜索报文的格式。接收 ICMPv6 路由器请求报文的路由器或家乡代理应立即回答一个路由器广播报文。如果没有 IPv6 扩展报头，那么 IPv6 下一跳(Next Hop)域取值为 58(ICMPv6)，ICMPv6 类型域取值为 1 3 3，表示这个报文是路由器请求。

为了防止过多地陷入 IPv6 的细节，我们只介绍路由器广播报文中与移动 IPv6 有关的各个域。如果路由器生存时间域(Router Lifetime)为非零，那么发送这个广播的路由器可被移动节点当作缺省路由器，这个路由器的地址可由报文的 IPv6 源地址域给出。如果广播报文中有一个或多个前缀标识可选项(Prefix Identification Options)，那么移动节点可以利用列出的前缀完成移动检测，并决定它是否连接在家乡链路上。

(2)位置和移动检测。首先，移动节点检查接收到的广播中的网络前缀。如果其中的一个前缀与移动节点的家乡地址匹配，那么移动节点就连接在它的家乡链路上。这时，移动节点应通知它的家乡代理它已经回到家乡链路上了，具体方法将在后面介绍。

如果没有一个前缀与移动节点家乡地址的网络前缀匹配，那么移动节点就是连接在外地链路上。这时，移动节点将最近接收到的和先前接收的广播中的前缀相比较，来决定它是否移动了，过程与 IPv4 中一样。

如果移动节点确实移动了，那么它应通过下一节中介绍的两种方法在新链路上得到一个转交地址，M 比特通知移动节点它应用哪一种方法。一旦移动节点得到了一个转交地址，它就应将这个转交地址同时通知家乡代理和一些通信伙伴。

2. 移动节点获得转交地址

当移动节点确定它连接在外地链路时，将采用两种方法获得转交地址。由于移动 IPv6 中没有外地代理，因此移动 IPv6 获得转交地址的惟一方法就是配置转交地址。移动节点根据接收到的路由器广播报文中的 M 比特来决定采用哪一种方法。如果 M 比特为 0，那么移动节点采用被动地址自动配置，否则采用主动地址自动配置。

(1) 被动地址自动配置。在这种方法中，移动节点只是向一个服务器中请一个地址，并将这个地址当作自己的转交地址。与移动 IPv4 的情况相对应，移动 IPv6 中的"被动"地址分配协议是动态主机配置协议 DHCPv6(Dyn)。DHCPv6 与 IPv4 的 DHCP 相似。另外，PPP 的 IPv6 配置协议(PPP's)也提供了一种服务器向移动节点提供转交地址的方法。

(2) 主动地址自动配置。主动地址自动配置是 IPv6 中新增加的功能。主动地址自动配置工作过程如下：

1)移动节点首先建立一个接口标记，这是一个与链路有关的标识，用来标识移动节点与外地链路相连的接口。接口标记常取移动节点在该接口上的数据链路层地址。

2)移动节点检测路由器广播报文中的前缀信息的可选项，以决定当前链路上有效的网络前缀。

3)移动节点将一个有效的网络前缀和接口标记相连形成自己的转交地址。

自动地址配置包含一种检查机制，移动节点用它来检查得到的地址是否被链路上的其他节点使用。如果有这样的地址重复出现，那么自动配置协议还定义了节点获得唯一地址的方法。

5.5.3 转交地址的通告

现在介绍移动节点用于通知家乡代理或其他节点它当前的转交地址的方法。移动 IPv6 采用通告(Notification)方式将当前的转交地址通知给移动节点的家乡代理或他节点。移动 IPv6 中的通告与移动 IPv4 的注册有很大的不同。在移动 IPv4 中，移动节点通过 UDP/IP 包中携带的注册消息将它的转交地址告诉家乡代理，而 IPv6 中的移动节点用目的地址可选项(DestinationOptions)来通知其他节点它的转交地址。

移动 IPv6 布告使用绑定更新、绑定应答和绑定请求 3 条消息。这些消息都被放在目的地可选报头(DestinationOptionsHeader，IPv6 的一个扩展报头)中，这表明这些消息都只被最终目的节点检查。

1. 通告过程

移动 IPv6 的布告是移动节点将它的转交地址告诉家乡代理和各个通信伙伴的方法。同移动 IPv4 一样。家乡代理将转交地址作为隧道出口来将分组送给连接在外地链路上的移动节点。另外，通信对端也可能利用转交地址将分组直接路由给移动节点，而无需将分组路由到移动节点的家乡代理那里。因此，移动 IPv6 本身集成了对路由优化的支持。当移动节点回到家乡链路时，它还必须通知它们的家乡代理。与移动 IPv4 的注册相似，布告过程也包括一个简单的消息交换。移动 IPv6 的布告采用 IPv6 报头的一个扩展来实现消息交换。

当移动节点检测到自己位于外地链路时，它可以先发一个绑定请求启动布告过程，移动节点接收绑定请求后通过发送绑定更新给通信节点（不是由任何绑定请求激起的）启动布告过程。这两种情况下，移动主机都向家乡代理或通信节点告知它当前的转交地址。若移动节点返回家乡链路，则同样需要将绑定更新消息通告给家乡代理以表示其不再连在外地链路上。移动主机可以通过绑定更新中特殊的设置来要求接收设备是否向移动主机发送绑定应答消息来响应，如图 5.12 所示。

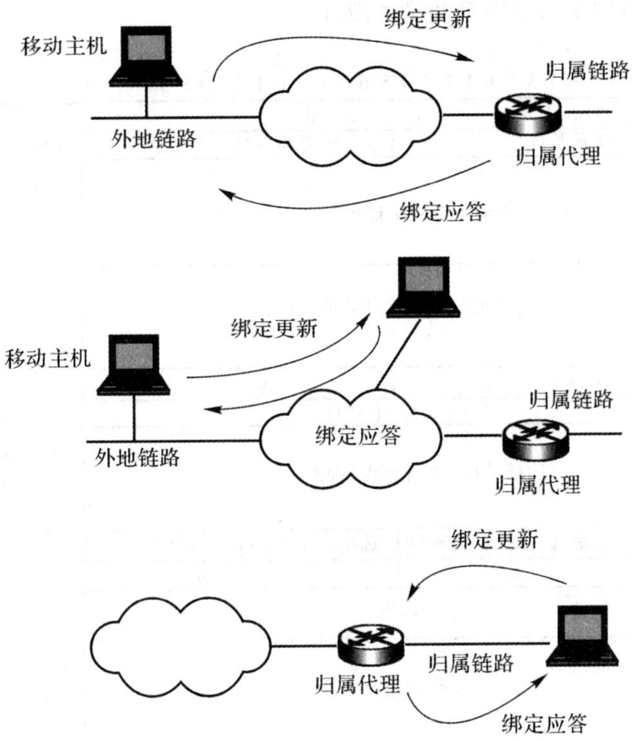

图　5.12

2. 通告的消息格式

(1) 绑定更新。包含绑定更新可选项的 IPv6 分组如图 5.13 所示。注意，图中显示了绑定更新选项的应有格式，而不是最新的移动 IPv6 文档中定义的格式。绑定更新是移动节点发出的，用来通知家乡代理或通信伙伴它当前的转交地址。

如图所示，绑定更新可选项可以放在一个单独的 IPv6 包（即包中不再包含其他用户数据）中，也可以放在一个现有的 IPv6 包（即包中还有其他用户数据）中。为简单起见，我们将绑定更新定义成任一个包含绑定选项的 IPv6 包，无论它是否包含其他用户数据。绑定更新的最小长度为 112 字节，大约比移动 IPv4 注册请求消息大 5 0%（包括 UDP / IP 报头），这就是 16 字节 IPv6 地址的代价。

和 IPv4 注册消息一样，绑定更新要求进行认证。移动 IPv6 采用 IP 认证报头[RFC 1826]来传送认证数据。同样，所有移动 IPv6 的实现可能都支持采用手工密钥分配的 Keyed－MD 5 认证机制。一个实现方案也可以支持任何其他的认证算法和密钥分配机制。

按通常的规律，选项类型和选项长度分别标明了选项的种类和大小。移动节点将 A 比特置位来请求接收者发送绑定应答消息，这使得移动节点可确定绑定更新是否真的送到了想去的地方。移动节点将 H 比特置位来通知接收者移动节点希望它作家乡代理。

生存时间、标识、移动节点家乡地址和转交地址域与移动 IPv4 注册请求的相应域相同。注意移动节点家乡地址和转交地址域必须填写全球可路由的单播地址。

移动节点还可以将 L 比特置位，来表示它不仅想在它的全球可路由家乡地址上接收数据，也想在它的链路局部家乡地址上接收数据。如果 L 比特置位了，移动节点应在移动节点链路局部家乡地址域中加入链路局部家乡地址。

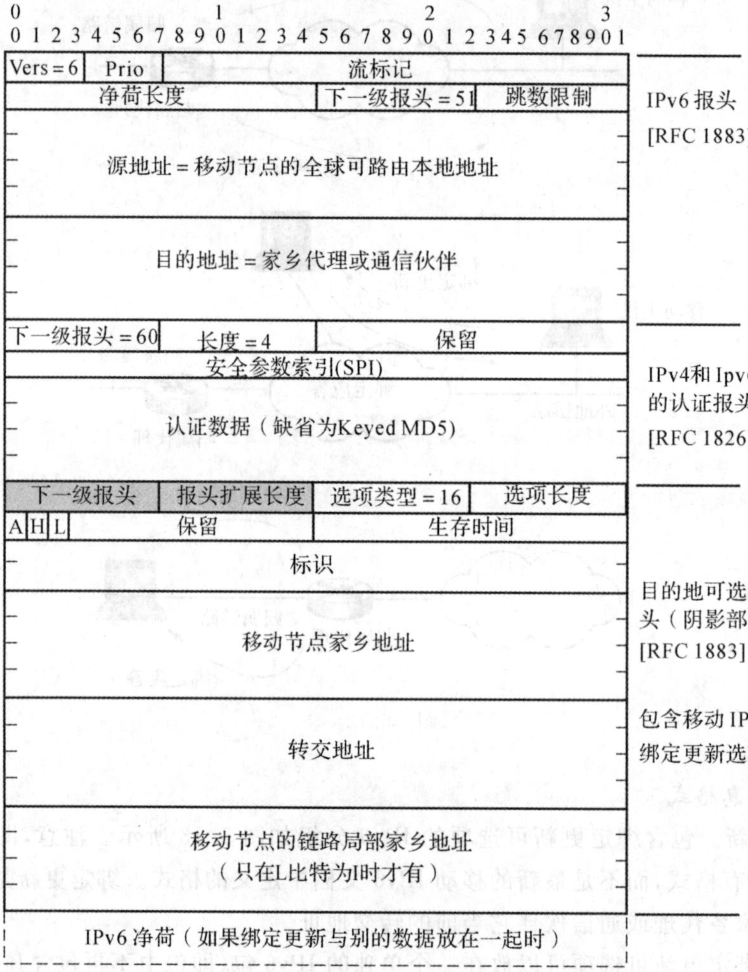

图 5.13

（2）绑定应答。绑定应答是由家乡代理或任何通信伙伴送给移动节点的，用于表明它已成功地收到了移动节点的绑定更新。与绑定更新一样，绑定应答可以在单独的 IPv6 包中发送，也可以与别的数据一起在 IPv6 包中发送。向移动节点发送绑定应答的方法与向移动节点发送其他分组时一样，如图 5.14 所示。

（3）绑定请求。通信伙伴向移动节点发送绑定请求来要求移动节点送给它一个绑定更新，也就是说，绑定请求表明通信伙伴想知道移动节点的转交地址。当先前的绑定更新消息中的生存时间域将要过期，而通信伙伴又相信它还会继续向移动节点发送分组时，发送绑定请求就有用了。绑定请求应与其他用户数据一起放在一个 IPv6 包中发送。如果发送者和移动节点没有其他数据要发送，那么这个通信伙伴就不必知道移动节点的转交地址。如图 5.15 所示，绑定请求可以编码成只有几个字节。绑定请求没有必要进行认证，因为它们本来就只是一个请求，移动节点应该（但并不一定）向发送请求的节点回答一个绑定更新。

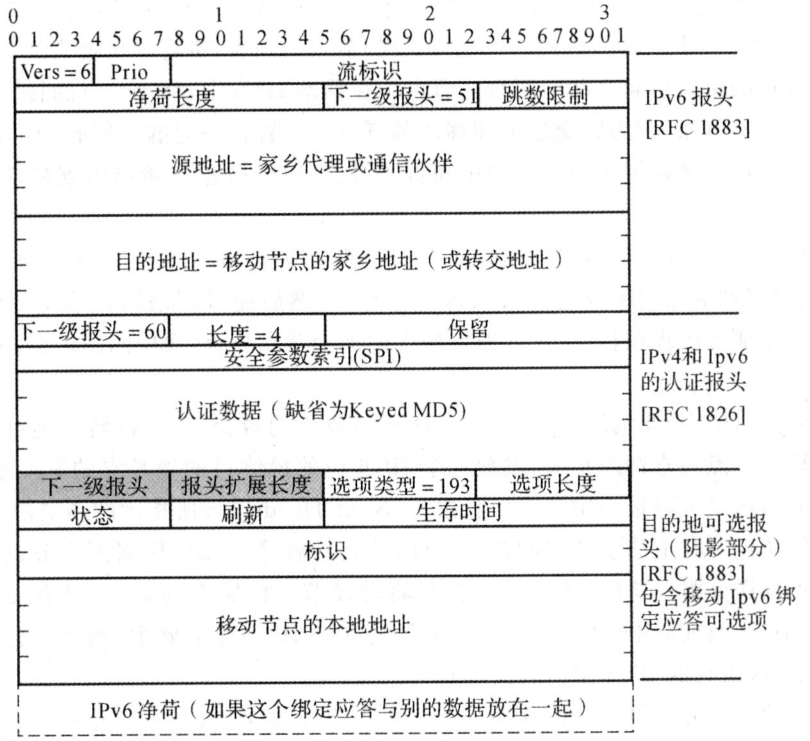

图 5.14　绑定应答格式

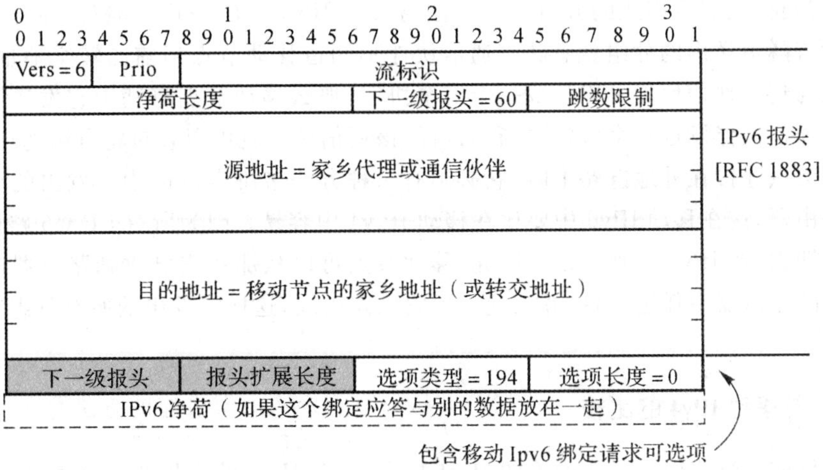

图 5.15　绑定请求格式

5.5.4 分组传输

如果移动节点连接在家乡链路，则收发分组与固定网络基本一致。因此下面重点考虑移动节点连接在外地链路上，这里假设移动节点已将转交地址通知给了家乡代理。

知道移动节点的转交地址的通信伙伴可以利用 IPv6 选路报头直接将分组发送给移动节点，这些包不需要经过移动节点的家乡代理，它们将经过从始发点到移动节点的一条优化路由。IPv6 选路报头[RFC 1883]包含一个中间目的节点的列表，带有这个报头的分组必须在去往最终目的节点的路上访问这些中间目的节点。在移动 IPv6 中，移动节点的转交地址是一个非常好的中间目的节点，因为转交地址和移动节点总是配置在一起的。因此，通信伙伴将移动节点的转交地址作为选路报头中唯一的中间目的节点，以使分组直接路由到移动节点的当前位置上。

通信伙伴将中间目的节点，也就是移动节点的转交地址，放入目的 IPv6 地址域，将最终目的地址，也就是移动节点的家乡地址放入选路报头中，然后通过网络转发这个分组。IPv6 规定选路报头只被地址出现在目的 IPv6 地址域中的那个节点检查，而中间路由器都不理会选路报头。

当分组到达目的 IPv6 地址时，也就是到达移动节点的转交地址时(转交地址是配置给移动节点的)，移动节点检查选路报头，发现这个 IPv6 包的最终目的地是它的家乡地址，因此移动节点就将分组送给选路报头中的下一级报头(Next Header)域所指示的高层协议处理。

如果通信伙伴不知道移动节点的转交地址，那么它就像向其他任何固定节点发送分组那样向移动节点发送分组。这时，通信伙伴只是将移动节点的家乡地址(也是它知道的唯一地址)放入目的 IPv6 地址域中，并将它自己的地址放在源 IPv6 地址域中，然后将分组转发到合适的下一跳上(这由它的 IPv6 路由表决定)。

这样发送的一个分组将被送往移动节点的家乡链路，就像移动 IPv4 中那样。在家乡链路上，家乡代理截获这个分组，并将它通过隧道送往移动节点的转交地址。移动节点将送过来的包拆封，发现内层分组的目的地是它的家乡地址，于是将内层分组交给高层协议处理。

到目前为止，我们所描述的分组选路方法与移动 IPv4 中的一样。但是，在移动 IPv6 中，移动节点检查隧道送出的分组就意味着通信伙伴不知道移动节点当前的转交地址。因此，如果移动节点与这个通信伙伴可以达成一个安全协定，那么移动节点将基于它发送绑定更新的策略向这个通信伙伴发送一个绑定更新。这样，该通信伙伴就可以直接将分组送往移动节点。

当移动节点连接在外地链路上时，它必须有一种方法来决定可以为它发出的分组进行转发的一台路由器，这在移动 IPv6 中要比在移动 IP v4 中容易。因为所有 I P v 6 路由器都要求实现路由器搜索(在 IPv4 中则不是)，因此，移动节点可以从那些它已收到路由器广播消息的外地链路上的路由器中任选一台，并据此配置它的路由表，这样它发出的所有分组就会送到那台路由器。

5.5.5 与移动 IPv4 的比较

相对于目前广泛应用于无线网络的 IPv4 技术，移动 IPv6 的优势非常明显，这些优势主要体现在以下几方面。

(1)地址数量大大增加。移动 IPv6 的 128 位地址长度对于充满生机的移动市场来说是非常诱人的。另外,采用移动 IPv6 之后将不再需要 NAT,这将使移动 IPv6 的部署更加简单直接,由于不再需要管理内部地址与公网地址之间的网络地址翻译和地址映射,网络的部署工作只需要管理比移动 IPv4 少的网络元素和协议即可。

(2)可以实现端到端的对等通信。NAT 被广泛地使用在互联网上,绝大多数的应用都是基于客户端/服务器的方式。这种状况完全无法满足人们对未来移动网络的要求。移动手机之间以及与其他网络设备之间的通信绝大部分都要求是对等的,因此需要有全球地址而不是内部地址。去掉 NAT 将使通信真正实现全球任意点到任意点的连接。

(3)地址的结构层次更加优化。移动 IPv6 不仅能提供大量的 IP 地址以满足移动通信的飞速发展,而且可以根据地区注册机构的政策来定义移动 IPv6 地址的层次结构,从而减小路由表的大小,并且可以通过地区本地地址和选路控制来定义某个组织的内部网络。

(4)内嵌的安全机制。移动 IPv6 将安全作为标准的有机组成部分,安全的部署是在更加协调统一的层次上,而不是像 IPv4 那样通过叠加的解决方案来实现。通过移动 IPv6 中的 IPsec 可以对 IP 层上(也就是运行在 IP 层上的所有应用)的通信提供加密/授权。通过移动 IPv6 可以实现远程企业内部网(如企业 VPN 网络)的无缝接入,并且可以实现永远连接。

(5)能够实现地址的自动配置。移动 IPv6 中主机地址的配置方法要比移动 IPv4 中的多,任何主机 IPv6 的地址配置包括无状态自动配置、全状态自动配置和静态地址。这意味着在移动 IPv6 环境中的编址方式能够实现更加有效率的自我管理,使得移动、增加和更改都更加容易,并且显著降低网络管理的成本。

(6)服务质量(QoS)提高。服务质量是多种因素的综合问题。从协议的角度来看,移动 IPv6 的头标增加了一个流标记域,20 位长的流标记域使得任何网络的中间点都能够确定并区别对待某个 IP 地址的数据流。

(7)移动性更好。移动 IPv6 实现了完整的 IP 层的移动性。特别是面对移动终端数量剧增,只有移动 IPv6 才能为每个设备分配一个永久的全球 IP 地址。由于移动 IPv6 很容易扩展、有能力处理大规模移动性的要求,所以它将能解决全球范围的网络和各种接入技术之间的移动性问题。

(8)结构比移动 IPv4 更加简单并且容易部署。由于每个 IPv6 的主机都必须具备通信节点(CN)的功能,当与运行移动 IPv6 的主机通信时,每个 IPv6 主机都可以执行路由的优化,从而避免三角路由问题。另外,与移动 IPv4 不同的是,移动 IPv6 中不再需要外地代理(FA)。IPv6 地址的自动配置还简化了移动节点转交地址(CoS)的分配。

5.6 隧道技术

一旦移动节点使用家乡代理进行注册,家乡代理必须能截取发送给移动节点的家乡地址的 IP 数据报,这样数据报就能通过隧道被转发。标准上并没有对此目标强制一个确定的技术。家乡代理需要告诉同一网络上的其他节点:带有目标地址还不确定的移动节点的 IP 地址应被送至此代理。实际上,为了获取通过本地网络传输、且目标为该节点的包,家乡代理冒用了移动节点的标识。

为了将 IP 数据报转发到转交地址,家乡代理将整个 IP 数据报放入一个外部 IP 数据报。这是封包的一种形式,就像在 TCP 段前再放置一个 IP 首部,将 TCP 段封装入 IP 数据报。移动IP允许3种封装选项,如图5.16所示。

IP套IP封装(IP-within-IP encapsulation):这是最简单的方式,定义于RFC2003。

最小封装(minimal encapsulation):此方式涉及较少的域,定义于RFC2004。

通用的路由封装(generic routing encapsulation, GRE):这是移动IP被开发之前,已被开发的通用封装程序,定义于RFC1701。

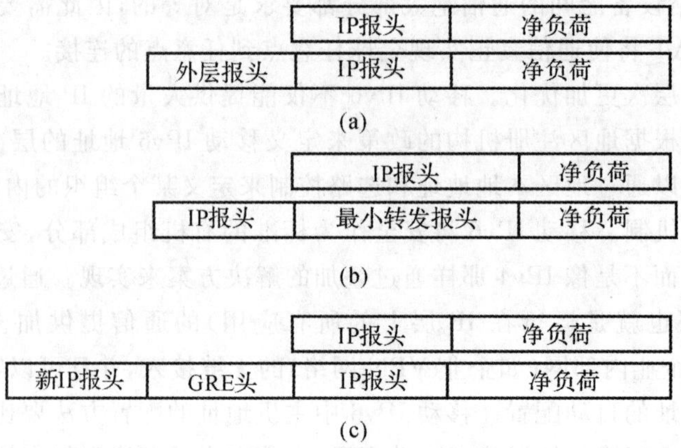

图5.16 移动IP的封装

现在详细介绍前两种封装方式。

(1) IP套IP封装。用这种方式,整个IP数据报变成新IP数据报中的净荷。内部的原始IP首部除了将TTL减少1外,保持不变。外部的首部是整个IP的首部,两个域从内部的首部中复制:版本号为4,这意味着协议标识为IPv4,且外部IP数据报所请求的服务类型与内部IP数据报的请求一样。

在内部的IP首部中,源地址指发送原始数据报的主机,而目的地址是意图接受者的本地地址。在外部的IP首部中,源和目的地址指隧道的入口和出口点。这样,源地址一般为家乡代理的IP地址,目的地址为意愿目的的转交地址。生存时间域要设置成一个足够大的值,以便封装后的包能够到达隧道的终端。

(2) 最小封装。最小封装在RFC2004中定义,是移动IP中的一个可选隧道方式。最小封装的目的是减少实现隧道所需要的额外开销,它是通过去掉IP in IP封装方式里的内层IP报头和外层IP报头相一致的冗余部分实现的。封装数据报的过程是在原来的IP净荷和IP报头之间加入最小转发报头。最小封装不能用于已经分过片的数据包,因为最小转发报头中没有保存原始包分片的信息。相反,经过最小封装的数据包可以再进行分片,以便穿过路径MTU较小的隧道。

内部IP首部保留如下:

协议:从初始IP首部的目的地址域中复制。该域标识初始IP净负荷的协议类型,置初始IP净负荷的开始及首部类型。

S:如果为0,出事源地址不存在,并且首部的长度为8个8位组;如果为1,初始源地址存在并且首部的长度为12个8位组。

首部校验和:从首部所有域计算出的值。

初始源地址:由初始IP首部的源地址复制得到。只有S位为1时,该域才存在。如果封装者是数据报的来源(如数据报在家乡代理产生),则该域不存在。

修改初始 IP 首部的下面域,形成新的外部 IP 首部:

总长度:加上最小转发首部的大小(8 或者 12)。

协议:55,这是分配给最小 IP 封装的协议号。

首部检验和:从首部的所有域中计算得出。因为一些域已经被修改,该值必须重新计算。

源地址:封装者的 IP 地址,一般为家乡代理。

目的地址:隧道终点的 IP 地址。这里是转交地址,可能外部代理的 IP 地址或者移动节点的 IP 地址。

最小封装的处理过程是:封装者将原始数据报按照最小封装格式打好包;该数据报适合于隧道,并通过 INTERNET 传送到转交地址;在隧道的终点(转交地址)处,将内部最小 IP 首部的域取出替换掉外部 IP 首部的域值,并且重新计算 IP 的总长度域和首部检验域。这个新的外部 IP 域连上内部 IP 域的净荷便是解包后的 IP 数据报。

5.7　移动切换

移动主机在两个不同的子网之间移动时将产生切换。移动主机在新的子网上将获得新的转交地址,并且需要向家乡代理注册,还需要向通信对端申请绑定。由于 OSI 网络协议的层次性特点和链路之间的转换处理过程,使得切换可能导致移动主机在某一是时刻不能发送和接收数据分组。为了尽量减少切换引起的连接中断时间,保持已有连接的通信服务质量,人们提出了各种移动 IP 的切换方法。

低延迟切换(快速切换):是以移动主机在切换过程中产生的通信连接中断的时间最小为目的的。

平滑切换:使丢失或者延迟的分组数量达到最小。

层次化切换:当发生切换时,通过仅与最近的本地移动锚点(MAP)进行绑定更新,减少切换的延迟。

5.7.1　快速切换

快速切换是对移动 IPv6 协议的改进,可以加快移动主机的切换过程,减少已有连接通信的中断时间,保证通信流的实时传输。它是通过提前注册,以及在新的外地网络切换未完成时通过前一个网络保持通信的方法,实现快速切换,以对实时业务提供支持。

预先切换涉及到以下实体:

接入路由器(AR)——网络与移动主机之间的最后一个路由器。

旧接入路由器(oAR)——移动主机当前连接的接入路由器。

新接入路由器(nAR)——移动主机将要连接到的接入路由器。

快速切换可以很容易地在移动主机移动接入到新的路由器之前,为其配置新的转交地址。当移动主机在链路层上切换到 nAR 时,就可以直接使用该转交地址。在此之前,需要完成以下步骤:新转交地址的配置、重复地址检测和邻居发现等。当不能从新的接入路由器获得有效的转交地址时,快速切换也允许移动主机不获得新的转交地址而切换到新的网络。

快速切换有两种机制:预先切换和隧道切换。

预先切换是指当移动主机和 oAR 还保持着第二层的连接时，就发起第三层的切换。隧道切换是指当前移动主机与 nAR 的第二层连接已经建立时，还不启动第三层的切换并获得新的新的转交地址，而是在两个网络的 AR 之间建立隧道，移动主机可以通过隧道从前一个网络接受数据。具体的切换过程如图 5.17 所示。

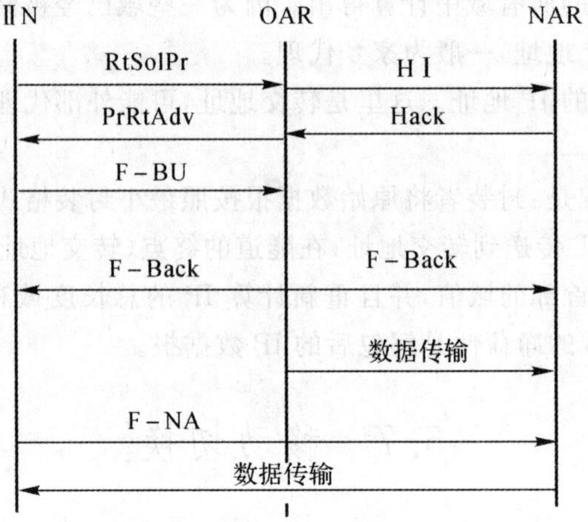

图 5.17　预先切换的过程图

(1) 当 MN 检测到子网将要进行切换时，就向 PAR 发送路由器请求代理消息 RtSolPr。RtSolPr 消息通知 PAR，MN 将要进行切换，并且请求进行切换所需要的信息。

(2) oAR 收到 RtSolPr 后，根据新的接入点来判断 MN 将要接入的 NAR，并给 MN 回送一个代理路由器通告消息 PrRtAdv。PrRtAdv 消息中应该包含 NAR 的链路层地址、IP 地址和子网前缀等信息。

(3) MN 收到 PrRtAdv 消息后，根据其中包含的 NAR 的信息来配置 MN 的 NCoA。随后，MN 向 PAR 发送快速绑定更新消息 FBU。

(4) oAR 收到 FBU 后，对 NCoA 和 PCoA 进行绑定，然后 oAR 向 nAR 发送一个切换发起消息 HI。HI 消息中包括 MN 的原转交地址、链路层地址、新转交地址以及请求和 NAR 建立隧道的信息。

(5) 在 nAR 收到 HI 后，对 NCoA 进行重复地址检测，检验是否可用。如果新转交地址可用，则返回切换确认消息 HACK；否则产生一个可用的新转交地址，并返回 HACK 消息。

(6) oAR 收到 HACK 后将分析此消息，如果不包含 nAR 给移动节点配置的新转交地址，PAR 会向 MN 发送一个快速绑定更新消息 FBACK，告知 MN，oAR 将开始为 MN 转发数据分组到新的转交地址，并且建立一个 PAR 和 NAR 之间的双向隧道。如果 HACK 消息中含有 nAR 给 MN 配置的 NCoA，oAR 会重新绑定新旧转交地址，并将配置给 MN 的新转交地址包含在 FBACK 消息中发给 MN。

(7) FBACK 消息发出之后，oAR 便开始为 MN 将数据分组转发到 nAR，nAR 利用代理地址缓存收到的转发的数据分组。MN 连接到 NAR 之后，立即向 NAR 发送快速邻居通告消息 FNA，告知 nAR 已连接到该网络中。

(8) nAR 收到 FNA 消息后，立即向 MN 发送为 MN 缓存的数据分组，并且删除代理邻居缓存表项，为 MN 转发数据分组重新建立邻居缓存表项。MN 切换到 nAR 之后，在完成对家乡代理和通信对端的绑定更新之前，可以利用 oAR 和 nAR 之间的双向隧道接收和发送数据分组。

基于隧道切换是当移动主机移动到了新的网络并且建立了第二层的连接后，并不发生第三层的切换。oAR 和 nAR 通过在二者之间进行第二层的切换，并使用切换消息中提供的信息建立双向边隧道（BET，Bi - directional Edge Tunnel），通过隧道转发数据分组。这种方法对于实时的数据传输将很有意义，因为不用改变移动主机的转交地址而继续保持与通信对端的通信，这样可以减少数据分组的丢失。基本原理如图 5.18 所示。

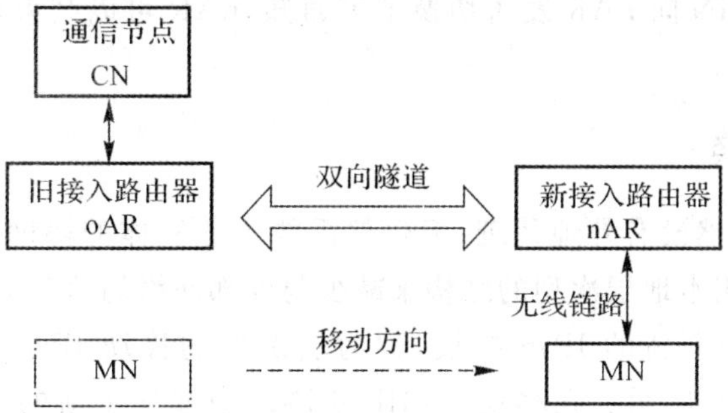

图 5.18　基于隧道的切换结构图

如果移动主机快速移动，适用基于隧道的切换可以使移动主机不用进行移动 IP 的信令操作而可以在多个网络之间移动。因为使用了双向边隧道进行路由，基于隧道的快速切换也被称作双向边隧道切换。

5.7.2　平滑切换

伴随着实时应用的日益增多，移动网络中需要保持较高的平滑度，这要求切换过程不仅需要切换的速度尽量快，而且要考虑状态信息的转移问题。在移动 IP 的平滑切换框架中，使用了移动 IPv6 协议的“绑定更新”消息携带转移的状态信息，这样就使切换具有低延迟、低丢失和移动主机通信中断达到最小等特点。平滑切换的过程如图 5.19 所示。当移动主机移动到新的连接点时，与移动主机相关的一些或全部状态信息可能需要发送到新连接点的移动代理上。平滑切换采用移动代理的缓存机制将控制状态和数据分组先缓存起来，等第三层的切换完成后，再从旧的接入路由器发送到新的接入路由器。

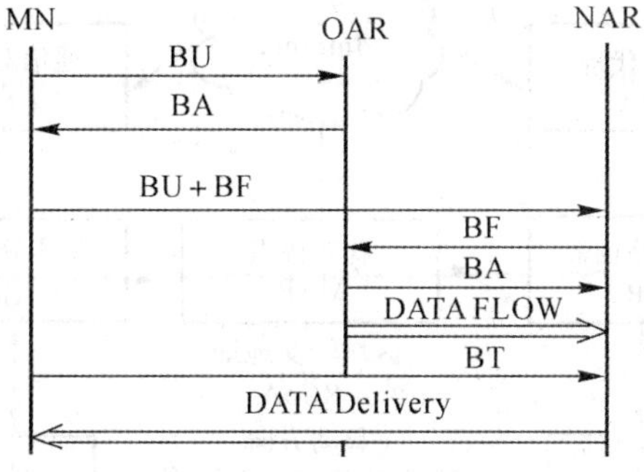

图 5.19　平滑切换过程图

(1) 移动节点 MN 向 oAR 发送初始化信息 BU。

(2) oAR 受到 BU 消息后,分配缓存空间准备接受来自 MN 的数据报,然后向 MN 发送确认消息 BA,BA 中包含了 MN 的转发地址和其他状态信息。

(3) MN 受到 BA 后就开始进行链路层的切换,完成切换后向 Nap 发送 BA 和缓存转发信息 BF。

(4) nAR 收到 BA 和 BF 后,进行缓存初始话,并发送 BF 到 oAR。

(5) oAR 收到 BF 消息后向 nAR 发送确认信息 BA 并转发数据。

(6) 切换完成后,MN 向 nAR 发送切换结束通知,nAR 可以结束缓存数据,nAR 开始把缓存的数据发送给 MN。

5.7.3 层次型切换

在移动 IPv6 中,虽然没有外地代理,但仍然需要本地实体的协助才能完成移动 IP 的切换。移动 IPv6 可以使用本地层次型的结构来减少与外部网络的信令交互,从而减少通信中断的时间。这里提出了一个新的 IPv6 扩展,称为层次型的移动 IPv6(HMIPv6,Hierarchical Mobile IPv6),如图 5.20 所示。在移动 HMIPv6 协议中增加了新的实体:移动锚点(MAP,Mobile Anchor Point),它可以是层次型 IPv6 网络中的任意层次的路由器,但并不需要任何子网都具有 MAP。在移动 IPv6 中,MAP 代替了外部代理的功能,它可以限制移动 IPv6 同本地域外的节点的信令交互,它能支持快速移动 IP 的切换。

移动主机通过 MAP 获得的是区域转交地址(RCoA),在发生切换时,移动主机不是与远端的家乡代理,而是与本地 MAP 进行绑定更新,减少了切换的延迟。MAP 代表它所服务的移动主机接收所有的包,封装并直接把这些包发送到移动主机的当前地址——链接转交地址(LCoA)。如果移动主机在局部 MAP 域内改变了它的 LCoA,那么只需要向 MAP 注册其新的地址即可。因此不需要改变通信对端和家乡代理上注册的 RCoA,移动主机与通信对端之间将保持通信透明性。这里的 MAP 具有了家乡代理的功能,但它不在移动主机的家乡区域,当 MAP 收到数据分组后使用隧道发送到移动节点的链路转交地址 LCoA 时。MAP 的引入,使得移动主机在外地链路时具有了 3 层的访问结构,当其在域内发生移动(微移动)时只需要向 MAP 执行一次本地更新。如果移动主机从一个 MAP 域进入到另一个新的 MAP 域(宏移动),那么必须向家乡代理和通信对端发送必要的绑定更新消息。

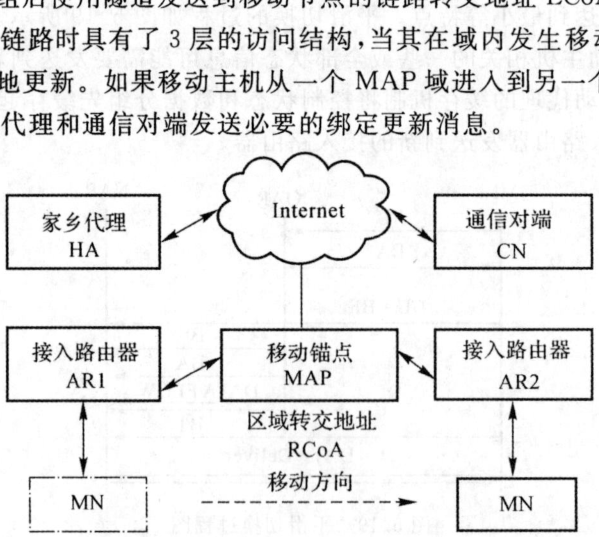

图 5.20 层次型 MIPv6 结构示意图

层次结构的切换通信处理过程：

(1)当移动主机移动到新的 MAP 域时(也就是发生了宏移动)，接收到了来自 MAP 路由器发送的通告消息，在通告消息中含有 MAP 选项信息，该选项包含了该 MAP 的跳数、MAP 的优先级、MAP 的全局 IP 地址，MAP 的优先级、MAP 的子网前缀、MAP 的运行模式等。

(2)移动主机接收到路由通告，从里面可以获取 MAP 的网络前缀，可以产生自己的 RCoA 地址，然后移动主机向 MAP 发送一个绑定信息。

(3)MAP 路由器对移动主机的 RCoA 进行重复性地址检测，如果成功，则返回绑定确定消息到移动主机，完成注册 MAP 的过程，否则返回相应故障信息的绑定确认代码。同样的过程也可以用来完成在 AR 中注册 LCoA 信息。

(4)移动主机接收到 MAP 发来的绑定确认消息后，如同移动 IPv6 一样，需要将 RCoA 地址和家乡地址绑定，将绑定地址注册到家乡代理，移动主机也可以把绑定信息发送到通信对端(既指定家乡代理和 RCoA 地址)。

(5)当移动主机发生微移动时，只需要向 MAP 发送绑定更新信息，指定新的 LCoA 地址，在完成更新后，来自通信对端的数据包仍然先到达 MAP，然后通过 MAP 的隧道传送到 LCoA 地址，最后到达移动主机。

层次型的移动 IP 结构可以对移动主机的移动区域进行分级，对于多数情况而言，移动主机一般都在同一个 MAP 区域内进行微移动，通过上述分析可以知道移动主机只需要对本地的 MAP 路由器更新 RoA 地址即可，这就大大缓解了家乡代理的工作负荷，减少了切换的时延，同时，对于域间或者域内的移动，也可以结合快速切换和平滑切换方法，这将进一步提高切换过程的效率，更好的保证移动主机的通信质量。

第6章　移动互联网业务

6.1 概　述

移动互联网业务发展的各个时期并没有一个明确的界限。与传统互联网业务发展类似，在移动互联网发展的初期，网络带宽能力极大的制约了移动互联网业务的发展。伴随着移动接入带宽的提高，移动互联网业务从最初简单的文本浏览、图铃下载等业务形式发展到当前的与互联网业务深度融合的业务形式，互联网上基于 Web2.0 的应用向移动互联网迁移，并结合移动网固有的随身性、可鉴权、可身份识别、可判断位置等特性，产生了许多独特的业务形态。

从全球范围来看，2007 年以来，移动宽带接入取得了突破性的进展，3G 和 HSPA 的覆盖范围不断扩大，移动运营商已经可以提供数兆甚至更高的带宽。终端在快速增长和功能不断增强的前提下，对移动互联网业务的支持力度大大提高。移动浏览器功能增强，Ajax 等 web2.0 技术应用到移动互联网中。移动运营商开始关注并大力发展移动互联网业务。我们所研究的移动互联网业务正是处于这一时期的创新型业务。

移动互联网业务即移动 Web2.0 业务，是在 3G 以及宽带无线接入的网络环境下新产生的移动互联网业务，这类业务以 Web2.0 的业务属性为核心，融合了移动业务的固有属性——移动性、可确定位置、业务可测量性、终端个人化，是移动平台与互联网平台结合的产物。

6.2 业务特征

在移动互联网的环境下，业务应用也与传统移动互联网之间存在很大的不同，业务种类开始丰富起来，多媒体的内容广泛应用到业务中。业务的接口灵活性提高，用户可以选择业务而不是使用由运营商选择的业务。用户使用移动互联网业务的方式多种多样。

概括来看，移动互联网业务的特征主要包括以下几方面。

(1)用户接口(UI)形式多样化。用户与移动互联网的接口形式多种多样，可以通过搜索引擎、综合信息门户、网络书签应用、个性化桌面(Widget)、IM、RSS Reader 等多种方式来接入移动互联网，获取内容，与他人建立联系。

例如 Mejeo 推出的智能书签应用，用户从 mobeo.mobi 中选择站点形成自己的书签，系统自动为用户从这些网站中选择基于用户所在位置的本地信息，Mojeo 服务重塑了用户的网络浏览体验，用户无须打开很多表单，只需点击编辑区域就可以浏览窗口内的内容。

(2)便捷性和直接性。利用专门为移动互联网设计的新型终端，用户使用移动互联网更为便利。

(3)位置信息成为业务中的重要属性。用户的位置信息是一个重要的资源，在业务中运用位置信息，可以使业务更具特色。例如基于位置的社区服务、移动搜索等，用户在上传内容时也可以打上自己的位置标签。

(4)业务的社会化属性。增强移动互联网不仅是用户获取资源的场所,更是一个用户沟通交流的平台,在这一平台之上,用户根据兴趣、需要加入形形色色的社区、圈子等,而手机的随身特性使得基于移动互联网的交流更为便捷。社区已经成为许多移动网站必备元素。

(5)内容走向多媒体化。音视频信息开始广泛应用于移动互联网业务,主要原因在于手机功能的增强,支持摄像头、录音功能的手机越来越多,手机的随身携带特性也有助于用户即时拍摄感兴趣画面,支持音视频上传、编辑、下载的移动互联网业务也随之而发展起来。

(6)业务的媒体属性增强。各种类型的视频、图片、文字共享业务的出现,再加上移动终端的移动性特征,使得用户可以把目击的事件通过手机第一时间传送到互联网上,再加上业务位置属性,则构成了媒体报道的全部内容,一些移动互联网业务甚至可以实现网上的直播。如附件中提到的 PocketCaster 应用,实现了个人电视台的功能。

6.3　实现技术

移动互联网业务融合了移动网和 Web2.0 的特征,Web2.0 中的核心元素如 Blog,Tag,Wiki,RSS,SNS 等均在移动互联网业务中有所表现。移动互联网业务的实现技术大致可以分为 3 类,移动 Web2.0 技术;固定互联网和移动互联网的互通性技术;移动业务实现的辅助技术。

1. 移动 Web2.0 技术

移动 Web2.0 技术是在 Web2.0 技术的基础上建立起来的,主要包括:

1)丰富互联网应用的移动 Ajax 技术:Ajax 不是一项单一的技术,而是当前存在的诸多 web 技术的融合,如表现层标准使用 XHTML 和 CSS、数据交换和维护使用 XML 和 XSLT、接受异步数据使用 XMLHttpRequest 等,Ajax 最大的好处是使得应用更加易用,用户可以获得无缝的业务体验。移动 Ajax 使得移动浏览型应用和下载型应用克服了以往的市场分散、应用移植困难等问题,使得移动应用更为丰富、用户使用更为方便。

2)实现应用聚合的移动 Mashup 技术:Mashup 是一种网络应用,它利用源应用的 API 接口或者 RSS 的输出作为内容源,将两种以上的 Web 应用聚合在一起形成一个新的应用,其基础是开放的 API 接口。Mashp 的产品形式有很多种,既可以是一家服务商把自己的多个产品或多个功能模块,通过各自的 API 接口,在其自己的平台实现统一的服务整合,如 Yahoo 为了实现在一个页面里,尽可能多的提供用户所需的服务,使他们能够在最短的时间内获取到所有想要的信息所推出的易搜、Yahoo! Pipes 等 Mashup 类产品;也可以是服务商搭建一个通用的平台,将其他服务商的服务转化成统一的服务接口,供用户在平台上自由组合调用。Mashup 技术使用在移动互联网上,可以产生数以千计的创新应用,如图 6.1 所示。

3)支持桌面应用的移动 Widget 技术:移动 Widget 是一种移动应用程序,使移动手机用户不借助于移动浏览器就可以接入到自己喜爱的互联网内容和业务,用户还可以创建并和其他用户分享内容。Widget 也是 Mashup 技术发展的产物,是面向用户的小型应用,诺基亚推出的维信就是许多 Widget 应用的集合。用户也可以利用开放的 API 使用 Mashup 技术开发并与他人分享 Widget 应用。

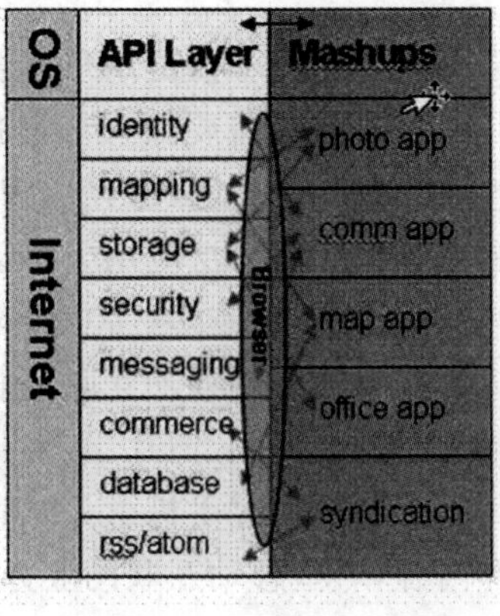

图 6.1 Mashup 应用

2.固定互联网和移动互联网互通性技术

移动和固定互联网的互通应用的发展使得有效连接互联网和移动互联网的互通性技术受到业界的广为关注。如网页全浏览技术，这一技术通过网络侧的内容转换等技术适配互联网网页、内容到移动终端上，用户在手机上和 PC 上浏览同一网页能够达到同样的体验，如图 6.2 所示。实现固定互联网和移动互联网互通可以有多种方式，如基于浏览器的适配、基于代理服务器的适配、基于元数据(metadata)的适配等，目前基于浏览器的适配是常用的实现方式。

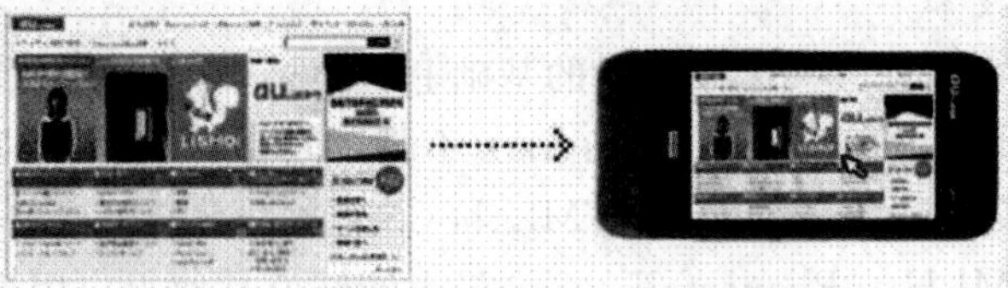

图 6.2 PC 和手机登陆 au KDDI 的业务显示

3.移动业务辅助技术

为了支持移动互联网的业务和应用，还产生了一些适应移动终端和移动网络特点的技术。

1)移动视频技术：手机上展示高清晰度的视频内容往往需要硬件的支持，这势必提高手机终端的成本；而视频内容在移动网络上的传输也需要一定带宽的支持。为了适应 UGV 业务的发展，实现手机上传、浏览和下载高清晰视频内容，业界产生了多种高质量的移动视频编解码技术和视频传输技术。

2)移动定位技术：移动位置信息是移动互联网业务的重要属性，移动定位技术是为了获取用户的位置信息的实现技术，需要手机终端具备 GPS 功能，目前主要的技术包括 A-GPS、TDOA、E-OTD 等。

3)移动搜索技术：为了满足手机用户对搜索结果精度要求高的要求，移动搜索中更注重专业化的垂直搜索技术。

6.4　发展现状及趋势

移动互联网业务中应用了 Web2.0 中的核心元素 Blog、Tag、Wiki、RSS、SNS，再加上移动网的移动性、用户位置特征、移动终端的随身性特征等，这些 Web2.0 元素和移动网特征的融合使得移动互联网业务更具创新性，为用户的生活和工作带来了便利和乐趣。从图片分享、视频直播、视频编辑、音乐欣赏、电子邮件、搜索到社区、音乐点评、文件同步等等各种服务都在移动互联网上开始发展。

从全球的整体发展情况来看，移动互联网业务还处在市场的发展初期，新的业务和应用不断涌现，用户普及率还不高。

但是在日本和韩国，凭借着良好的网络环境、出色的业务吸引力和资费吸引力，移动互联网已经成为人们生活中不可或缺的一部分，移动互联网业务也开始进入快速发展时期，许多移动互联网业务得到了用户的青睐，如移动搜索、移动 UGC 和社区、移动多媒体服务、移动商务等。

在日本，移动互联网的发展不仅吸引了众多用户——移动互联网用户，总数达到 8 728 万户，占移动用户 87%的比例，而且为业务提供商带来了很高的收入，其移动数据业务收入约占全球 40%的份额，80%的移动互联网用户在 3G 终端上使用业务。除了数据接入费和广告费之外，来自移动内容和移动商务的收入超过 10 亿美元。从单一业务的发展来看，移动社区是用户规模较大的一项业务，美国的 MySpace、韩国的赛我网等是全球比较成功的移动社区业务，截至 2011 年年底，MySpace 手机用户接近 1300 万户，赛我网手机用户超过 1200 万户。

移动互联网正朝着信息化、娱乐化、商务化和行业化等 7 个方向发展。

(1)信息化：随着通信技术的发展，信息类业务也逐渐从通过传统的文字表达的阶段向通过图片、视频和音乐等多种方式表达的阶段过渡。在各种信息类业务中，除了传统的网页浏览之外，以 Push 形式来传送的移动广告和新闻等业务的发展非常迅速。移动广告通过移动网络传播商业信息，旨在通过这些商业信息影响广告受众的态度、意图和行为。近年来移动广告在日本、韩国及欧洲等发达国家和地区快速增长。可以预见，人们对手机终端传递信息方式的依赖将越来越严重。

典型的信息类业务有 4 种，一是手机报，即根据综合、体育和音乐等内容形成系列早晚报，推出各类品牌专刊，形成彩信报刊体系；二是手机杂志，即通过手机下发彩信的方式，将杂志的内容下发到手机；三是手机电视，即通过手机播放频流的方式播放电视节目；四是手机广告，即通过手机下发彩信和播放视频流等方式向用户推送广告。

(2)娱乐化：当前，从日韩等国的移动互联网业务的发展情况来看，包括无线音乐、手机游戏、手机动漫和手机电视等在内的无线娱乐业务增势强劲，成为移动运营商最重要的业务增长点。在我国，近几年来随着彩铃、炫铃和 IVR 语音增值业务的相继推出，迅速掀起了一股无线音乐流行风。为了进一步推动无线音乐业务发展，中国移动加快构建 12530 中国移动音乐门户。还成立了 M. Music“无线音乐俱乐部”，为手机用户提供一个全新的音乐体验区。截至 2009 年 2 月，12530 门户网站日均独立 IP 访问量已达到 130 万人次，WAP 门户日均独立访问量达到 22 万人次。中国联通也积极建立全国统一的在线音乐下载平台“10155 音乐门户”，为用户提供包括音乐下载和点歌送歌等服务。

典型的娱乐类业务有4种，一是无线音乐排行榜，由用户下载数量决定的榜单，是最具有说服力的音乐榜；二是手机音乐，提供不受时间和地点限制的音乐视频娱乐服务；三是手机游戏，提供统一的用户游戏门户和社区；四是IM社区，建立移动虚拟社区，使用户成为信息创造者和传播者。

(3)商务化：近几年，为了满足广大用户移动炒股、移动支付和收发邮件等需求，中国移动和中国联通全面加快了移动商务应用的开发和市场推广步伐。与传统的股票交易方式相比，以手机为载体的“掌上股市”业务比现场交易、网上交易和电话委托更方便快捷。“掌上股市”业务一经推出，便受到了社会各界的广泛关注。

为了推动移动支付业务的发展，近两年来，移动运营商全面加大了与金融部门的合作力度，手机银行、手机钱包和手机彩票等移动支付业务的应用步伐逐步提速。2006年8月中国移动推出手机二维码业务，基于手机二维码的手机购票等业务开始全面起步，为用户带来了崭新的移动商务体验。如今，越来越多的手机用户开始用手机缴纳各种公共事业费用、投注彩票、缴税，甚至购买电影票和机票，各种移动支付业务正在日益走向普及。

此外，为了满足广大商务用户随时随地收发邮件的业务需求，2006年，中国联通在我国率先推出了具有邮件推送功能的“红草莓”手机邮箱业务。用户使用该业务，无需登录互联网即可随时随地用手机直接接收电子邮件；同时，中国移动推出了BlackBerry手机邮箱业务。在移动运营商的积极推动下，手机邮箱业务日趋升温。

典型的商务类业务有4种，一是手机钱包，可以购买彩票和股票，还可以进行小额支付；二是RFID，可以作为门禁卡、会员卡和信用卡，拓展手机的功能；三是二维条形码，可以作为各类电子票和门票使用；四是手机邮件，使用手机收发处理邮件。

(4)行业化：近几年，在全面服务大众用户的同时，中国联通和中国移动全面加快了服务行业信息化的步伐。在全面了解不同行业信息化需求的基础上，中国移动积极联手产业各方开发出了集团短信、集团E网、无线DDN、移动定位和移动虚拟总机等行业应用解决方案。并在交通、税务、公安、金融、海关、电力和油田等领域得到了日益广泛的应用，有效提高了这些行业的信息化水平。从2008年起，在全面了解企业集团客户差异化需求的基础上，中国移动推出了MAS(移动代理服务器)和ADC(应用托管中心)两种移动信息化应用模式，加快了行业应用向中小企业的渗透步伐。

在服务行业信息化的进程中，中国移动和中国联通都采取了“以点带面”的方式，选择信息化需求较高、信息化环境比较成熟的行业予以重点突破，取得了显著成效。

典型的行业类业务有两种，一是移动定位，用于车辆调度、车辆导航等；二是移动办公，可以让员工不在办公室时仍能轻松处理工作事宜。

移动互联网是电信、互联网、媒体和娱乐等产业融合的汇聚点，各种宽带无线通信、移动通信和互联网技术都在移动互联网业务中得到了很好的应用。从长远来看，移动互联网的实现技术多样化是一个重要趋势。

(5)网络接入技术多元化：目前能够支撑移动互联网的无线接入技术大致分为3类，即无线局域网接入技术WiFi、无线城域网接入技术WiMAX，以及传统3G加强版的技术，如HSDPA等。不同的接入技术适用于不同的场所，使用户在不同的场合和环境下接入相应的网络。这势必要求终端具有多种接入能力，也就是多模终端。

(6)移动终端解决方案多样化：终端的支持是业务推广的生命线，随着移动互联网业务逐渐升温，移动终端解决方案也在不断增多。移动互联网设备中人们最为熟悉的就是手机，也是目前使用移动互联网最常用的设备。Intel 推出的 MID 则利用蜂窝网络、WiMAX 和 WiFi 等接入技术，并充分发挥 Intel 在多媒体计算方面的能力，支撑移动互联网的服务。美国亚马逊公司发布了电子阅读终端 Kindle，使得用户可以通过无线网络从亚马逊网站下载电子书，并订阅报纸及博客。

与此同时，手机操作系统也呈现多样化的特点，如 Windows 系统、Linux 操作系统和 Google 的 Android 操作系统等都在努力占据该领域魁首的位置。

(7)网关技术推动内容制作的多元化：移动和固定互联网的互通应用的发展使得有效连接互联网和移动网的移动互联网网关技术受到业界的广泛关注。采用这一技术，移动运营商可以提高用户的体验并更加有效地管理网络。移动互联网网关实现的功能主要是通过网络侧的内容转换等技术适配 Web 网页视频内容到移动终端上，使得移动运营商的网络从“比特管道”转变成“智能管道”。由于大量新型移动互联网业务的发展，移动网络上的流量越来越大。在移动互联网网关中使用深度包检测技术，可以根据运营商的资费计划和业务分层策略有效地进行流量管理，网关技术的发展极大丰富了移动互联网内容来源和制造渠道。

6.5 移动搜索业务

6.5.1 移动搜索特征

移动搜索是指以移动网络为数据传输承载，将分布在传统互联网和移动互联网上的数据信息进行搜集整理，供手机用户查询的业务。移动搜索的出现，真正打破了地域、网络的局限性，满足了用户随时随地的搜索服务需求。

庞大的手机用户群成为移动搜索的潜在用户，该类用户区别于互联网用户的特征以及移动网的特点，对搜索技术的功能实现提出了更高的要求，移动搜索与互联网搜索的本质区别表现在搜索方式、搜索需求、搜索渠道和搜索内容等多个方面。与互联网搜索的使用环境相比，手机终端屏幕尺寸较小、移动网络带宽有限、移动数据业务资费偏高，使得手机用户在使用搜索业务时更倾向于高度专业化的垂直搜索方式，内容需求偏向特定领域信息如图片、视频、本地信息等，对搜索结果的精准度要求较高。

传统的互联网站点搜索的方式在移动搜索业务中也有所应用，用户可以用逻辑组合方式输入各种关键词，搜索引擎根据这些关键词寻找用户所需资源的站点，然后根据一定的规则反馈给用户包含此关键字词信息的所有站点和指向这些站点的链接。互联网搜索引擎公司已经开始向移动搜索领域进军，如 Google 公司，通过与多个运营商的合作推出了移动搜索服务。

为了适应手机客户对搜索服务个性化、搜索结果准确化的需求，移动搜索市场产生了多种搜索技术的结合体，手机用户只需输入所要搜索的关键字或提出问题，系统就会从相匹配的搜索结果中通过智能化的筛选和过滤，把最精华最有效的信息提供给用户。并且通过手机用户的搜索时间、搜索内容等个人偏好进行分析，为用户提供最为符合个人需求的搜索功能及服务。这种融合的搜索技术将成为移动搜索的发展趋势之一。

移动搜索发展的另一个趋势是搜索范围将不仅限于移动互联网内，移动互联网和传统互联网的融合使得移动搜索的范围扩大化，用户可以通过移动搜索获得移动互联网和传统互联网的内容。

6.5.2 移动搜索业务的发展

移动搜索已经在很多领域得到应用，如位置搜索、图片搜索、铃声搜索、新闻搜索、影视搜索、购物搜索、本地信息搜索等。

从全球范围来看，目前移动搜索应用主要集中在手机铃声/图片搜索、本地生活信息搜索以及地图导航搜索。手机铃声和图片下载在移动增值业务发展初期即成为流行的业务，移动搜索发展起来后，给用户获取铃声和图片提供了更为方便的途径。本地生活信息搜索包括餐饮、娱乐、购物、订房订票等生活信息的检索，这些信息与手机用户的日常生活息息相关，也属于搜索需求量比较大的内容。本地生活信息搜索一旦与 LBS(Location Based Service，基于位置的服务)服务结合，将极大的提高移动搜索的用户体验。地图导航搜索是基于位置信息的服务，用户持有带 GPS 的终端，即可以使用这一业务。

移动搜索发展比较好的市场包括英国、美国、日本、韩国等国家，尤其是美国，在 Google 和 Yahoo 为代表的传统互联网搜索服务提供商推动下，移动搜索的发展比其他市场更具竞争力。根据美国市场调查公司 iCrossing 的调查，美国移动用户中，使用移动互联网的比例达到 75%。其中使用移动搜索的用户达到 22%。美国主流运营商均已经推出了移动搜索业务，其中 Sprint 和合并后的 Cingular/AT&T 业务发展较好，如图 6.3 所示。

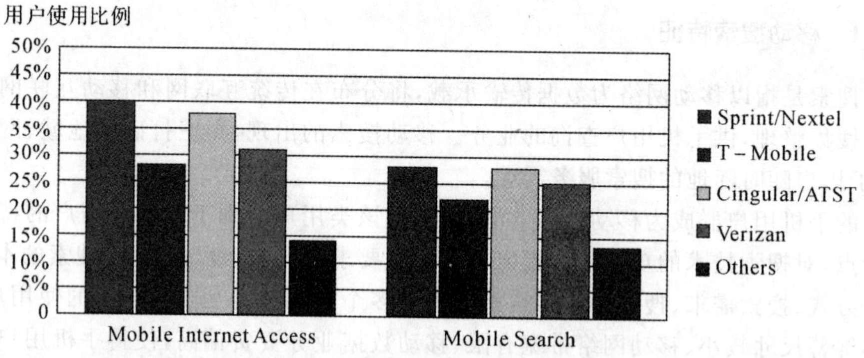

图 6.3 美国主要运营商移动搜索用户比例示意图

移动搜索从最初限制在 WAP 网站的搜索已经发展到当前的开放式搜索，也就是说，用户通过手机终端既能搜索到 WAP 网站的内容，也可以搜索到 Web 网站的内容。例如，日本的移动搜索业务在 2006 年之前限制在运营商的官方网站内，2006 年之后，KDDI 与 Google 的合作打开了移动搜索业务发展的新局面。2006 年，KDDI 与 Google 签订合作协议，在其 EZweb 移动门户上放置了 Google 搜索框，此后，通过 EZweb 提交的搜索请求多出了 3 倍，接近 75% 的搜索请求直接指向互联网网站和非官方移动互联网网站。这种开放的移动搜索业务模式带动了用户对 EZweb 的访问量，而由于访问量的增加，不但 KDDI 从中获取的流量费在增长，也带动了广告业务的发展。

这种业务可以在很大程度上解决移动搜索的信息源匮乏这一问题，将互联网内容与移动网络的内容整合在一起，实现真正意义上的移动搜索。为了使搜索结果适配手机画面尺寸，Google 开发了名为“Transcoder”的内容转换工具，将适合手机画面尺寸的搜索结果发送给

KDDI 的服务器。

移动搜索带来的收入包括广告收入、运营流量收入以及用户下载搜索内容的费用，根据 Juniper 公司的估算，移动搜索直接带来的收入 2008 年约为 15 亿美元，到 2014 年上升至 48 亿美元，年复合增长率为 27%，如图 6.4 所示。

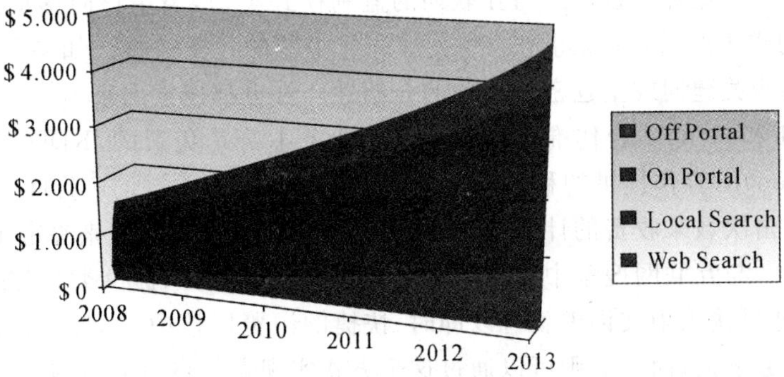

图 6.4　移动搜索业务收入(2008—2014 年)

6.5.3　移动搜索业务的商业模式

移动搜索的价值在于可以帮助用户随时随地、快速精准的找到自己需要的信息。用户通过手机上网一般目的性很强，使用移动搜索就是为了及时得到准确的、适合自身需求的信息，移动搜索的便捷性和精确性，可以帮助用户快速地、直接地找到问题的答案。

与传统的互联网搜索相比，移动搜索的移动性和便携性优势明显：人们可以通过移动终端随时随地搜索，不用受制于固定方式接入互联网；移动搜索只需要一部手机，而不是相对沉重的 PC；搜索方式的多样性也使用户不仅可以通过移动终端直接上网搜索，还可以用短信与移动搜索服务商实现及时的互动沟通。

移动搜索是互联网搜索行业和移动通信行业融合产生的新业务，在两个行业的相互影响下形成了两种主要的盈利模式。

(1)广告收费模式。广告收费模式主要是指通过移动搜索提供手机广告服务，在提供搜索服务过程中，向用户投放广告，从而达到推广企业的目的，向企业广告主收费。

由于手机广告受众针对性更强使得移动搜索广告比固定互联网上的搜索业务广告更具优势。搜索服务商根据用户通过手机或网站注册的手机实名可以获取用户信息，包括用户性格、兴趣爱好、地理位置等信息，在用户提出搜索请求后，有针对性地在其搜索结果下面打上相关赞助商的广告，这样的广告更有效率。

根据 e-Marketer 的预测，到 2014 年，移动搜索广告收入为 37.7 亿美元，约占全球移动广告收入的 19.7%，比 2008 年时这一比例高出 16 个百分点。

广告收费模式主要是沿袭互联网搜索的盈利模式，移动搜索的广告收费模式将以竞价排名、关键词广告和手机实名为主。

1)竞价排名。移动搜索中的竞价排名是互联网竞价排名模式在移动网络上的迁移，由于移动终端的特性，使得移动搜索中的竞价排名与互联网中的相比有着自己的特点。

首先，竞价排名价值更高。如果按目前互联网竞价排名的算法，手机的普及性决定了移动搜索竞价排名的受众更广，价值也就更高。其次，移动搜索目的更强。移动搜索用户的搜索目的性远强于互联网搜索网民，其潜在用户更容易成为真正消费者。第三，企业竞价的位次更加重要。由于手机屏幕小，一页显示的搜索结果少，再加上手机上下翻页查看结果不便利（一般搜索用户顶多翻看两页结果）、流量费高等诸多不利因素，企业对于位次的竞价会更激烈。

2)关键词广告。这种广告模式与互联网的盈利模式类似，当用户向移动搜索引擎输入需要查询的关键词或主题后，可以得到这些关键词或主题的各条链接。如果厂商需要，移动搜索引擎可把和这些关键词或主题密切相关的介绍性广告也都搜索出来。

例如：KDDI 和 Google 合作推出的移动搜索业务本身是免费的，KDDI 只收取数据流量费。KDDI 和 Google 合作提供的移动搜索业务盈利主要来自关键词广告（Google Adwords），并建立了根据点击次数来收费的计费系统，检索结果将根据检索频次来决定排名。

3)手机实名。与互联网搜索中的网络实名类似，为手机用户提供类似“互联网实名”式的搜索服务，用户通过输入中文词汇就可以即时、快捷的浏览以该中文词汇注册的公司网站，或接通该公司的服务电话，而企业则可以通过这个方式实现宣传自身的目的，企业可以通过注册的方式获得唯一的公司实名，而移动搜索提供商则通过注册费获得收益。

手机的普及性、地域性和便捷性使得手机搜索引擎的竞价排名和关键词广告拥有更大的价值。广告收费模式源自于互联网搜索的盈利模式，因此更适合于与互联网搜索最为接近的综合搜索。通过综合搜索可以搭建一个广告平台，在移动综合型搜索中挖掘移动广告的价值和形式，打造以广告为核心的盈利模式。

(2)用户收费模式。用户收费模式主要是指向搜索用户收取费用的盈利模式，这种模式主要是源自传统移动业务。目前很多移动搜索业务还没有开始对用户直接收费，但随着移动搜索技术和产品趋于成熟，用户可以通过搜索服务得到便捷、准确的服务，移动搜索服务商可以通过以下两种模式针对用户端进行收费。

1)直接用户端收费。移动搜索服务商提供的移动搜索服务可以适当按次数直接收取一定的费用，但目前是移动搜索的市场培育期，所以几乎所有的移动搜索服务提供商都表示该业务“暂时”不考虑收取信息服务费用。随着这一市场的成熟，将来是可能收费的，但可以预测此类收费并非移动搜索用户端收费的主要部分。

2)间接用户端收费。用户在搜索自己需要的信息资源后，会需要浏览或者下载信息资源，这种信息资源在移动网络上往往是由移动运营商或 SP/CP 提供的，用户需要对内容支付信息费。这部分费用可以在搜索服务商、搜索技术商、移动运营商及 CP 之间进行分成，实现盈利的目的，这也是顺应了现有的移动增值业务盈利模式。

用户收费源自于移动业务的盈利模式，因此更适合用于与移动增值业务联系紧密的垂直搜索。垂直搜索的基础就是原有的移动网络增值业务，已经有了很好的计费平台和收费模式，只需将移动搜索引擎与现有业务内容进行有效整合，以最便捷、最有效的方式呈现给用户，就可以达到在现有移动增值业务基础上继续增值的作用，提高内容使用效率，形成以用户为核心的盈利模式。

现阶段，综合性的移动搜索引擎服务更偏向于采用广告收费模式，完全复制互联网搜索的盈利模式；而移动增值业务则倾向于将移动搜索作为现有业务的增值功能，只是将移动搜索作为促进用户使用内容的一个工具，更多的采用用户收费模式。

6.6　移动社区业务

6.6.1　移动社区特征

社区是依托于某种共同兴趣的基础而建立起来的线上社会空间，其另一种称呼为社会化网络服务。社会化是移动 Web2.0 业务特征之一，时下流行的诸多移动互联网业务或多或少的打上了社会化网络服务的烙印，在这些业务里，均支持社区的服务功能。由于社区里的内容为用户所创造并发布，因此社区服务也被视为 UGC 类的应用。

社区是一个社会学的概念，指的是由多个节点（通常是个人或组织）通过一种或多种特殊的关系（如友谊、交易、Web 链接等）相互连接而组成的网络社会结构，其发展的理论基础是美国哈佛大学的社会心理学家米尔格伦在上世纪 60 年代提出的六度分割理论。六度分割理论在互联网时代开始凸显其社会和商业价值，在 Web2.0 到来之后，越来越多的社区服务开始在互联网上提供，并积聚了大量的用户。随着移动互联网的发展，社区网络开始向移动领域渗透，个人/组织利用移动终端，借助移动网络实现相互联系，形成了移动社区。

借鉴互联网社区服务的特点，结合移动互联网的移动性和用户位置属性，可以看出，移动社区包含了移动性、与朋友沟通、接触并与陌生人沟通、个性化展示、个性化内容分享等特征，基于上述特征，移动社区应具备下列业务能力。

1）移动性支持：移动社区区别于基于固定互联网的社区服务的本质就在于其对移动性的支持，包括提供移动网站浏览支持、手机上传/下载资料、移动社区相关服务的信息短信通知等。

2）个人资料：提供个人基本信息的页面，如姓名、年龄、性别、爱好等。页面还包括到朋友等联系人个人资料页面的链接。

3）个性化页面设计工具：移动社区的目的是实现个人或群组之间的便捷发现和沟通，个性化页面设计工具也就成为移动社区的重要功能之一。

4）建立群组：用户可以在移动社区上发起、参与不同维度的群组，如基于爱好、基于地域、基于职业等。用户的联系人列表就是一个最基本的群组。

5）个人内容分享：移动社区提供基于手机的个人内容分享功能，如用户可将用手机拍摄的照片群发给其移动社区上的好友联系人等。

6）即时通信：即时通信已是全球最流行的互联网应用之一，移动社区可以提供用户从 PC 到手机、手机到手机的即时通信功能。

7）博客和论坛：移动社区应能为用户提供通过手机、PC 撰写关于他们生活及思想的博客功能，以及通过移动方式展开在线讨论的论坛功能。

6.6.2　移动社区业务的发展

从服务演进的路径来看，移动社区可以分为两类：第一类是由传统互联网上的社会化网络服务演进而来，这些互联网社区通过移动性的增强来提供移动社区服务，其特点是依托庞大的传统互联网用户群，逐步满足其用户的移动性需求，如 Facebook、MySpace 等，几乎所有的知名的互联网社区服务都推出了移动社区服务功能；第二类是纯粹基于手机的移动社区，无需传统互联网的支持，如中国移动网内的交友服务等。

由于基于传统互联网社区服务越来越普及，随着3G网络的发展、移动终端能力的加强，越来越多的社区服务商将为其用户提供移动化能力支持，如增加移动版服务、短消息通知、互动等，在增强用户黏性的同时也较好的培育了移动用户市场。向移动社区演进成为互联网社区提供商的发展方向。

韩国SKT于2001年推出的移动社区业务——赛我网就是基于传统社区发展起来的。赛我网是全球最成功的移动社区业务之一，在韩国拥有超过1 500万用户，占韩国总人口的1/3。赛我网的绝大多数用户都是20岁左右的年轻人，日访问量高达2 000万人次。

MySpace则通过与多家移动运营商的合作，推出了移动社区服务，如2007年MySpace与沃达丰展开合作，沃达丰用户可以通过手机访问MySpace、建立MySpace空间，发布照片和博客。其合作伙伴沃达丰还通过在一些手机上预装MySpace手机软件的方式来推动移动社区的发展。

移动社区与基于传统互联网的社区服务相比，有很多独特性，如可以提供基于位置的社区服务、手机推送内容功能等，如芬兰GeoSentric公司已经开发出提供基于位置的移动社区应用软件——GyPSii，并内置于诺基亚的手机中。2008年，GeoSentric开始与苹果iPhone合作，为iPhone提供移动社交网络服务。Dodgeball也是一个提供基于位置服务的移动社区应用，用户可以基于位置信息来搜索本地的用户，例如在纽约一家酒吧中的Dodgeball用户将轻易的找到在同一家酒吧饮酒的Dodgeball用户，Dodgeball已经被Google所收购。

根据ABI Research统计，2012年的全球移动社区用户数已从2006年的5 000万户增长到了1.74亿户，年均复合增长率达28%。

6.6.3 移动社区业务的商业模式

移动社区作为人们沟通、分享的平台，既拥有社会价值又拥有一定的商业价值。

在社会价值方面，移动社区服务最大程度的缩短了人们沟通的时间和空间的距离，有效的降低人们沟通的成本，提高了人们沟通的效率，将有助于促进人们沟通模式的转变和社会关系的整合。移动社区使用户之间的发现和沟通可以通过电子邮件、IM、论坛、博客、个人空间留言等方式实现，并能使节点之间的发现和沟通可以在任何时间和任何地点的状态下实现。在商业价值方面，移动社区是一个有效的通信服务、广告、媒体、关系分销市场：

1)移动社区打造了一个移动的市场空间，用户之间的相互发现、沟通能大大促进通信服务的销售；

2)基于个人的移动个性化关联网络将是未来重要的广告市场；

3)用户偏好、用户评论、推荐有助于数字媒体的分销；

4)人际关系的交易也将能够在移动社区上充分体现。

移动社区的商业模式主要包括面向终端用户的前向收费、面向广告主的后向广告收费、以及利用用户信息开发销售其他业务/产品的间接商业模式。

(1)终端用户收费模式。向终端用户收费模式根据收费内容的不同可以分为两种：

1)收取服务包月费，也就是说用户需要为使用移动社区服务而付费。

移动社区与其他移动增值业务类似，有着先天的收费渠道，因此尽管基于传统互联网的社区服务一般都是对用户免费提供，但有一些移动社区提供商采取了向终端用户收取功能包月费的商业模式。例如,Cingular 和 MySpace 合作推出的 MySpace Mobile 服务资费为每月 2.99美元,购买服务后,用户可以通过手机在 MySpace 的网页贴照片、写博客、发表评论邮件以及收发电子邮件等。

服务包月费的收费模式是一种明确的商业模式,服务提供商能够从用户规模上获得收益。但是,这种收费模式的发展取决于用户对其接受程度。这一模式比较适用于商务移动社区和婚恋交友型移动社区服务。由于移动社区服务能够对目标群体带来直接有效的价值,用户的支付意愿也相对较强。例如,全球最大的婚恋交友网站 Match.com,从 2003 年就开始提供在线约会服务的手机版本,收费为每个月 5 美元,用户可以通过手机发布自己的照片和个人信息,并且通过复杂的搜索寻找其他符合要求的约会者信息。

2)服务免费,以出售虚拟物品来盈利的模式。

以打造个性化生活空间为目标的移动社区服务商还可以通过直接向用户出售个人空间的道具、装饰等虚拟物品获取收益。这类服务的目标用户群倾向于花费大量的心思创建自己的个性化虚拟空间,SKT 的 Cyworld、腾讯的 QQ 以及日本的 Mobagetown 就是这种模式的成功案例。Mobagetown 是一个捆绑了免费游戏、社交网络功能以及虚拟社区功能的移动互联网网站,只在移动网上运营。Mobagetown 自从 2006 年 2 月开放以来,用户数呈现爆炸式增长,在一年半的时间里用户达到了 650 万户,目前平均每月的页面浏览量超过 100 亿次。

Mobagetown 用免费提供高质量的休闲游戏作为吸引用户的手段,网站提供大约 60 余款 Falsh 在线游戏和 20 余款 Java 游戏。为了玩游戏,用户不得不注册一个账号,一旦登陆,SNS 的所有特征一览无余,如博客、点评、圈子等等。系统还为注册用户提供一个网络虚拟形象,为了装扮自己的形象,注册用户需要获得"MobaGold"的虚拟货币来购买衣服、配件、宠物甚至家具、房间等。虚拟货币/虚拟形象的设置是 Mobagetown 盈利模式的基础,注册用户为虚拟形象配备的任何物品都直接或间接地为运营公司带来收入。

(2) 广告收费模式。移动社区作为移动互联网服务,毫无疑问广告也将是它重要的商业模式。移动社区服务拥有广告主所期望的广告投放的两大因素:用户规模覆盖和精准度。首先,用户和用户关联本身就是移动社区的产品,成功的移动社区服务商都会拥有庞大的活跃用户群,这在用户规模上能够满足广告主的需求。其次,移动社区服务除了拥有用户的个人简介等基本信息外,还掌握用户在使用移动社区服务过程中沉淀下来的用户偏好、生活形态等丰富的用户信息,这些能够在很大程度上满足广告主对于精确性的需求。除此之外,基于移动社区的广告能够实现更完整意义上的个性化广告。除了刚提到的基于用户偏好等信息所提供的个性化广告之外,移动社区还有一个更重要的特征,就是它掌握了用户与其好友,以及其好友的好友之间的关联关系,这种关系能够推进传统广告制作模式的演进。

尽管基于用户关联的广告代言推送模式有很大的商业前景,但是目前还存在着实践上的壁垒—用户和广告商之间的信任,如何营造用户和广告主之间的信任环境,是移动社区服务商所面临的挑战。

(3)面向终端用户提供其他收费业务/产品的模式。这种商业模式的基础是移动社区服务商拥有庞大的用户数据,这些信息能够为它进行新产品开发或销售其他业务/产品提供可靠的保障。各种数字媒体,如音乐、电影等数字产品的销售是最直接的表现形式。

微软的 Microsoft Live Space Mobile 是典型的移动社区服务,但它并没有直接从终端用户收取费用的计划,而是通过新业务/产品开拓间接的收益源。微软凭借 Hotmail、LiveMessenger 和 Live Space/Mobile 等免费服务，打造了一个庞大的用户关联数据库，其数据库目前约有 240 亿条用户联系人记录。微软进一步的计划是充分利用关联数据库的用户联系信息，快速开发新产品，实现用户联系信息在各服务中的自动更新，以及挖掘用户关联信息实现各类产品的交叉销售。

6.7 移动视频共享业务

6.7.1 移动视频共享特征

视频共享(Video Sharing)是 Web2.0 的环境下产生的新概念，指用户把制作的视频内容上传至第三方网站供他人浏览、下载的业务，其本质是 UGV(用户制作视频)和分享(开放给他人使用)。Youtube 是视频共享概念的倡导者，其视频共享业务获得了巨大的成功，2006 年时其网站日均视频浏览次数超过 1 亿次，日均新上传视频为 65 000 个，每月超过 1 300 万独立浏览者，Youtube 成为互联网历史上发展最快的网站，并因此而被 Google 以 16.5 亿美金价格收购。

移动视频共享则是在移动环境中实现的视频共享业务，其本质仍然是 UGV 和分享，但由于手机终端的随身性特征，使得用户能够随时随地的拍摄视频和上传视频，共享的视频内容更为及时，因此，相对视频共享而言，移动视频共享的媒体属性更为明显。

促进移动视频共享业务发展的因素主要有 3 个：第一，存储设备容量不断增加而价格不断下降，同时存储制式趋向标准化，使得手机可以和其他设备共享信息并进行升级；第二，人们倾向于用数字设备记录下对真实生活的体验，并愿意与他人共享；第三，移动上行带宽的提高，以及视频处理技术的增强，使得视频在移动网上的传输成为现实。

6.7.2 移动视频共享业务的发展

从业务实现方式来看，移动视频共享可以分为两类，一类是纯粹的移动互联网上的视频共享，没有互联网侧的支持，用户只能通过手机实现视频的上传、管理、浏览、搜索和下载；一类是手机上的视频共享业务与传统互联网上的相通，用户通过手机上传的视频同时也在固定互联网网站上出现，用户既可通过手机也可通过 PC 来使用视频共享业务。从当前的发展情况来看，由于移动互联网的封闭性特征，多数移动视频共享业务还是限制在移动网内实现。随着移动网与互联网的深度融合、网页全浏览技术的推广，移动视频共享业务也将实现与传统互联网视频共享业务的融合，手机将与 PC 一样，成为用户使用视频共享业务的工具。

大多数著名的视频共享网站都通过与移动运营商的合作推出了移动视频共享业务，如 Youtube 与 Verzion、沃达丰等分别建立了在移动视频共享领域的合作关系，Youtube 还计划推出自主的移动版 Youtube 服务。移动运营商对移动视频共享业务非常看好，除了与视频共享网站合作之外，也有一些运营商推出了自有品牌的视频共享业务。

1)SKT。SKT 已经把 UGC 发展重心从移动社区网络转移到视频共享领域。2006 年 11 月初 SKT 将其移动多媒体服务“June”的“成人服务”按键改为“UGC 视频”，实现与 Pandora TV，Damoim aura，Mncast，Freechal Q，Yahoo korea Yammy 以及 Diodeo 等 6 家专业视频分享网站的互动，提供热门 UGC 内容在移动终端上的播放。

2) Vodafone。2007 年 2 月，Vodafone 与 YouTube 合作，推出了视频共享业务。Vodafone 的移动 YouTube 服务将首先面向英国用户推出，用户可以在手机上选择视频节目、转发视频链接、上传和搜索视频片断，Vodafone 计划不久将在其他欧洲国家市场推出这一服务。Vodafone 计划根据用户上传视频节目的数量以及观众收看的次数向提供者付费，因此用户不仅可以与他人共享视频内容，而且还可以从中获取收入。

3)和黄"3"公司。英国"3"公司从 2005 年 10 月就与 YoSpace 合作推出了移动视频共享业务—— See Me TV。该业务让用户可以通过手机发送 MMS 上传自己的视频内容，与他人分享，并可以从自己制作的内容下载收费中获得 10%收入分成，其余部分由"3"公司与 YoSpace 再次进行分成。该业务推出一年，视频下载次数就达到了 1400 万次，向内容制作者支付了 30 万英镑。

4)新加坡 M1 公司。新加坡移动运营商 M1 推出了用户制作及共享视频业务——MeTV，用户可以通过 MMS 上传视频内容，其他用户可以浏览并下载。这项业务为用户提供了一个展示自己和了解他人的平台。

这个业务也建立了与用户分成的模式，用户可以从自己上传的内容中获得利润，用户上传的视频内容，被他人下载一次，用户就可以获得 0.05 新元。自从 2007 年 3 月该业务推出以来，已经有超过 4 万名用户，收入最高用户已达到 50～100 新元。

视频共享业务的发展前景不仅吸引了移动运营商，也吸引了众多的视频应用提供商，通过技术的创新为用户提供适合于移动网络的视频制作、编辑、管理工具，促进了移动视频共享业务的发展。

6.7.3　移动视频共享业务的商业模式

移动视频共享的价值在于用户直接参与到内容的制作中，满足其创作及与他人分享经历需求；并且，由于用户参与制作内容，使得移动互联网上的内容丰富程度大为增加，发现并合理利用有价值的内容会给业务提供商带来一定的收益，通过与用户分享收益的模式，更进一步刺激用户的创造热情。

作为一项创新的业务，移动视频共享还没有形成明确的商业模式，无论是互联网业务提供商还是移动运营商都在探索它的商业模式。当前移动视频分享业务已经出现了与提供内容的用户分成、向用户收取月租费和赚取广告费等盈利方式。

与提供内容的用户分成的模式是移动 UGC 类业务的一个特色。在互联网上，UGC 的内容大多是免费提供和分享的，而在移动网络上，制作内容的用户可以赚钱。移动运营商可以向下载这些内容的用户收费，所获得的收入将在移动运营商、内容提供者以及平台提供商(如果有的话，如 MySpace)之间进行分成，如图 6.5 所示。

基于这种商业模式，截至 2011 年 9 月，3UK 收到 100 万多部用户上传的短片，平均每月短片的下载次数超过 1 000 万次。除去支付给作者的 200 万英镑，3UK 的毛利率达到 90%。3 UK 对共享的短片进行监控，禁止色情和暴力内容。当然，也会有一些灵活处理，因为用户最喜欢的类型也包括美女图片和闹剧性的幽默。3UK 通过 PayPal 的 MassPay 服务在内容发布 45 天后向作者支付现金，但前提是作者需累积 10 英镑以上的收益。3UK 获得的另一个边际收益是掌握了用户信息。用户需注册一个有效的电子邮箱和 PayPal 账号才可以向 See Me TV 提供内容。

与用户分成使得每个用户都可以成为一个内容提供商，这将极大刺激用户的积极性，创作出更好的内容，同时也提高了用户黏性，那些拥有高下载率的内容制作者可以获得可观的收入，移动视频分享业务可以成为每个用户赚钱的新方式。

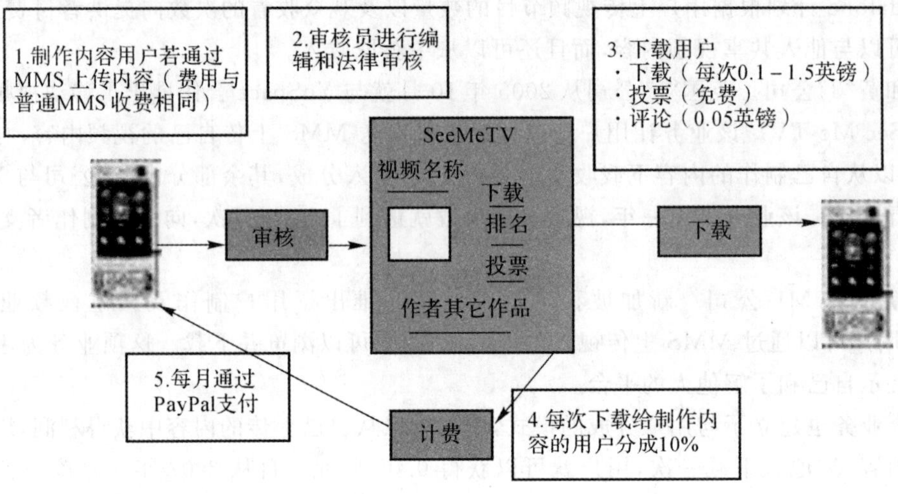

图 6.5　See me TV 业务分成模式

6.8　移动 SaaS 业务

6.8.1　移动 SaaS 特征

SaaS(Software as a Service—软件即应用)是一种创新的软件应用模式。它通过互联网提供软件服务，SaaS 的提供商将软件统一部署在特定的服务器上，客户可以根据自己的实际需求，通过互联网向提供商定购所需的应用软件服务。

一般而言，SaaS 有两种类型。

1)面向企业的服务：向各种规模的企业和组织提供的服务。面向企业的服务通常是可定制的大型商务解决方案，旨在协助开展财务、供应链管理以及客户关系等商务工作。这种服务通常采用用户订购的销售方式。

2)面向个人消费者的服务：向公众用户提供的一类服务。面向个人消费者的服务有时以用户购买的方式销售，不过通常免费提供给用户，从广告中赚取收入。

SaaS 通常指面向企业客户的服务。通过在互联网上部署服务，SaaS 提供商可以降低软件维护成本，并利用规模经济效益将客户的硬件和服务需求加以整合，这样就能提供比传统软件厂商价格低得多的解决方案，可以大幅减少客户增加 IT 基础设施建设的需要。因此，SaaS 提供商能面向全新的客户群开展市场工作，实现软件服务的长尾销售。SaaS 最早在美国出现，推出后赢得了不想在 IT 系统上投入过多的中小企业的青睐，并且当传统的企业软件越来越复杂且维护成本越来越高时，SaaS 模式的服务也开始被一些大型企业采用。据 Gartner 预测，SaaS 将在全球范围内快速成长，到 2013 年，市场总额将从 2006 年的 63 亿美元增长到 192 亿美元。

移动 SaaS 是在移动互联网上部署的软件服务，移动运营商针对移动终端所具有的移动性和处理能力的局限性，把各种应用定制化，通过移动互联网实现移动信息化的托管服务。移动 SaaS 不仅具备 SaaS 的所有功能，而且由于移动性，可以使得客户随时随地的接入到所定制的服务中。移动 SaaS 可以包含移动商务、移动办公、邮件系统、移动消息服务等许多组件，企业用户根据需要自由定购，移动 SaaS 提供商为其整合服务，实现企业的信息化。其中移动商务通常用于企业的主动营销和 mCRM(移动的客户关系管理)以及企业日常经营中的移动盘存和物流管理等；移动办公实现了网上办公自动化，通过手机门户来进行流程审批、邮件管理等。

移动 SaaS 是一个新兴的行业，既可以由软件提供商、解决方案提供商提供，也可以由运营商提供。由于单一的软件往往不能满足用户全部的需求，需要一个产业主体进行各种服务的整合，因此软件提供商往往联合移动运营商，由移动运营商进行服务整合，联合软硬件提供商、系统集成商、行业终端提供商和平台提供商，向用户提供无缝协同和管理的业务体验。

Clickatell 是一家提供全球移动消息服务解决方案的公司，该公司跟许多大型移动公司合作，为个人、中小企业甚至大型企业提供各种短消息服务，基于其解决方案，用户可以可靠安全的、以各种形式发送和接收短消息，该公司已经赢得了 BBC，CNN 等许多大型企业客户，并获得了约 8000 左右的中小企业客户。Clickatell 非常重视中小企业用户市场，根据 Portio Research 公司的报告，到 2012 年，全球短消息市场规模将达到 670 亿美元。Clickatell 将通过改善其 IT 基础设施、扩大网络覆盖等来确保短消息服务的质量，以赢得更大的市场份额。

中国移动的 ADC 也是移动 SaaS 的一种，中国移动联合传统的 IT 服务提供商构建了信息化应用的产品和服务平台，中小企业的客户通过手机或者互联网的方式，以租赁和按需缴费的方式远程登录和使用 ADC 服务，如图 6.6 所示。

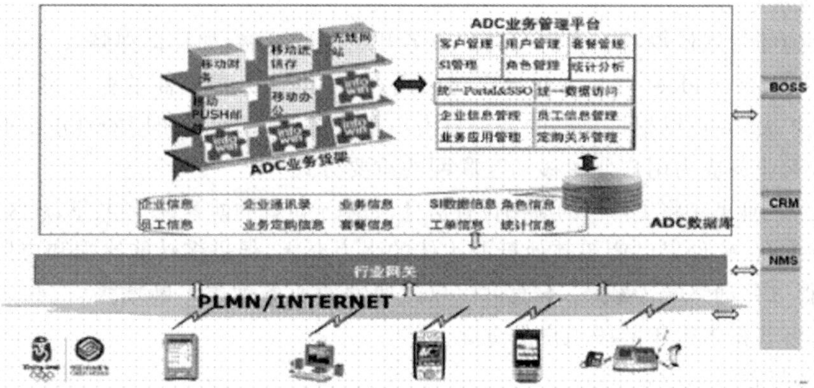

图 6.6　ADC 服务模式

6.8.2　移动 SaaS 业务的商业模式

对于中小企业来说，信息化建设往往需要投入过多的人力和财力，因此，中小企业信息化是信息化发展中的一个瓶颈。例如在我国，中小企业的生命周期很短，平均寿命只有 2.9 年(数据来源：全国工商联)，生存压力比较大，而这些企业又具备市场变化非常快、产品更新快、营销策略变化快、业务运作变化快等特点，对实时掌握信息的需求实际上是很大的。中小企业建立一套自己的信息化系统显得力不从心。

移动 SaaS 的出现适应了中小企业对信息化建设的需求，其用户价值在于为企业客户提供了一个低成本的企业信息化途径，而对运营商来说，通过移动 SaaS，则能够满足企业的需求，挖掘出中小企业用户中的长尾部分，充分利用规模经济，使得在应用服务上的投入获得最大化的收益。

移动 SaaS 是面向企业客户的新型业务，其商业模式主要是向用户收费的模式，即企业用户购买服务并为之付费。

6.9 移动互联网业务的发展前景

尽管已经出现了多种多样的移动互联网业务，但总体来看，这一市场还处在发展初期。移动即时消息、移动社区、移动搜索、移动广告以及移动视频等多项新型业务和应用的渗透率还不高。

随着移动互联网基础设施的完善，市场参与者对移动互联网产业的重视程度的提高，各类满足用户需求的新型业务将快速发展，为产业的参与者带来更多的收入。

预计在 3～5 年里，移动互联网业务的发展将呈现以下趋势：

(1)整体发展趋势：

1)移动互联网业务快速发展，用户规模不断扩大。

2)互联网 Web2.0 业务向移动互联网大规模搬移，具备 Web2.0 特征的移动互联网业务渐成主流。

3)移动互联网和固定互联网互通服务增强，全网页浏览业务广泛推广。

(2)业务发展趋势：

1)基础设施的发展使得对带宽需求高的业务开始快速发展，如移动视频共享等。

2)移动 Mashup、widget 等技术开始广泛应用，并使得业务提供商的业务更加发散化，用户的选择余地扩大，并可以根据自己的需求自由组合业务，实现业务使用的真正个性化。

3)移动搜索业务成为用户使用移动互联网的重要方式。

4)移动互联网业务中将更广泛的应用位置信息，如基于位置的博客、视频共享、社区、搜索等。

5)终端提供商、软件提供商等其他行业主体的强力介入，促进多功能终端和应用导向终端的发展，将使得以移动终端为载体、不通过门户或搜索的业务种类不断增多，这些业务简单易用、更新快捷，将获得多个年龄段用户的青睐。

(3)市场参与者：

1)众多市场参与者都看好移动互联网业务市场，因此将加大参与力度，从网络、终端、业务开发等各个方面推动移动互联网业务的发展。

2)宽带无线接入技术的发展相对滞后与蜂窝宽带技术的发展，因此，移动运营商将保持市场主导者的地位，其不仅通过与互联网业务提供商的合作来提供新型业务，也将大力发展自主的移动互联网业务，以巩固其市场主导地位。

3)互联网业务提供商将会把移动互联网业务作为发展重点，以与固定互联网互通、内容共享的形式吸引用户，不仅保持与移动运营商的良好合作，也会发展一些自主经营的业务。

4)终端设备商、消费电子产品提供商等其他主体仍将以终端＋连接的方式来布局移动互联网业务，实现传统优势在移动互联网上的迁移。

(4)盈利模式的发展趋势：

1)移动互联网业务的盈利模式更加多样化，不仅可以凭借流量和内容向用户收费，而且可以实现后向收费。

2)后向收费的广告模式凭借精准的移动广告投放将得到快速的发展。

3)由于用户参与到内容的生产中，与用户分成的模式也会占据一部分市场。

从以上分析可以看出，移动互联网及其带动的相关产业将成为全球的核心产业之一，产业参与者的数量、类型空前丰富，同时带来巨大的产业创新机遇：

4)电信运营业、终端制造业、互联网服务业、软件服务业、消费电子业、数字内容产业将共同在移动互联网产业中做出巨大投入，所有参与者都可能成为竞争对手和合作伙伴，移动互联网成为全球竞争最激烈的领域但同时带来众多的创新；

5)移动互联网业务、各产业融合加速，产业边界日渐模糊，任何封闭、竞争不充分、业务不丰富的产业都会遭遇前所未有的冲击；

6)终端将再次成为全球创新关注的核心和竞争的焦点，终端产业的竞争将更为复杂，出于相同的目标，互联网巨头、消费电子巨头和原有终端巨头等共同参与到竞争中来，促进终端产业链从封闭走向开放。

6.10　移动运营商的业务机遇和挑战

移动互联网正在成为备受关注的新兴产业，移动运营商、传统互联网业务提供商、终端设备商以及其他行业的主体都在循着不同的路径向移动互联网挺进。特别是互联网 Web2.0 的移动化，为移动互联网的发展注入了新的活力。在移动互联网业务发展的过程中，业务的用户体验是业务提供商关注的焦点，内容成为业务发展的支撑，因此，无论是哪一类产业主体，都在想方设法的无限接近用户，采用新的技术来提高用户的业务体验，并把内容作为吸引用户、黏着用户的工具。

对移动运营商而言，其掌握着庞大的用户资源，拥有高覆盖率的网络基础设施，计费、鉴权能力一应俱全，一些运营商甚至通过定制终端的方式掌控了终端设施，并且在移动互联网发展初期，移动运营商已经凭借移动增值业务培养起用户的收费意识，这为移动互联网业务发展中建立向终端用户收费的模式而不仅仅依靠广告模式奠定了基础。从理论上来看，移动运营商应是发展移动互联网业务的最好主体，见表 6.1。

表 6.1　市场主要参与者的能力比较

	用户控制力	网络和平台控制力	终端控制力	产业链/合作者控制力	业务创新和研究能力
移动运营商（中国移动、沃达丰……）	强	强	较强	强	弱
搜索引擎和平台提供商（Google、微软……）	较强	弱	弱	一般	强
互联网业务巨头（Youtube……）	一般	弱	弱	一般	强
终端厂商（苹果、诺基亚……）	较强	弱	较强	较强	弱

在话音业务 ARPU 持续下降的情况下,发展移动互联网业务正在成为移动运营商的战略重点。但是移动运营商在开展新型业务时在经营理念、组织架构、互联网业务开发能力等方面还存在很大欠缺。与此同时,各个领域的竞争对手也在以不同的优势在争夺产业整合者的地位。

移动互联网业务的发展为移动产业的发展开辟了更为广阔的空间同时,也给移动运营商带来了巨大挑战,主要体现在下述几方面。

(1)移动运营商面临着被管道化的威胁以及如何开放网络的抉择。随着移动互联网业务的产生,移动运营商面临着从简单提供无线连接向控制业务和应用可用性的转变。为了促进新型业务的发展,移动运营商需要提供一个开放的环境以使得业务和应用能够在移动互联网和固定互联网之间互通。一旦网络开放,移动运营商将面临成为数据通道的危险——数据流量不断增长,基础设施投资增加,但 ARPU 并不会相应提高。

许多移动运营商采用统一费率的数据业务资费方式来推进移动互联网业务的普及,这一举措意味着移动运营商的业务收入面临着低资费甚至免费的应用的威胁(如 IM 和 VoIP)。与此同时,出于保护网络资源的目的,移动运营商在统一费率的基础上对数据资费设置上限,并采取相关的技术如深度包检测(DPI)来限制网络中大数据量的传送。

即使运营商不开放网络,移动 Mashup 等技术的发展已经使得移动互联网的使用无需通过移动运营商的门户,而只需要借助运营商的通道。

开放网络和应用不仅给移动运营商带来了挑战,也为移动运营商创造出超出其门户网站之外的新收入源,例如移动搜索服务,跨越移动运营商门户的开放式搜索服务不仅为移动运营商提供了差异化的服务,而且有助于其门户网站访问量的增长。

(2)移动互联网产业环境正在形成之中,移动运营商能否成为产业的主导者?在融合性形成过程中,不同产业原有的运作机制、资源配置方式都在改变,产生了更多新的市场空间和发展机遇。为了把握住机遇,相关领域的企业都在积极转型,充分利用在原有领域的传统优势,拓展新的业务领域,争当新型产业链的整合者,以图在未来的市场格局中占据有利地位。

移动互联网是多个融合的产物,多个行业主体通过新型终端或者终端中内置应用的方式加强对用户资源的掌控,努力在消费者心中突出内容和服务价值的同时,淡化了移动运营商接入服务的作用,这一举措从一定程度上预示着运营商在未来通信产业新格局中的地位将会面临巨大的挑战。

对移动运营商而言,尽管存在着成为产业主导者的诸多便利之处,但是在互联网业务提供商、终端设备商、内容服务提供商、电子产品制造商等多个产业主体的共同努力下,移动运营商的地位受到了挑战。

(3)移动互联网业务商业模式还不清晰,但对移动运营商现有模式的负面影响已经显现商业模式创新是推动移动互联网发展的主要驱动力,而现有的主流商业模式受限于传统互联网企业和移动运营商的传统思维模式:传统互联网企业以广告为主要盈利模式,移动运营商则主要依靠流量费以及与 CP 的分成。

一方面,移动数据资费形式在向包月制方向发展,运营商从流量中获得的收入是有限的,必须依靠内容和服务拓展盈利模式,以提高用户 ARPU 值;另一方面,在新型业务中,用户成为内容的创造者,内容生产者与消费者的界限将越来越模糊,用户可以依靠自己生成的内容获得收益,原有的收益在产业上下游企业间分配的模式被打破。

第7章 移动互联网WAP开发

随着移动通信技术的进步，移动宽带飞速发展，高性能的智能移动终端逐渐普及，越来越多的人开始使用手机上网，移动互联网应用的需求也日益增长。本章主要从无线移动应用协议(WAP)的工作原理与架构、开发环境以及开发语言及其今后的发展等几个方面介绍移动互联网的网站开发。

7.1 WAP工作原理与架构

7.1.1 WAP概述

WAP协议是一个开放式的标准协议，可以把网络上的信息传送到移动电话或其他无线通讯终端上。WAP是由爱立信(Ericsson)、诺基亚(Nokia)、摩托罗拉(Motorola)等通信业巨头在1997年成立的无线应用协议论坛(WAP Forum)中所制定的。它使用一种类似于HTML的标记式语言WML(Wireless Markup Language)，并可通过WAP Gateway直接访问一般的网页。通过WAP，用户可以随时随地利用无线通讯终端来获取互联网上的即时信息或公司网站的资料，真正实现无线上网。

通过WAP这种技术，就可以将Internet的大量信息及各种各样的业务引入到移动电话、PALM等无线终端之中。无论在何时、何地只要需要信息，打开WAP手机，用户就可以享受无穷无尽的网上信息或者网上资源。如综合新闻、天气预报、股市动态、商业报道、当前汇率等。电子商务、网上银行也将逐一实现。通过WAP手机用户还可以随时随地获得体育比赛结果、娱乐圈趣闻等，为生活增添情趣，也可以利用网上预定功能，把生活安排的有条不紊。

7.1.2 WAP工作原理

作为开放性的全球规范，WAP可以使移动用户利用无线电设备方便地访问或交互使用Internet应用信息和服务。前文述及，在Internet中，一般的协议要求发送大量的主要基于文本的数据，而标准Web内容很难在移动电话、寻呼机之类移动通信设备的小尺寸屏幕上显示。同时，在用户单手持机的情况下，屏幕间的内容切换也很不方便，并且HTTP和TCP/IP协议也没有提供针对无线网络的非连续的信号覆盖、长时间的延时以及对有限带宽所进行的优化处理。在Internet中，HTTP协议不是以压缩的二进制方式，而是以效率不高的文本格式发送标题和命令。因此，如果在无线电通信服务中使用普通Internet协议，则会导致速度慢、成本高且难以大规模应用等问题，而且无线电传输的延时还会造成其他一些问题。

为了解决此类问题，WAP进行了很多优化处理。比如，利用二进制传输经过高度压缩的数据，并对长延时和中低带宽进行优化。WAP的会话功能可以处理不连续覆盖的问题，并能自动地在IP不可用时改用其他优化协议来进行各种信息传输。通过使用WML语言编写网页,WAP还解决了Internet页面不能在移动通信设备上显示的问题。运用WML编辑的网页可在手机的微浏览器上产生按钮、图示及超链接等功能,并可提供信息浏览、数据输入、文本和图像显示、表格显示等功能,大大减小了在移动设备上浏览网页内容的复杂程度。

另外,WAP通过加强网络功能来弥补便携式移动设备本身的缺陷,工作时尽可能少地占用移动通信设备的资源,比如CPU、内存等。与Web对Internet的作用一样,WAP在应用层上隐藏了GSM的复杂性,给用户提供了类似于普通Web页面的友好性。WAP还通过使用类似于javascript的脚本语言WMLScript,来使移动通信设备先将信息进行处理后再发给服务器。WAP还通过无线电话应用WTA来实现呼叫控制等诸多电话功能。

WAP标准下的移动终端均配备了一个微浏览器,该浏览器采用了一种类似于卡片组的工作方式。用户可以通过卡片组来浏览移动网络运营商提供的各项Web业务。工作时,移动终端用户首先选择一项业务,该业务会将卡片组下载到移动终端,然后用户就可以在卡片之间往返浏览,并可进行选排或输入信息,以及执行所选择的工作等。而且,浏览到的信息可以高速缓存,以便供以后使用,卡片组也可以高速缓存并可做成书签以备快速检索之用。该浏览器同时还对电子名片、日历事件、在线地址簿和其他类型内容的格式提供了相应支持。

7.1.3 WAP的系统构架

WAP是通过手机访问Internet,它既来源于Internet,又和Internet有本质上的区别。我们在使用不同技术进行网站开发的时候,应该熟知其具体工作原理,进行相应的开发。我们先来分析一下Internet中Web服务器的工作原理,如图7.1所示。从图中我们可以看出,客户向URL所指定的WEB服务器发出了请求,WEB服务器根据请求的程序返回相应的内容至客户端,二者就是按HTTP协议进行交互的。客户端发出一个以HTTP开头的URL请求时,WEB服务器端的程序可能是CGI程序、或静态网页,或SERVLET程序,也可能是其他服务器端程序,但它们均以HTML格式将相应的内容返回给客户,这样客户就可在浏览器上的看到返回的内容。

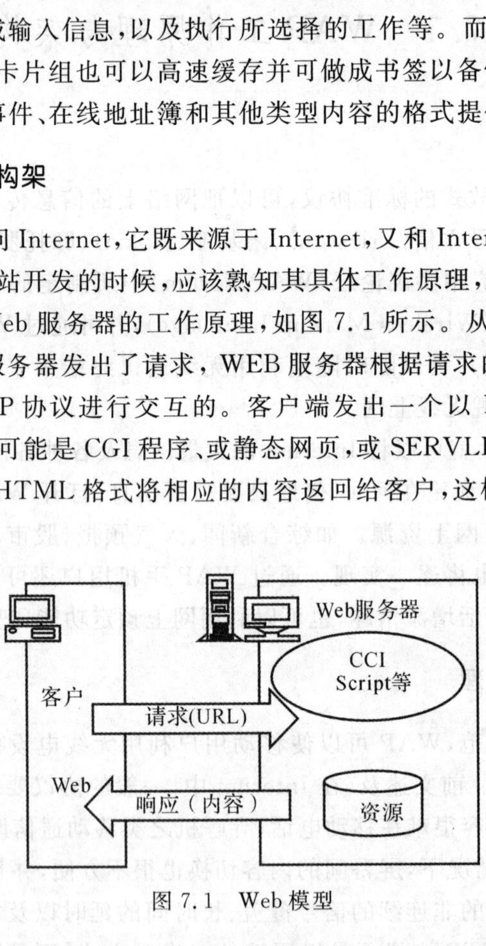

图7.1 Web模型

WAP网络架构由三部分组成,即WAP网关、WAP移动设备和WAP内容服务器,如图7.2所示,这三部分缺一不可。其中WAP网关起着协议的'翻译'作用,是联系GSM网与万维网的桥梁;WAP内容服务器存储着大量的信息,以提供WAP移动设备用户来访问、查询、浏览等。当用户从WAP移动设备键入他要访问的WAP内容服务器的URL后,信号经过无线网络,以WAP协议方式发送请求至WAP网关,然后经过'翻译',再以HTTP协议方式与

WAP 内容服务器交互,最后 WAP 网关将返回的内容压缩、处理成 BINARY 流返回到客户的 WAP 移动设备屏幕上。

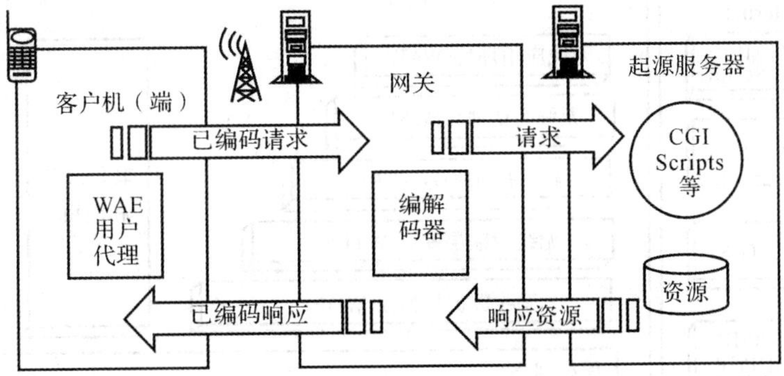

图 7.2　WAP 模型

WAP 移动设备就是指支持 WAP 协议的移动用户终端。在它内部装有微型浏览器,用户可以采用简单的选择键来实现服务请求,并以无线方式发送和接收所需要的信息。WAP 移动设备显示按照 WML(Wireless Markup Language,无线标记语言)格式化后的各种文字图像数据。一个典型的 WAP 移动设备就是 WAP 手机。与普通手机相比,WAP 手机除了内置的微型浏览器以外,还有内置的 Modem。用户是通过拨号的方式连接到 WAP 网关的。这个过程与使用个人电脑和 Modem 连接到 Internet 没有什么大的区别。因此在使用 WAP 手机的过程中,设定拨号号码和网关的 IP 地址是不可缺少的。

WAP 网关主要完成两个功能:实现 WAP 协议与 Internet 协议之间的转换;WML 内容编码和解码。通过将 WAP 用户的请求转换为 HTTP 请求完成请求代理过程,通过对返回的内容进行编码压缩来减少网络数据的流量。既然 WAP 手机使用的是拨号连接网关,那么也就意味着不一定要连接到移动提供商的网关上才可以连接到 Internet。对于有条件的个人、公司或企业完全可以建立自己内部的 WAP 网络。

信息服务器为客户提供基于 WAP 的各种服务。现在 Internet 上的很多应用已经成功地移植到 WAP 上。例如:股票交易、天气预报、车船时刻表等。一些专业应用也正在向 WAP 转移。例如:SMTP 服务、POP3 服务、Telnet 服务、FTP 服务等。

WAP 定义了一个分层的体系结构,为移动通信设备上的应用开发提供了一个可伸缩和可扩充的环境,WAP 体系结构的每一层协议或其他服务和应用程序可与它下一层协议直接对话。通过精心设置的一系列接口,外围服务和应用程序可以利用 WAP 体系提供的各种功能,包括直接使用会话层、交易层、安全层、传输层等。图的左部是 Internet 的各个层次,右部是 WAP 的各个层次。图 7.3 中,同时列出了 Internet 和 WAP 的系统层次结构。比较一下可以看出,WAP 的结构层次要比 Internet 复杂得多。虽然 WAP 的整个结构层次比较复杂,但是,由于它底层的大部分工作都是由电信部门和移动电话公司通过相关软硬件系统来完成的,因此总的来说,我们只需要关心 WAP 应用层的开发工作。这一点也与 Internet 中 HTML/JavaScript 层的开发工作类似。另外,在我们进行 WAP 开发时,由于 WAP 各部分的协议与 Internet 上的协议有着一定的对应关系,所以我们可以使用现有的 Internet 服务器来实现 WAP 相关服务。

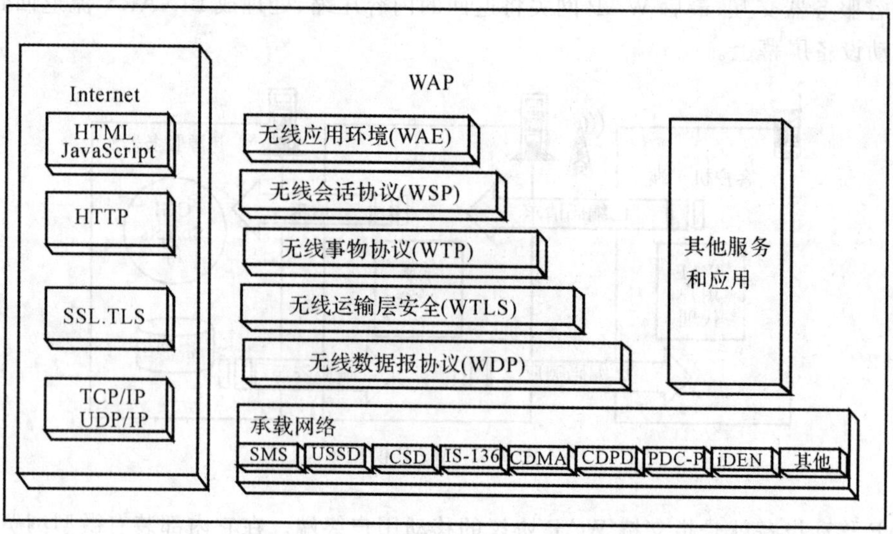

图 7.3　WAP 与 Internet 系统结构层次比较

7.2　WAP 开发环境

7.2.1　WAP 测试环境

专为手机度身设计的网页，简单易用，适用于移动网络，可以快速下载和呈现网页内容，因此用户就会得到更好的体验。但是，与设计桌面系统使用的网站不同，要设计和开发手机专用网站，必须首先建立一个适用的测试环境。对于 WAP 初学者来说，了解测试环境是十分必要的。WAP 的测试环境可以分为 3 种：浏览环境、模拟环境和实际环境。

1. 浏览环境

建立浏览环境十分简单，网上提供很多免费下载的 WML 浏览器。例如：WinWAP 就是一个在 Windows 操作系统下运行的 WML 浏览器。只要输入提供 WML 内容服务的 URL 地址，就可以浏览 WML 页面。操作过程和 Internet Explore 十分像。另外 Opera 也是不错的 WAP 浏览器，支持 WAP1.0 和 WAP2.0，即 WML 和 XHTML 标签的解释。我公司(大连网前科技有限公司)就采用 Opera 作为浏览环境测试的工具，不仅如此，Opera 还有类似于 Firefox 下面 Firebug 的测试插件，可以方便的测试整张页面的标签，标签，脚本，网络封包等。

这种方式的优点是实施简单迅速，操作简单易学。但是由于是 Windows 下的浏览器，支持大部分的 WML 标记，窗口界面可以扩大和缩小。缺点是所看到的情况和手机上的模拟差别很大。另外也不提供编辑、编译和调试集成环境。

2. 模拟环境

模拟环境是通过使用由移动电话公司所提供的 WAP 手机模拟器来实现 WML 浏览。在网上能免费下载的模拟器有 Nokia WAP Toolkit、Ericsson R380 Emulator、Ericsson WapIDE、UpPhone UP Simulator、Motorola Mobile ADK 等。其中 Nokia、Motorola 和 Ericsson 提供了比较完整的集成开发环境。每个公司的模拟环境都有相应的说明文档，使用时候参照环境的说明文档即可,不浪费时间,在此不再一一说明了。推荐 Nokia WAP Toolkit,功能强大,界面好,使用方面,也是我公司(大连网前科技有限公司)的首选。

3. 实际环境

虽然使用模拟器可以非常简便地测试手机专用网站,与真机的效果基本相同,但是与桌面系统不同的是,测试手机专用网站会受到很多限制:手机上的浏览器无法打开本地网页,只能通过 Web 服务器访问。WAP 测试的实际环境中需要 WAP 手机、网关及服务器三部分。根据网关所在的位置不同,实际环境的建立分为 3 种:使用移动营运商的拨号和网关、使用公共网关和使用自己设立的网关。

相比之下,使用移动营运商提供的 WAP 网关,费用要比其他两种方式要少。实际环境的建立需购买一些主流的 WAP 手机,开通 WAP 服务。在 Internet 上有一台 Web 服务器可供测试使用。将 WAP 手机连接到现有的网关,就可以真正地享受 WAP 服务了。当然,目前每一次测试可能要交纳一定的费用。最终的测试必须在此环境下进行,因为市场上手机型号千差万别,效果各不相同,只有在此环境下才能真正确定自己的 WAP 系统是否能最终在用户手中良好运行,建议使用运营商的 WAP 网关,性价比较高。目前许多虚拟主机都提供此种 WAP 网关,确认虚拟主机支持 WAP 后直接将 WAP 网站放上去即可用手机访问测试。

7.2.2 WAP 开发工具

随着 WAP 技术的发展和迅速普及,许多移动通信设备公司以及 WAP 发展商纷纷推出了自己的 WAP 应用开发工具。为便于大家熟悉这些开发工具,我们这里简单介绍几个主流的 WAP 工具包 iOS Simulator,Windows Phone 7 Emulator,Android Emulator 及 BlackBerry 模拟器。

1. iOS Simulator

苹果公司为 iPhone 和 iPad 开发者提供了开发工具,在该开发工具内提供了一个模拟器用来测试应用程序。模拟器中包含有 Mobile Safari 浏览器,也可以用来测试网页。当前,苹果的 iPhone,iPad,iPod 产品内置的操作系统被统称为 iOS,所以,这些产品的开发工具也被统称为 iOS SDK。

iPhone 模拟器与 Xcode 都位于同一个安装包内,可以通过网址 https://developer.apple.com/xcode/index.php 下载 Xcode。下载之前需要按照向导指示注册一个 Apple 开发者账号,这个是自由注册的,登录后即可下载。

下载的是一个 DMG 镜像文件(下载链接位于网页右侧底部),MAC 系统可以直接打开 DMG 镜像文件,然后执行其中的安装程序(扩展名为 PKG 或 MPKG)启动安装向导,按照安装向导的指示就可以顺利地将其安装到系统上。

iPhone 模拟器即 iOS Simulator 应用程序,该应用程序位于 mac_sys/Developer/Platforms/iPhoneSimulator.platform/Developer/Applications/文件夹中,如图 7.4 所示。双击便可启动 iOS Simulator,稍等片刻即可看到如图 7.5 所示的模拟器了。

iOS Simulator 可以模拟不同版本的 iOS,包括 iPad。在顶部菜单栏的 Hardware→Device 菜单中选择 iPad 命令即可转换为 iPad 模拟器;也可以从顶部菜单栏的 Hardware→Version 菜单中选择不同的版本;还可以使用 Hardware→Rotate Left 命令和 Hardware→Rotate Right 命令模拟旋转手机,每选择这两个菜单一次就旋转 90°。

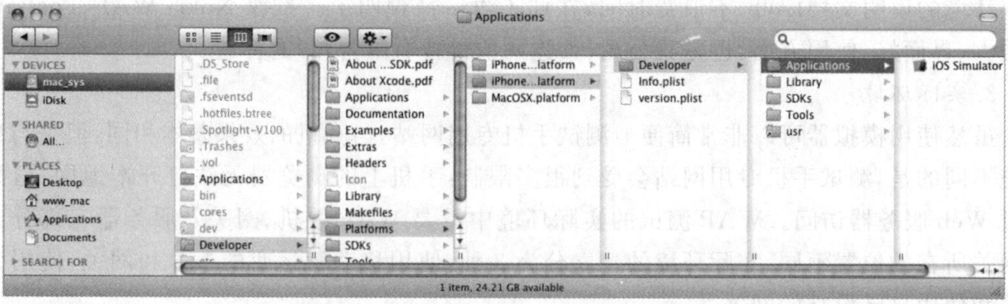

图 7.4　启动 iPhone 模拟器

2. Windows Phone 7 Emulator

微软为 Windows Phone 7 开发者提供了开发工具，在该开发工具中提供了一个模拟器用来测试应用程序。模拟器中包含有 IEMobile 浏览器，也可以用来测试网页。

Windows Phone 7 模拟器位于 Windows Phone SDK 中，可以通过网址 http://www.microsoft.com/download/en/details.aspx?displaylang=en&id=26648 下载 Windows Phone SDK。

可以选择下载在线安装程序 vm_web.exe，然后执行该程序进行在线安装；也可以选择下载离线安装包。下载的是一个 ISO 镜像文件（下载链接位于网页底部），可以将它刻到 DVD 光盘上，也可以使用一个虚拟光驱打开，运行其中的 setup.exe 即可启动安装，按照安装向导的指示就可以顺利地将其安装到系统上。最后启动 Windows Phone 7 Emulator，稍等片刻即可看到如图 7.6 所示的模拟器。

图 7.5　iPhone 模拟器

图 7.6　Windows Phone 7 模拟器

3. Android Emulator

Android 是 Google 在 2007 年 11 月公布的手机系统平台，早期由 Google 开发，后由开放手机联盟（Open Handset Alliance）开发。Android 包括操作系统、用户界面和应用程序——移动电话工作所需的全部软件，并且是开源的。

Android 模拟器位于 Android SDK 中，可以从网址 http://developer.android.com/

sdk/index. html 下载 Android SDK。

Android SDK 需要 JDK5 或 JDK6 支持，因此还需要到网址 http://www. oracle. com/technetwork/java/archive - 139210. html 上下载 JDK。在 Windows 上安装完毕 JDK 和 JRE 后，还需要配置一些环境变量。在 Windows 操作系统中可以使用系统属性对话框设置环境变量。首先在控制面板中双击“系统”图标打开系统设置页(要确保你有管理员权限，才能进行设置系统环境变量的操作)，再单击左侧的“高级系统设置”选项，打开“系统属性”对话框，然后在“高级”选项卡中单击“环境变量”按钮，打开“环境变量”对话框。在该对话框中单击“新建”按钮，在弹出的“新建用户变量”对话框中定义环境变量名为 JAVA_HOME，变量值为 JDK 的安装目录。最后单击“确定”按钮关闭对话框保存修改。

现在将下载的 Android SDK 压缩包解压缩到一个目录，如 android - sdk - windows 目录，发现其中有一个可执行程序 SDK Manager. exe，它是 Android SDK and AVD Manager 管理器(AVD 是 Android Virtual Device 的简称，即 Android 虚拟设备)。执行 SDK Manager. exe 程序，启动 Android SDK and AVD Manager 管理器，管理器默认首先启动安装向导，安装向导会从 Google 的服务器检查可安装或可更新的套件。按照提示往下安装即可。完成后，就可以创建和配置 Android 模拟器了。

在 Android SDK and AVD Manager 管理器上选择左侧导航菜单中的 Virtual devices 选项，单击右侧的 New 按钮创建一个 Android 虚拟设备，定义该虚拟设备的特征，设置完成后，单击 Create AVD 按钮以完成创建。现在已经可以在计算机上运行 Android 模拟器了。在 Android SDK and AVD Manager 管理器上选择创建的 AVD，单击右侧的 Start 按钮，弹出 Launch Options 对话框，在该对话框中可以设置屏幕的缩放(如果需要更大的屏幕，可以选择比例选项)，然后单击 Launch 按钮启动。现在，开始加载 Android 模拟器。第一次启动比较慢，稍等一会儿，启动画面将会切换至 Android 开机画面。并且在右边会显示虚拟的按钮及键盘，如图 7.7 所示。

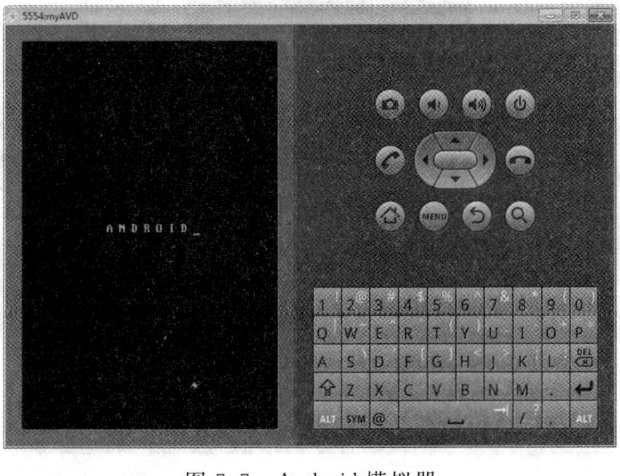

图 7.7　Android 模拟器

最后，可以看到如图 7.8 所示的模拟器。

4. BlackBerry 模拟器

BlackBerry 手机，即黑莓手机，不仅是一个手机硬件的名字，而且也是一个著名的手机操作系统。BlackBerry 手机使用的操作系统是 BlackBerry OS，它由 Research In Motion(RIM)公司开发和维护，BlackBerry OS 素以安全的推送式电子邮件著称，是智能手机领域内的先驱。BlackBerry OS 操作系统内置的浏览器是 RIM 自行开发的，它基于 Webkit 内核，与 Chrome、Safari 使用的内核相同。

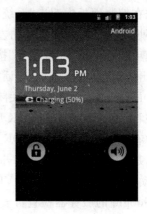

图 7.8　Android 模拟器

安装 BlackBerry 模拟器，可以免费从网址 http://us. blackberry. com/developers/javaappdev/devtools. jsp 上下载 BlackBerry 模拟器。下载的文件是两个可执行的安装文件，只需执行这两个安装文件，按照向导指示就可以顺利地将其安装到系统上。其模拟器及浏览器如图 7.9 和 7.10 所示。BlackBerry 模拟器需要 JDK 支持，因此需要首先安装 JDK，在前面安装 Android 时已经安装好了，因此可以省略这一步。

图 7.9　BlackBerry 模拟器

图 7.10　BlackBerry 浏览器

7.3　WAP 网站服务器配置

为了测试我们开发的 WAP 网页及应用，我们需要建立 WAP 服务器环境。WAP 服务器可以在已有的 WWW 服务器上通过建立 WAP 站点的形式来建立。在 Windows 平台下有很多 Web 服务器可供选择，这包括 IIS(Internet Information Service 的简称，Internet 信息服务)和 Apache 等。现在通过 IIS 来设置一个测试的 Web 服务器。Web 服务器即万维网服务器，它提供万维网服务。

首先要先安装 IIS，这一步比较简单，和 Internet 里的 IIS 服务器的安装是一样的，不再详述。安装完成后继续以下步骤。

(1) 先打开控制面板>管理工具>Internet 服务管理器，此时会弹出 Internet Information Services 对话窗口。

(2) 此时用鼠标点右键选择你的计算机>新建>WEB 站点。

(3) 在弹出的对话窗口输入你的站点名字，然后下一步。

(4) 在弹出的对话列表框中输入站点 IP 地址和端口，一般端口就使用默认的，而站点主机头是 my-WAP 然后下一步。

(5) 这时要你输入 WEB 站点主目录放在哪里，一般默认，然后再下一步。

(6) 在弹出的对话窗口中设置新站点的访问权限，这些选项都用默认的就行了，然后下一步完成设置向导。

(7) 此时的 WAP WEB 站点尚未启动，要你手动启动一下。

(8) 这时候你就可以测试一下你新建的 WAP WEB 站点了。

其实上面的步骤和配置普通站点的步骤一样。设置也基本一样，唯一不一样的是下面这些特殊设置。接下来设置 MIME 类别。

这个 MIME 使你的 WAP 站点完全支持 WAP 手机客户端，MIME 协议是用于多用途因特网的邮件扩展，也叫因特网上传输数据的规格定义。

(9) 用鼠标右键来点你刚刚新建 PDA WAP WEB 站点的属性。

(10) 在弹出的对话窗口中找到 HTTP 头的选项卡>点击文件类型。

(11) 在弹出的对话窗口中点击“新增类型”按钮，屏幕上会出现一个小的编辑对话框，从中即可输入 WAP 所需的文件类型。每个文件类型均有两项输入，一个是扩展名，另一个是内容类型。比如，用于支持 WAP 的 WML 文件的扩展名为“. WML”，内容类型为“text/vnd. wap. WML”，将这两项输入到相应的文本框中，然后单击对话框中的“确定”按钮，即可把 WML 这一文件类型加入到当前服务器的注册文件类型列表中。

我们需要为 WAP 增添的文件类型主要有 6 种，表 7.1 给出了这些文件类型的扩展名和内容类型的描述。

表 7.1　WAP 所需的文件类型

扩展名	内容类型(MIME)	说　明
. WML	Text/vnd. wap. WML	简单的 WML 网页文件
. WMLc	Application/vnd. wap. WMLc	WML 语言的应用程序文件
. WMLsc	Text/vnd. wap. WMLscript	WMLScript 语言的应用程序文件
. WMLscript	Application/vnd. wap. WMLscriptc	WMLScript 语言的网页文本文件
. wbmp	Image/vnd. wap. wbmp	1 位 bmp 位图图像文件
. wsc	Application/vnd. wap/WMLscriptc	WML Script 语言的应用程序文件

7.4 WAP网站开发

7.4.1 WAP网站的特点

WAP网站的最大特点是移动性，即用户可能在任何地方、任何情况下访问网站。这就意味着，WAP网站必须满足用户在特定使用环境下的特定需求。因此，需要对用户和使用环境两个因素进行综合考虑，即不但要考虑用户的需求、以往经验、期望、精神状态等对移动电子商务网站产生直接影响，还应该考虑用户所处的环境，关注用户的需求、期望、精神状态等如何随着使用环境的改变而改变。只有这样，才能充分了解用户在不同环境下希望通过网站实现什么目标；从用户角度看网站应该提供什么信息或服务；信息或服务是否与预期一致。

移动设备与浏览器在设备屏幕大小、运算能力、输入方式、联网速度等方面的条件限制很大程度上决定了网站设计所采用的技术，主要体现在以下几方面。

(1) 移动设备性能较弱。移动设备不但在运算能力、屏幕色彩表现、稳定的高速联网能力等方面与传统电脑存在较大差距，而且不同移动设备所具备的能力也有差异。这些差异使得移动网站在不能采用复杂的多媒体技术和人机交互技术的同时，还必须尽最大可能兼容最广泛的移动设备。

(2) 移动设备屏幕限制。移动设备屏幕普遍较小，无法在移动设备上展示大段文字信息或者大尺寸图片，从而影响用户获得信息的质量。因此，WAP网站必须考虑如何在不同尺寸屏幕上展示出尽可能一致的效果，这对网站页面设计提出了很高的要求。

(3) 信息输入不便利。移动设备一般通过有限的按键来实现信息输入，用户无法快速、高效地输入大量信息。WAP网站必须考虑如何在尽可能减少输入的前提下，帮助用户顺利完成信息查找和输入等操作。

(4) 浏览器导航操作不方便。在移动设备上访问网站不能像传统电脑那样通过鼠标方便快捷地浏览网页，仅能通过具备向上或向下功能的按键来实现页面翻滚或者切换，或者使用触摸屏来进行点击。

(5)我国通过移动网络联网的速度不快，而且资费偏高，这在一定程度上使得网站无法大量使用音频、视频、FLASH多媒体手段展示信息。因此，为了减少用户等待时间，网站需要考虑将篇幅较长的信息拆分成若干页面，让用户通过使用移动设备的浏览功能按键以翻页的形式依次浏览。

(6)移动设备访问网站缺少窗口技术(Windows)支持，无法像传统电脑那样同时打开多个网页并且在多个网页之间来回切换，一次只能打开一个网页。因此，与传统Internet网站尽可能提供给用户丰富、全面的信息不同，WAP网站应该向用户提供最有价值的信息，同时提供强大的搜索功能，以尽可能少的信息输入和点击次数来帮助用户方便、快捷地获得最希望得到的信息。

7.4.2 WAP网站开发的原则

在进行WAP网站建设时，要尽量综合考虑各种因素确定网站开发的总体目标、确定目标用户、以用户为中心的设计方法、合理的信息结构、良好的页面设计等。

构建 WAP 网站首要工作就是确立网站总体目标。只有明确网站总体目标才能为寻找网站目标用户、确定合适的移动设备与技术提供依据。

在网站设计技术上，移动设备的千差万别对 WAP 网站所能采用的技术产生重大影响。例如，移动设备的屏幕至关重要，不但要考虑屏幕大小的差异，还需要考虑如何较好地在较小的屏幕上展示网站。可以采用流体布局，使网页适应不同宽度的屏幕。同时限制网页图片的大小，不要插入太大的图片，既浪费流量资源，同时也不便于用户查看。采用样式表美化网页，这样不但能使网页更美观，风格更统一，而且能通过字体和颜色的变化减轻网站对图片的依赖。尽可能减少用户输入，使用若干选项或者辅助程序能有效地减少用户输入。优化页面跳转流程，让用户随时都了解当前他在网站的位置，并提供便捷的导航让用户去任何他想去的地方。

7.4.3　移动标记语言

移动网站开发要比普通的网站开发复杂的多，选择一种用于移动网站的标记语言同样十分重要。在最初，WAP 论坛(后来和 NTT 合并，组成 OMA，Open Mobile Alliance)创建了一种基于 XML 的语言，称为 WML，这是用于 WAP 网站的标记语言。它并不是理想的方案，因为它将网站分割为两部分：普通页面使用(X)HTML，而移动网站使用 WML。网站开发者想要做一个移动网站也不得不学习一种新的语言而不是转换技术，“一站式”的信条也被打破，用户不能访问他们喜欢的网站并且不得不发现这个网站的 WAP 版本——如果它们存在的话。另外，日本 NTT 创建了他们自己的语言 cHTML(compact HTML)，但是它并不能与 XHTML 和 WML 兼容。

由于这与理想中的方案相去甚远，W3C 创建了 XHTML Basic 1.0。正如其名，这是一个 XHTML 1.1 的子集。由于 XHTML 1.1 将 XHTML 改善为小型的模块，一个子集就可以只包含一些必须的或者可以在低端移动设备上控制的基本的模块、元素和属性。

手机网站有两个版本，Wap1.2 和 Wap2.0，它们使用的网页语言也不同，Wap1.2 使用 WML 语言，Wap2.0 使用 xHTML MP 语言。WML 语言和 HTML 语言有颇多不同之处，所以若要用它编写手机网页需要重新学习一下 WML 语言。而 XHTML 语言和普通网页的 XHTML 语言十分相似，如果已经掌握 XHTML 语言，那么再做 XHTML MP 的手机网页就轻而易举了。目前，各种移动设备采用的移动浏览器一般是基于一定的标准，但又不一定遵从标准，这样，用户可以查看多种移动标记语言的 Web 内容，这些语言包括：HTML 和 XHTML，XHTML 移动配置文件(XHTML－MP)，无线标记语言(WML)，HTML 5。

7.5　WML

WML(Wireless Markup Language－无线标记语言)，是一种从 HTML 继承而来的标记语言。WML 基于 XML，但较 HTML 更严格。WML 被用来创建可显示在 WAP 浏览器中的页面。

用 WML 编写的页面被称为 DECKS。DECKS 是作为一套 CARDS 被构造的。这种描述语言同 HTML 语言同出一家，都属于 XML 语言家族。WML 的语法跟 XML 一样，WML 是 XML 的子集。

HTML 语言写出的内容，可以在 PC 机上用 IE 或是 Netscape 等浏览器进行阅读，而 WML 语言写出的文件则是专门用来在手机等的一些无线终端显示屏上显示，供人们阅读的，并且同样也可以向使用者提供人机交互界面，接受使用者输入的查询等信息，然后向使用者返回所要获得的最终信息。

7.5.1 WML 与 WAP 设备

为了更好地理解和使用 WML 语言，开发人员应对 WML 适用的设备和支持 WML 的设备的特点、特征有个大概的了解。

一般而言，WML 适用的无线设备通常具有以下特点。

1)与普通的个人计算机相比，体积较小；

2)设备的内存有限，且其 CPU 性能也有限；

3)通讯带宽较窄、时延较长。

以移动电话、PDA 为例来讲，支持 WML 的设备主要具有以下特征：

4)有一个显示屏幕，可以显示 4 行字符，每行 12 个字符，4 行字符中通常包括保留给功能按钮的那一行；

5)支持数字和字符的输入；

6)支持垂直和水平滚动的箭头按键；

7)支持操作者使用箭头或数字按钮进行选择；

8)支持 ASCII 的可打印码；

9)通常都有两个可编程功能键，即 Accept 键和 Options 键，一般安排在接近键盘的屏幕下方；

10)通常有一个 Prev 导航键。

7.5.2 WML 程序结构

1. WML 的元素和标签

与 HTML 类似，WML 的主要语法也是元素和标签。元素是符合 DTD(文档类型定义)的文档组成部分，如 Title(文档标题)、Img(图像)、Table(表格)等等，元素名不区分大小写。WML 使用标签来规定元素的属性和它在文档中的位置。标签使用小于号(＜)和大于号(＞)括起来，即采用"＜标签名＞"的形式。标签分单独出现的标签和成对出现的标签两种。大多数标签是成对出现的，由首标签和尾标签组成。首标签和尾标签又分别称为起始标签和终止标签。首标签的格式为"＜元素名＞"，尾标签的格式为"＜/元素名＞"。成对标签用于规定元素所涵的范围，比如＜b＞和＜/b＞标签用于界定黑体字的范围，也就是说，＜b＞和＜/b＞之间包住的部分采用黑体字显示。单独标签的格式为"＜元素名/＞"，它的作用是在相应的位置插入元素。如＜br/＞标签表示在该标签所在位置插入一个换行符。

2. WML 程序的结构形式及组成

WML 程序的结构形式及组成：

(1) 语法。WML 的语法与 HTML 极为相似，仍然是一种标记语言，并且延续了 XML 的语法规则。

(2) 文件声明。所有的 WML 程序必须在文件的开头处声明 XML 文件类型，包括 XML

的版本，WML 的文档类型、所用规范等。声明形式如下：

```
<? xml version="1.0"? >
<! DOCTYPE wml PUBLIC "-//WAPFORUM//DTD WML 1.1//EN" "http://www.wapforum.org/DTD/wml_1.1.xml">
```

(3) 标签。在 WML 语言中需要使用标签(Tag)，其使用形式与 HTML 和 XML 等标记语言中的形式是完全一致的。

(4) 元素。WML 的元素(Element)用于描述卡片组(Deck)的标记信息及结构信息。一个元素通常由一个首标签、内容、其他元素及一个尾标签组成，具有下述两种结构之一：

<首标签> 内容 </尾标签>

或

<标签/>

元素包含的内容中还可以有元素，这些元素也是由首标签、相应内容、其他元素及尾标签组成。不包含内容的元素称为空元素，它退化成一个单独的标签。或者说，单独的标签也是一个元素。

(5) 属性。WML 与 XML 一样，其标签可以包含很多属性。属性用于给标签提供必要的附加信息，且属性内容通常在起始标签内使用。不过，属性内容不会被浏览器显示，它只作为参数为标签提供必要的信息。

指明属性值的时候，需要把该值用引号括起来，可以是单引号或者双引号，引号通常成对嵌套使用。属性名称必须小写。例如：<card id="card1" ontimer="#card2" title="Toolkit Demo">。

而且，单引号的属性中还可以包含双引号的属性。实体字符也可作为属性值。实体字符是指诸如 &、<、>、'、"的特殊字符，在 WML 程序中显示这类字符需要特殊处理，后面我们介绍具体方法。

(6) 注释。WML 程序中也可以加入注释。注释内容用于给开发人员顺利阅读源代码提供方便，它不会被浏览器显示出来。注释内容在标签中以感叹号(!)引出，并用小于号(<)和大于号(>)括起来，注释内容两端各加两个减号，即采用<! --注释内容-->的形式。例如：<! -- Write your card implementation here. -->。需要说明的是，WML 程序中不支持注释的嵌套。

(7) 文档结构。WML 文档是由“卡片(Card)”和“卡片组(Deck)”构成的，一个 Deck 是一个或多个 Card 的集合。当客户终端发出请求之后，WML 即从网络上把 Deck 发送到客户的浏览器，这时用户就可以浏览 Deck 内包含的所有 Card，而不必从网上单独下载每一个 Card。程序中的第一个 Card 是缺省的可见的 Card。

3. WML 程序基本结构

基本结构可以分为以下几个关键部分。

(1) 声明。WML 程序由许多 Deck 组成，对于每一个 Deck，在其文档开头必须进行 XML 的声明和文档类型 DOCTYPE 的声明。

XML 声明总是在文件的第一行，注意前面最好不要有空格或者换行：

```
<? xml version="1.0"? >
```

紧跟着是 DOCTYPE 声明，注意声明时字母的大小写：

<! DOCTYPE wml PUBLIC "-//WAPFORUM//DTD WML 1.1//EN" "http://www.wapforum.org/DTD/wml_1.1.xml">

(2) <wml>标签。该标签用于包含和定义 WML 的一个 Deck。它有一个可选的 xml:lang 属性来制定文档的语言，比如<wml xml:lang="zh">表示文档语言为中文。

(3) <head>标签。该标签用于包含和定义 Deck 的相关信息。<head>标签之间可以包含一个<access>标签和多个<meta>标签。

(4) <access/>标签。它的一般形式是<access domain="域" path="/路径" />，主要用于指定当前 Deck 的访问控制信息，有两个可选的属性。其中，domain 用来指定域，默认值为当前域，path 用来指定路径，默认值为"/"，即根目录。由于<access>单独使用，所以要用"/"结尾，后面我们还会系统地讲解 WML 的各种标签，这里即使看不懂也没关系，只要有些感性认识就可以了。

(5) <meta...>标签。它的一般形式是<meta 属性 content="值" scheme="格式" forua= "true|false"/>，用于提供当前 Deck 的 meta 信息，包括内存数据处理方式，以及数据传输方式和处理方式等。有关该标签的详细内容我们后面会专门给出。

(6) <card>标签。一个 Deck 可以包含多个 Card，每个 Card 的内容可能不止一屏显示。对于每一个 Card，WML 均使用<card>和</card>进行包含和定义。<card>同时可以包含多个可选的属性，如<card id="name" title="label" newcontext="false" ordered="true" onenterforward="url" onenterbackward="url" ontimer="url">。

7.5.3 WML 语言的基本知识

1. WML 字符集及编码

WML 使用 XML 的字符集，即通用字符集 ISO/IEC-10646，也即统一字符编码标准 Unicode 2.0。同时，WML 还支持其他系列的字符集子集，例如 UTF-8、ISO-8859-1 或 UCS-2 等。

UTF-8 是指通用字符集 UCS(Universal Character Set)的转换格式 8(Transformation Format 8)，主要用作传输国际字符集的转换编码。UTF-8 采用了 UCS 字符的 8 位编码，提供了十分安全的编码格式，可以有效避免数据传输过程中的窃听、截取及非法解密。同时，UTF-8 与 7 位 ASCII 码完全兼容，不会影响此类编码实现的程序。它的编码规则十分严格，能够有效避免同步传输错误，而且还为支持其他字符集提供了足够的空间。

ISO-8859-1 字符集是国际标准化组织 ISO (International Standardization Organization)制定的 ASCII 字符集的扩展集，能够表示所有西欧语言的字符。与 ISO Latin-1 一样，ISO-8859-1 与 Windows 环境中普遍使用的美国国家标准协会 ANSI(American National Standards Institute)的字符集极为类似，绝大多数情况下无需区分。在不特别指明的情况下，HTTP 协议均使用 ISO Latin-1 字符集。因此，为了在 WML 页面中表示非 ASCII(non-ASCII)字符，开发人员需要使用相应的 ISO Latin-1 编码的字符。

UCS-2 是 ISO 10646 标准中定义的通用多 8 位编码字符集(Universal Multiple-Octet Coded Character Set)的 2 字节(即 16 位)编码标准，其字符编码值与 Unicode 字符的标准编码值相等。

WML 文档可以采用 HTML 4.0 规范所定义的任何字符编码标准进行编码处理。一般说来，WML 文档的字符编码时需要转换为另外的编码格式，以与 WAP 用户的手机浏览器所用字符标准相适应，否则，手机浏览器就无法显示 WML 页面中的字符。然而，编码转换时可能会丢失一些字符信息，所以，如果在用户端进行 WML 文档的编码转换，那么就可能导致某些结果信息丢失而不能被用户所浏览。因此，应当尽量在 WML 页面传送到用户浏览器之前完成编码转换。

为了解决这一问题，一方面需要为 Web 服务器补充定义 WML 的数据类型，以让服务器可以准确传输这些数据，另一方面需要制定编码转换的原则。

WML 及 WMLScript 数据类型共有 8 种，其中前 4 种为必选，后 4 种可根据需要选用：

wml：text/vnd. wap. wml

wmlc：application/vnd. wap. wmlc(经过编码 WML 的数据类型)

wmls：text/vnd. wap. wmlscript

wbmp：image/vnd. wap. wbmp (BMP 图像)

wmlsc：application/vnd. wap. wmlscriptc

wmlscript：text/vnd. wap. wmlscript

ws：text/vnd. wap. wmlscript

wsc：application/vnd. wap. wmlscriptc

增加上述数据类型后，我们还要规定用户浏览器对 WML 文档进行字符编码处理的一般原则：

(1)根据 Content－Type 传输报头的 charset 参数，如 WSP，HTTP 等；

(2)根据文档内嵌的 meta 信息，如 meta 元素 http－equiv 中的 charset 参数等；

(3)根据 XML 规定的编码；

(4)根据用户设置或其他编码方式。

这样，我们就可以给出 WML 对字符编码的参考处理模型。WAP 用户的手机浏览器必须执行该处理模型，或与之完全类似的模型，即：用户浏览器所能识别的任何字符编码必须与 Unicode 的所有字符正确地映射，且任何实体的处理都要在文档字符集内完成。

WML 是一种比较严格的语言，字符使用必须遵守相应的规则，这些基本规则主要包括以下几方面。

(1) 大小写敏感。在 WML 中，无论是标签元素还是属性内容都是大小写敏感的，这一点继承了 XML 的严格特性，任何大小写错误都可能导致访问错误。

一般来说，WML 的所有标签、属性、规定和枚举及它们的可接收值必须小写，Card 的名字和变量可大写或小写，但它是区分大小写的。包括参数的名字和参数的数值都是大小写敏感的，例如 variable1，Variable1 和 vaRiable1 都是不同的参数。

(2) 空格。对于连续的空字符，程序运行时只显示一个空格。属性名、等号(＝)和值之间不能有空格。

(3) 标签。标签内属性的值必须使用双引号(")或单引号(')括起来。对于不成对出现的标签，必须在大于号(＞)前加上顺斜杠(/)，比如换行标签＜br＞必须写成＜br/＞才正确。

(4)不显示的内容。在 WML 中，不显示的字符主要包括换行符、回车符、空格和水平制表符，它们的 8 位十六进制内码分别是 10，13，32 及 9。

程序执行时，WML 将忽略所有的多于一个以上的不显示字符，即 WML 会把一个或多个连续的换行、回车、水平制表符及空格转换成一个空格。

(5)保留字符。这是WML的一些特殊字符,如小于号(<)、大于号(>)、单引号(')、双引号(")、和号(&)。如果需要在文本中显示这些字符,则在程序中必须按照表7.2给出的方式进行指定。这种指定方式在WML中称为字符的实体(Entity),比如"&"就是"&"的实体,"<"就是小于号(<)的实体,等等。

(6)显示汉字。如果希望WML程序执行时能够显示汉字,则只需在程序开头使用encoding指定汉字字符集即可。例如:<? xml version="1.0" encoding="gb2312"? >。

表7.2 保留字符的指定方式

字 符	指定方式
<	<或 <
>	>或 >
'	'或 &#39
"	"或 "
&	&或 & 或 #38;
$	$$或 &#60
连续空格(Non breaking space)	或
自动连字符(Soft hyphen)	或 &#173

2. WML变量

WML编程中可以使用变量,变量使用前必须进行定义。变量一旦在Deck中的某一个Card上定义过,其他Card则可以不必重新定义就能直接调用该变量。

定义变量的语法格式:

$identifier

$(identifier)

$(identifier:conversion)

其中identifier指变量名,或说变量标识符;conversion指变量的替代。

变量名是由US-ASCII码、下划线和数字组成的,并且只能以US-ASCII码开头。变量名严格区分大小写,也即,变量名是大小写敏感的。

定义变量的语法在WML中享有最高的解释优先级。

有关变量的使用说明如下:

(1)在WML中,变量可以在字符串中使用,并且在运行中可以更新变量的值。

(3)当变量等同于空字符串时,变量将处于未设置状态,也就是空(Null)。

(4)当变量不等同于空字符串时,变量将处于设置状态,也就是非空(Not Null)状态。

(4)在"$identifier"形式下,WML通常以变量名后面的一个空格表示该变量名的结束。如果在某些情况下空格无法表示一个变量名的结束,或者变量名中包含有空格,则必须使用括号将变量名括起来,即采用"$(identifier)"的形式。

WML程序中的变量是可以替代的,我们可以把变量的数值赋给Card中的某一文本。有

关变量替代说明如下：

(1)在 WML 程序中，只有文本部分才可以实现替代。

(2)替代一般在运行期发生，而且替代不会影响变量现在的值。

(3)任何标签和属性都不能使用变量来替代。

(4)替代是按照字符串替代的方式实现的。

(5)如果一个没有定义的变量要实现替代，那么该变量将被看作空字符串对待。

由于变量在语法中有最高的优先级，包含变量声明字符的字符串将被当作变量对待，所以如果要使程序显示“$”符号，则需要连续使用两个“$”进行说明。例如：<p> Your account has $ $15.00 in it</p>一句的显示结果为：Your account has $15.00 in it。

3. WML 数据类型

WML 的核心数据类型均属于字符型数据，是根据 XML 的数据类型定义的，共有下述 4 种类型：

(1) CDATA 型。这种数据类型是 WML 用得最多的一种，可以是数字、字符串或包含数字的字符串。不过定义时，不论是数字或字符串，都必须以文本的形式定义，即数据用引号引起来。CDATA 型的数据仅用于属性值。例如"$(value)"或 name="value"等。注意，这里的 value 指 CDATA 型的数据值。

(2) PCDATA 型。这是从 CDATA 中分解出来的一类数据，除了可以是文本形式的数字、字符串或两者的混合串外，还可以是 WML 的标签。PCDATA 型的数据只能用于 WML 的元素表示。例如，Text written <big> IN CAPS </big>一句中的<big>与</big>标签即属于 PCDATA 型的数据。

(3) NMTOKEN 型。这是一类特殊的数据，凡是包含或部分包含数字、字母及标点符号的数据均属于 NMTOKEN 型数据。这种数据可以用标点符号开头，但不用于定义变量名或元素名。例如，下述 4 个数据均属于 NMTOKEN 型：

"text"

_card1

a. name. token

. a - perfectly - valid. name. token

(4) ID 型。专门用于定义 WML 元素名称的数据类型。例如<card id="card1"/>中就使用 id 指定当前卡片的名称为 card1。

在这 4 种类型中，CDATA 型用起来比较灵活，它可以使变量或数据免于语法检查。这是因为，CDATA 内的数据内容都会被当作文本来处理，从而可以避开 WML 的语法检查，直接作为文本显示出来。具体用法是，以“<![CDATA[”开头，“]]>”结尾，中间包含的数据均按 CDATA 型处理。例如：

< ! [CDATA [this is <b> a test]] >

其显示结果：this is <b> a test。

WML 数据值在性质上可以是长度(Length)、宏变量(Vdata)、流(Flow)、内行(Inline)、布局(Layout)、文本(Text)、超链(Href)、布尔值(Boolean)、数值(Number)或增强方式(Emphasis)，现在介绍一下它们的规则及使用方法。

(1)长度(Length)。WML 编程中使用的长度主要用于表示屏幕像素的多少或所占屏幕水平、垂直空间的百分比。比如,“50”意为50个像素,“50%”意为屏幕水平或垂直空间长度的50%。长度属于CDATA型数据,常用“%length”表示。

例如,下例中的hspace与vspace都属于%length性质的数据。

```
<img src="bitmaps/moon.wbmp" hspace="1" vspace="1"/>
<img src="bitmaps/moon.wbmp" hspace="2%" vspace="2%"/>
```

(2)宏变量(Vdata)。主要用于表示包含变量名的字符串,仅用于属性值。它属于CDATA型数据,常用“%vdata”表示。例如,<card id="card1" title="$(showme)">一句中的“$(showme)”就属于%vdata性质的数据。

(3)文本(Text)。用于表示包含一定格式的文本实体,属于PCDATA型数据,常用“%text”表示。例如,下例中包含有运行时显示为普通格式的文本,以及加黑显示的文本:

```
A line with plain text.
<em>
    <strong>
        A line with strong emphasis.
    </strong>
</em>
```

(4)流(Flow)、内行(Inline)和布局(Layout)。流(Flow)用于表示“卡片级(card - level)”的信息,内行(Inline)用于表示“文本级(text - level)”的信息,布局(Layout)用于表示与文本布局有关的信息,如换行符等。

一般来说,内行型(%inline)的可能是文本型(%text),也可能是布局型(%layout)的,通常是程序中的纯文本或处理的变量;而流型(%flow)的则可能包括内行型(%inline)、图像(img)、锚(anchor)及表格(table)等卡片级的所有元素。有关“锚(anchor)”的概念我们后面会讲解的。比如,下面的例程中就有换行符、文本等性质的内容,也即数据。

```
<em>
    An emphasized line.
    <big>
        A big and emphasized line.
    </big>
</em>
A line with no text formatting.
```

(5)超链(Href)。主要用于表示相对的或绝对的统一资源定位符URI(Uniform Resource Identifier),以及URL地址、文件名、文件路径等。超链(Href)属于宏变量,即%vdata型性质的数据,常用“%href”表示。例如,下述例程中的超链接、文件路径及文件名、卡片名、图像的SRC属性文件名等均属于%href性质的数据。

```
<go href="http://wapforum.org/"/>
<go href="file:///d:\dir\file.wml"/>
<go href="app.wml"/>
<card onenterforward="#card2"/>
<img src="earth.wbmp"/>
```

(6)布尔值(Boolean)。用于表示“真(true)”或“假(false)”的逻辑值，常用“%boolean”表示。下例程序中就使用了%boolean 型性质的数据。

```
<card newcontext="true"/>
<do optional="true" type="accept"/>
```

(7)数值(Number)。用于表示大于或等于零的整数，常用%number 表示，属于 NMTOKEN 型的数据。例如，下例中的整数均属于%number 型性质的数据：

```
<select tabindex="2"/>
<input name="setvar" size="4" maxlength="20" tabindex="3"/>
```

(8)增强方式(Emphasis)。这类性质的数据包含了 WML 编程中用于定义文本格式的各种标签，如<em>、<strong>、<b>、<i>、<u>、<big>、<small>等，常用“%emph”表示。这些标签可以定义文本以黑体、斜体、下划线等格式显示。下例中就包含了几个%emph 型性质的数据。

```
<em>
    An emphasized line.
    <big>
        A big and emphasized line.
    </big>
</em>
```

WML 文档的信息是通过卡片(Card)集和卡片组(Deck)集的形式进行组织的。一个 Deck 是一个或多个 Card 的集合。当客户终端发出请求之后，WML 即从网络上把 Deck 发送到客户的浏览器，Deck 是服务器发送信息的最小单位。用户浏览器收到 Deck 后，可以浏览其中包含的所有 Card。Card 用于表示或描述一个或多个用户交互单位，例如，Card 可以是一个选择菜单、一屏文本或一个文本选项。逻辑上来讲，用户通过浏览器浏览时，浏览到的就是一个一个的 Card，无论是选择项目、跳转内容或阅读文本，面对的都是 Card。

图 7.11 所示为卡片组(Deck)和卡片(Card)的相互关系示意图。

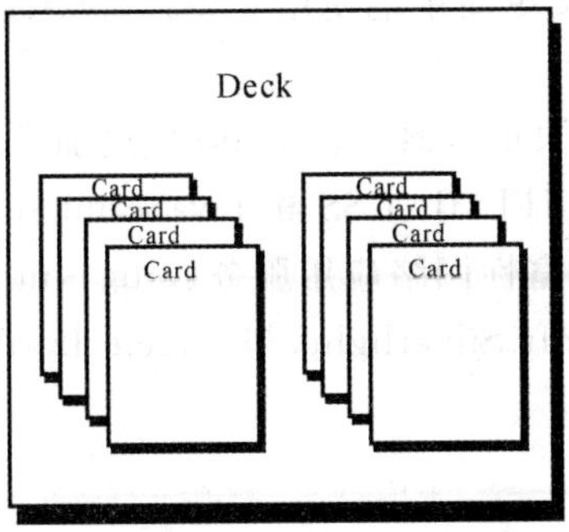

图 7.11　卡片与卡片组

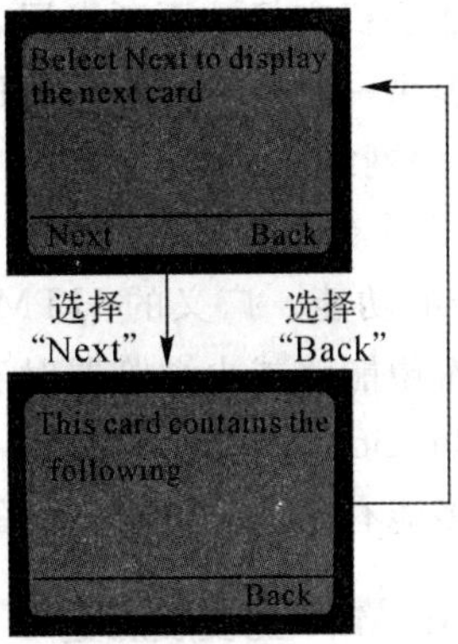

图 7.12　包含两个卡片的卡片组

同一卡片组通常会含有许多卡片，这些卡片的定义、属性或格式等通常大同小异。如果我们逐一定义各个卡片，显然是十分麻烦的。为此，WML 提供了卡片组模板的功能，模板内定义了一系列标准和参数，可以应用到同一卡片组的所有卡片中去，从而能够大大地提高编程效率，如图 7.12 所示。

4. WML 程序段锚点

为保证全球范围内的交互，已制定了 3 种规范：统一资源定位器 URL(Uniform Resource Locators)，提供所有网络资源的标准命名方式和定位方式；标准协议，如 HTTP 协议等，提供 WWW 资源的传输方式；标准内容类型，如 HTML、WML，提供 WWW 资源的内容形式及标准。WML 沿用了这些规范，并扩大了URL 使用的范围。在 WML 中，不仅超链接、文件路径及文件名可以作为 URL 处理，卡片名、宏变量名及各种内部资源名等也可作为 URL 处理。

WML 改进了 HTML 命名资源位置的方式，采用程序段锚点(Fragment Anchor)的形式来处理 WML 程序中某段程序的定位。程序段锚点根据文档 URL 规则进行定义，并按照程序段标识符前加井字号(#)的方式书写。使用程序段锚点，WML 程序可以在同一卡片组中定位不同的卡片。如果在程序中不指定程序段，那么程序中引用的 URL 名称则指整个卡片组，而且卡片组的名称同时也是本卡片组内的第一个卡片的名称。

例如，<go href="#Next_Card"/>一句中的 go 元素就包含了一个 URL 地址，该地址指定了同一卡片组中的另一个卡片。该 URL 地址就包含了程序段标识符(#)，"#Next_Card"就是一个程序段锚点。

WML 还改进了相对 URL 地址的用法。通过类似于相对路径的定位方式，实现相对 URL 地址的处理。其格式为"/目录名/子目录名/…/文件名"，例如"/options/foo. wml "就是一个相对 URL 地址。

7.6 HTML5

HTML5 是用于取代 1999 年所制定的 HTML 4.01 和 XHTML 1.0 标准的 HTML 标准版本，现在仍处于发展阶段，但大部分浏览器已经支持某些 HTML5 技术。互联网业内很多大型公司(如谷歌、苹果)已经将 HTML5 应用在其产品中，如谷歌公司的移动语音信箱，苹果公司的 iPA(苹果公司的广告管理系统)都采用 HTML5 语言实现。

随着智能手机市场的不断发展，HTML5 为更多的移动平台提供解决方案，HTML5 已经为开发人员提供一系列的标签与 API，允许开发人员更简单地使用 CSS3、Javascrip 构建富媒体(rich media)网络应用。

HTML 5 具有两大特点：首先，强化了 Web 网页的表现性能。其次，追加了本地数据库等 Web 应用的功能。广义的 HTML5 指的是包括 HTML、CSS 和 JavaScript 在内的一套技术组合。它希望能够减少浏览器对于需要插件的丰富性网络应用服务(plug - in - based rich internet application，RIA)，如 Adobe Flash，Microsoft Silverlight，与 Oracle JavaFX 的需求，并且提供更多能有效增强网络应用的标准集。

7.6.1 HTML5 的发展历史

HTML 标准自 1999 年 12 月发布的 HTML4.01 后，后继的 HTML5 和其他标准被束之高阁，为了推动 Web 标准化运动的发展，一些公司联合起来，成立了一个叫做 Web Hypertext Application Technology Working Group (Web 超文本应用技术工作组 - WHATWG) 的组织。WHATWG 致力于 Web 表单和应用程序，而 W3C(World Wide Web Consortium，万维

网联盟）专注于 XHTML2.0。在 2006 年，双方决定进行合作，来创建一个新版本的 HTML。

HTML5 草案的前身名为 Web Applications 1.0，于 2004 年被 WHATWG 提出，于 2007 年被 W3C 接纳，并成立了新的 HTML 工作团队。

HTML5 的第一份正式草案已于 2008 年 1 月 22 日公布。HTML5 仍处于完善之中。然而，大部分现代浏览器已经具备了某些 HTML5 支持。

2012 年 12 月 17 日，万维网联盟（W3C）正式宣布凝结了大量网络工作者心血的 HTML5 规范已经正式定稿。根据 W3C 的发言稿称："HTML5 是开放的 Web 网络平台的奠基石。"

目前在 PC 平台上，Safari、Chrome、火狐、遨游和 Opera 浏览器都在不同程度上支持 HTML5，其中 Chrome 支持度是最好的。在手机平台上，iPhone、Android 以及 Windows Mobile 也支持 HTML5 的许多功能。微软即将推出的 IE10 中也加入了对 HTML5 的支持，这将更进一步推动 HTML5 的推广与应用。在网页应用上，国外的 Youtube 以及国内的优酷等主要音视频网站都已经开始支持 HTML5 形式的音视频媒体，此外在许多网页上也实现了绘图动画等一些 RIA 中才会出现应用，其实现的效果并不比用 RIA 实现来的差。HTML5 之所以能如此迅速的发展，得益于它的新标签和新特性。

7.6.2 HTML5 的新标签

新的结构元素：

<article>：定义外部的内容。

<aside>：定义标签所处内容之外的内容，可用作文章的侧栏。

<figure>：规定独立的媒体对象以及标签文字，如图像、图表、照片、代码等。

<section>：定义文档中的节、段、页眉页脚等。

新的内联元素：

<time>：定义日期及时间。

<meter>：定义度量衡。

<progress>：定义运行中的进度，可用于显示下载速度。

新的内嵌元素：

<video>：定义视频。

<audio>：定义音频。

新的交互元素：

<details>：描述文档细节。

<datagrid>：定义选项列表，与 input 标签配合使用。

<command>：定义按钮。

7.6.3 HTML5 的新特性

1. 离线存储

在 HTML5 中可以很方便的实现离线存储，在用户没有与因特网连接时，照样可以访问站点或应用，在用户与因特网连接时，自动更新缓存数据。实现这样的功能，可以采取如下步骤进行。

(1)定义一个 manifest 缓存清单，假设为"offlinetest. manifest"，列出一些需要缓存的资源清单；并在 HTML 文档中指定 manifest 属性为所定义的 manifest 清单文件，如：<html manifest="offlinetest.manifest">

manifest 属性关联为：

```
<! DOCTYPE html>
<html lang="en" manifest="offline.manifest">
```

offlinetest.manifest 的文档结构：

```
CACHE MANIFEST
index.html
style.css
image.jpg
image-med.jpg
```

(2)确保 WEB 服务器支持".manifest"的 MIME 类型；可以在.htaccess 文件中添加代码：AddType text/cache-manifest .manifest，亦可通过修改 WEB 服务器配置文件 http.conf 来实现 MIME 支持，否则服务器不会提供.mainfest 类型文件的访问。

这个功能将内嵌一个本地的 SQL 数据库(Web SQL Database)，以加速交互式搜索、缓存以及索引功能.同时，那些离线 Web 程序也将因此获益。

2.画布功能

HTML5 的画布功能通过 Canvas 标签实现。Canvas 标签可以用来进行绘制图形，绘制游戏的图案或者其他图形图案，允许使用脚本动态渲染点阵图像。简单来说，Canvas 就是允许你在 HTML5 中，使用 Javascript 去绘制你喜欢的任何图形了，包括文字、图片、点线等各种形状。

每一个 canvas 元素都有一个"上下文(context)"(想象成绘图板上的一页)，在其中可以绘制任意图形。浏览器支持多个 canvas 上下文，并通过不同的 API 提供图形绘制功能。Canvas 使用 Canvas 2D API 去绘制图形。包括 Opera，Firefox，Konqueror 和 Safari 等大部分浏览器都支持 2D canvas。而且某些版本的 Opera 还支持 3D canvas，firefox 可以通过插件形式支持 3D canvas。

向 HTML5 页面添加 canvas 元素，一般步骤如下：

(1)创建 Canvas 元素

规定元素的 id、宽度和高度：

```
<canvas id="myCanvas" width="200" height="100"></canvas>
```

(2)通过 JavaScript 来绘制

canvas 元素本身没有绘图能力。所有绘制工作必须在 JavaScript 内部完成：

```
<script type="text/javascript">
var c=document.getElementById("myCanvas");
var cxt=c.getContext("2d");
cxt.fillStyle="#FF0000";
cxt.fillRect(0,0,150,75);
</script>
```

JavaScript 使用 id 来寻找 canvas 元素：

```
var c=document.getElementById("myCanvas");
```

然后，创建 context 对象：

```
var cxt=c.getContext("2d");
```

getContext("2d") 对象是内建的 HTML5 对象，拥有多种绘制路径、矩形、圆形、字符以及添加图像的方法。

下面的两行代码绘制一个红色的矩形：

```
cxt.fillStyle="#FF0000";
cxt.fillRect(0,0,150,75);
```

fillStyle 方法将其染成红色，fillRect 方法规定了形状、位置和尺寸。

3. 多媒体播放

HTML5 提供 video 和 audio 标签实现多媒体的直接播放。它允许开发者直接将视频和音频嵌入网页，不需要任何第三方插件（比如 Adobe 公司的 Flash ）就能播放。目前，支持 HTML5 的浏览器在支持音频视频格式上并没有统一的标准，浏览器厂商是自行选择支持的格式。video 元素支持 Ogg，MPEG4，MPEG4 三种视频格式。

1）Ogg 格式，即带有 Theora 视频编码和 Vorbis 音频编码的 Ogg 文件；

2）MPEG4 格式，即带有 H.264 视频编码和 AAC 音频编码的 MPEG 4 文件；

3）WebM 格式，即带有 VP8 视频编码和 Vorbis 音频编码的 WebM 文件。

audio 元素主要支持 Ogg Vorbis、MP3、Wav 三种音频格式。

各种浏览器对 HTML5 的视频和音频格式的支持情况分别见表 7.3 和表 7.4。

表 7.3　浏览器对 HTML5 视频格式的支持

格　式	IE	Firefox	Opera	Chrome	Safari
Ogg		√	√	√	
MPEG 4	√			√	√
WebM		√	√	√	

表 7.4　浏览器对 HTML5 音频格式的支持

	IE	Firefox	Opera	Chrome	Safari
Ogg Vorbis		√	√	√	
MP3	√			√	√
Wav		√	√		√

在 HTML5 页面中播放音频通过以下代码实现：

```
<video src="movie.ogg" controls="controls">
</video>
```

播放音频的代码：

```
<audio src="song.ogg" controls="controls">
</audio>
```

其中,control 属性供添加播放、暂停和音量控件。需要注意的是,<video>与</video>、<audio> 与 </audio> 之间插入的内容是供不支持元素的浏览器显示的。

4. 多线程支持

传统页面中的 JavaScript 的运行都是以单线程的方式工作的,虽然有多种方式实现了对多线程的模拟(如 JavaScript 中 setinterval 方法,setTimeout 方法等),但是在本质上程序的运行仍然是由 JavaScript 引擎以单线程调度的方式进行的。在 HTML5 中引入的工作线程(Web Worker)使得浏览器端的 JavaScript 引擎可以并发地执行 JavaScript 代码,从而实现对浏览器端多线程编程的良好支持。

HTML5 中的 Web Worker 可以分为两种不同线程类型,一个是专用线程 Dedicated Worker,一个是共享线程 Shared Worker。两种类型的线程各有不同的用途。现在对这两种工作线程作了详细的说明和描述。

(1)专用线程。Dedicated Worker。在创建专用线程的时候,需要给 Worker 的构造函数提供一个指向 JavaScript 文件资源的 URL,这也是创建专用线程时 Worker 构造函数所需要的唯一参数。当这个构造函数被调用之后,一个工作线程的实例便会被创建出来。下面是创建专用线程代码示例:

```
var worker = new Worker('dedicated.js');
```

(2)共享线程 SharedWorker。共享线程可以由两种方式来定义:一是通过指向 JavaScript 脚本资源的 URL 来创建,通过显式的名称。当由显式的名称来定义的时候,由创建这个共享线程的第一个页面中使用 URL 会被用来作为这个共享线程的 JavaScript 脚本资源 URL。通过这样一种方式,它允许同域中的多个应用程序使用同一个提供公共服务的共享线程,从而不需要所有应用程序都与这个提供公共服务的 URL 保持联系。

无论在什么情况下,共享线程的作用域或者是生效范围都是由创建它的域来定义的。因此,两个不同的站点(即域)使用相同的共享线程名称也不会冲突。

创建共享线程可以通过使用 SharedWorker()构造函数来实现,这个构造函数使用 URL 作为第一个参数,即是指向 JavaScript 资源文件的 URL,同时,如果开发人员提供了第二个构造参数,那么这个参数将被用于作为这个共享线程的名称。创建共享线程的代码示例如下:

```
var worker = new SharedWorker('sharedworker.js', ' mysharedworker ');
```

5. Web Socket

传统页面为了实现即时通讯,基本都采用轮询方式,即在特定时间间隔(如每 1 秒)由浏览器对服务器发出 HTTP Request,服务器返回最新的数据给客户端的浏览器。这种模式带来的缺点是,浏览器需要不断向服务器发出请求,服务器返回数据,然而 HTTP Request 的 Header 是非常长的,里面包含的数据可能只是一个很小的值,这样会占用很多的带宽和服务器资源。

HTML5 使用 Web Socket 连接,允许服务器与客户端浏览器之间实现双向连接,这个连接是实时的,可以实现数据的及时推送,并且该连接持续开放直到明确关闭它为止。Web Socket 规范由两部分组成:一部分是浏览器中的 Web Socket API,由 W3C 制订;一部分是 Web Socket 协议,由 IETF 制订,目前是草案状态。Web Socket 的协议比较简单,客户端和普通的浏览器一样通过 80 或者 443 端口和服务器进行请求握手,服务器根据 HTTP Header 识别是否一个 Web Socket 请求。如果是,则将请求升级为一个 Web Socket 连接,握手成功后就进入双向长连接的数据传输阶段。Web Socket 的数据传输是基于帧的方式：0x00 表示数据开始，0xff 表示数据结束，数据以 UTF－8 编码。

利用 Web Socket API 建立连接的代码示例如下：

```
//创建一个 Socket 实例
var socket = new WebSocket('ws://localhost:8080');
//打开 Socket
socket.onopen = function(event) {
  //发送一个初始化消息
  socket.send('I am the client and I\'m listening! ');
  //监听消息
  socket.onmessage = function(event) {
    console.log('Client received a message',event);
  };
  //监听 Socket 的关闭
  socket.onclose = function(event) {
    console.log('Client notified socket has closed',event);
  };
  //关闭 Socket....
  //socket.close()
};
```

其中，参数为 URL，ws 表示 WebSocket 协议。onopen、onclose 和 onmessage 方法把事件连接到 Socket 实例上。每个方法都提供了一个事件，以表示 Socket 的状态。onmessage 事件提供了一个 data 属性，它可以包含消息的 Body 部分。消息的 Body 部分必须是一个字符串，可以进行序列化/反序列化操作，以便传递更多数据。

6. 智能表单

表单负责数据采集功能，是 Web 应用程序中的重要组成部分。其中的数据验证功能需要浏览器一方借助脚本检查表单信息。HTML5 提供了新的表单样式工具，提高输入类型多样化，表单结构也更加自由，开发者可以开发出更加智能的表单输入。

HTML5 中的 form 组件，又有 web forms2.0 之称，是对 HTML4 中的 form 标记的扩展，增加了 form 相关的部分 form 元素和属性：内置表单验证，输入框占位符，外部表单关联等，避免了采用 HTML4 中的冗余的代码验证和样式控制，为网页开发带来很多的便利。

(1)内置表单验证：

```
<input type="email">
```

此类型要求输入格式正确的 email 地址，否则浏览器不允许提交，并会有一个错误信息提示。

```
<input type="text" name="username"required >
```

增加 required 验证属性，若输入值为空，则拒绝提交，并会有一个提示。

(2)输入框占位符：

占位符就是出现在输入框的提示文本，当你点击输入栏，它就自动消失。在此前，需要用

JavaScript 和 jQuery 做输入框占位符，而在 HTML5 中，可以非常容易的显示一个占位符。

<input type="email" name="email" placeholder="a@b. com">

只需给输入框加上 placeholder 属性，在属性值中输入你需要给用户的提示即可。

(3)外部表单关联：

通过<input>元素的 for 属性，可以将这些表单元素分布在 HTML 中的各个位置，不一定只包含在 form 中。

<input type="text" name="userName" for="testform">，

通过这种方式，即给 input 元素添加 for 属性可以指定其关联表单的 id，输入元素。可以不像 HTML4.01、XHTML1.0 那样，必须将 input 元素包含在 form 表单中。

7. 地理定位

随着移动网络的流行，用户对实时定位的需求也越来越高。HTML5 提供应用接口 Geolocation API，能够通过 GPS 或者网络信息获取用户当前位置。在室外空间信号强度高，GPS 能发挥定位作用；但在天气恶劣或周围遮挡物较多时，根据 IP、WiFi、MAC 地址等可以推断出位置信息。

现今网络中定位用户的位置的技术主要是通过 IP 地址来探测的。HTML5 的地理定位是一个精确定位用户的替代方法，其通过加入 geolocation 的 API 来实现，使得 Web 第一次能真正在自己的领地里实现地理定位。该功能通过 getCurrentPosition 和 watchPositon 这两种方法实现。其中 getCurrentPosition 是用来获取用户当前位置，而 watchPositon 则保持用户的位置，并且按照常规的时间间隔持续查看用户的位置是否发生变化。如果用户位置发生变化则告知 getCurrentPosition 做出改动，getCurrentPosition 函数调用成功时会进入回调 success 函数，success 函数有一个参数是 position 对象，这个对象包含了很多地理位置信息，如 latitude（纬度）和 longitude（经度），这样就可以知道你的具体位置了。这个功能在一些手机如 IPhone 上已经有广泛的应用。

7.6.4 移动脚本语言

移动浏览器中的客户端脚本编写曾经是智能手机的专属领域，但这种状况发生了日新月异的变化。到 2010 年，很多移动设备都将支持 ECMAScript-MP 或移动 JavaScript。移动 JavaScript 用于创造交互式的移动 Web 体验。与任何客户端移动技术一样，在真实的移动设备上测试 JavaScript 对于有效地完成开发工作至关重要，这是因为在模拟器上测试以及在 Firefox 中进行测试可能无法发现某些语法问题和性能问题，而这些问题很可能会在目标移动设备上发生。

移动 JavaScript 和桌面 JavaScript 的语法在本质上是一样的。移动版本严格遵守脚本行必须以分号结束。移动 JavaScript 减少了支持的字符集，并排除了计算密集型语言元素。与对应的桌面语言相比，移动语言的不同之处在于移动浏览器中的 DOM 和事件支持。DOM 和事件支持可能会因浏览器供应商和版本的不同而有所差异。若要成功完成移动 JavaScript 开发，则在设备上进行测试至关重要。

客户端脚本编写也可能会降低移动 Web 浏览性能。移动用户可以禁用 JavaScript 执行。因此，即使是专为移动设备设计的支持 JavaScript 的标记，也必须进行适度地调整，使之适应非脚本环境。灵活的移动 Web 设计首先实现标记，然后通过客户端脚本编写反复地对其进行增强，使得能够根据条件仅在支持 JavaScript 的移动浏览器上包含脚本。

7.7　WAP 的发展

随着 3G 的到来，随着网络和终端环境的根本性改善，未来的业务有这样四个比较突出的特点：第一，高质量的多媒体业务会全面普及。这也是人们所勾画的 WAP 美妙前景中的一条，丰富多彩的媒体展示，会比现在的枯燥页面和简单的交互有意思得多。第二，基于中国用户的娱乐消费的特征，未来以 WAP 为基础的手机娱乐业务将会迅猛发展。第三，随着 WAP 应用的深入，它所能给人们带来的服务不会仅仅局限于休闲娱乐上，会帮助人们解决日常生活中的实际问题。第四，随着 WAP 行业的拓展，可以带动互联网的优势。

随着 3G 时代即将到来，手机可获得的带宽将成倍增长，为主流媒体和多媒体应用提供了良好的网络环境。目前以智能手机为代表的终端能力的增强，更多颜色现实更多的和弦音效，为多媒体业务提供了良好的硬件平台。在解决了带宽和终端这两个制约后，视频内容将极大的丰富。现在手机中也有基于 WAP 的手机业务，由于受到带宽的影响，表现形式非常有限，很多的应用做起来并不是很精彩。未来在 3G 的时候，随着这两个因素的改善，一些更丰富多彩的手机游戏业务会得到迅猛发展。目前交友、聊天类的服务将极大发展，以视频聊天为基础的交流方式将占主流。社区产品比较单一，未来在 3G 平台上将融合视频和文字，声音，提供人们构筑全方位的立体的沟通交流渠道。

WAP 应用将全面进入日常生活。现在整个 WAP 应用的特征是以休闲、娱乐类的业务为主，他们更多是满足人们在一些空余时间消遣的需要，随着未来 WAP 应用的进一步深入，它必将进入人们的日常生活中的一些具体环节，首先在个人应用方面，具有 WAP 功能的移动终端可以帮助人们实现联网、收发电子邮件、收气象信息等等的一些业务。WAP 和电子商务的结合，可以实现移动购物、移动理财等等，通过 WAP 的交互就可以实现一机在手，走遍天下。

随着 WAP 应用深入，必将会扩展到行业领域。WAP 很扎实的一个发展空间就是扩展到行业领域，跟一些特殊行业结合。WAP 同样也面临这样的情况，WAP 未来要发展，必须要把根基扎到行业里去，比如说交通运输、公安行业、医疗行业、证券行业，都会有非常广泛的应用空间。

互联网的今天就是 WAP 的未来，WAP 将是未来数据业务的主流。套用目前互联网的发展现状，目前基于 web 页面浏览是互联网服务的主流，用户上网采用 web 的交互方式来交流，我们相信 WAP 也会有这样的特征出现。WAP 本身具有传输量大，支持多媒体，而且支持复杂交互的特性，这样的特性就使得用户可以很方便对其他增值业务进行一个整合。

第8章 移动互联网安全

基于IP的开放式架构是互联网安全问题的总根源。当然，接入类型多样，业务丰富，上网终端智能化程度高，逐渐成为互联网安全问题的主要原因。IP开放式的架构使得互联网网络对用户透明，用户可以获得任意网络重要节点的IP地址并发起漏洞扫描及攻击，网络拓扑很容易被攻击者得到，攻击者可以在某一网络节点截获、修改网络中传送的数据，用户数据安全没有保障。而用户对网络不透明，导致鉴权不严格，大量未经严格鉴权的认证机制即可接入网络，终端的安全能力和安全状况网络不知情、无法控制，用户地址可以伪造，无法溯源。随着移动互联时代的到来，这些问题不仅没有得到解决，相反，由于应用更加丰富，接入终端更加多样化，安全问题更加突出。

8.1 移动互联网安全的特点

移动通信与互联网的融合打破了其相对平衡的网络安全环境，大大削弱了通信网原有的安全特性。一方面，由于原有的移动通信网相对封闭、信息传输和管理控制平面分离、网络行为可溯源、终端的类型单一且非智能，以及用户鉴权严格，因此其安全性相对较高，而IP化后的移动通信网作为移动互联网的一部分，这些安全优势将所剩无几。另一方面，移动互联网也是互联网的一部分，时刻面临着互联网的种种安全威胁和挑战，需要及时提升自身的安全防护能力。同时，由于移动用户数量众多、参差不齐，面临的安全威胁会急剧增加，带来的安全危害会层出不穷，轻则影响用户的正常使用，重则影响社会的稳定、国家的安全。这些问题具体体现在下述几方面。

(1)移动互联网环境下，应用更加丰富。从最初的文本浏览、下载等方式逐渐对传统互联网形式进行靠拢和融合；移动互联网固有的随身性、身份可识别等特性产生了更加丰富、独特的业务形态，结合位置信息、彩信、短信等移动特色的各种服务将不断涌现；移动互联网逐渐向应用类和行业信息化的方向发展，移动办公、移动电子商务对安全提出了比较高的要求。应用威胁包括非法访问系统、非法访问数据、拒绝服务攻击、垃圾信息的泛滥、不良信息的传播、个人隐私和敏感信息的泄露、内容版权盗用和不合理的使用等问题。

(2)移动互联网环境下，终端的发展对安全提出了巨大挑战。终端的智能化，内存和芯片处理能力的增强，带来了非法篡改信息、非法访问、病毒和恶意代码新的安全威胁。随着移动通信技术和应用的演进，移动终端逐渐由通信工具向个人的信息处理中心转变，终端中存载着很多个人信息，一旦丢失或被窃取会造成很大的损失，因此，移动互联网必须保护用户行为及隐私不受干扰。

(3)移动互联网所处的环境也比传统互联网更为复杂，一方面是威胁的来源以及脆弱性的分布更加广泛，同时移动互联网的使用者对安全性的防护要求也更为多样化，包括对终端的安全防护，对接入的安全防护，对数据机密性、完整性的防护，对拒绝服务攻击的抵御，各种手段产生数据包造成网络负荷过重，防止利用嗅探工具、系统漏洞、程序漏洞进行攻击。

综上所述，移动互联网面临 3 个安全威胁：终端的安全威胁、网络的安全威胁和业务的安全威胁。不难看出，移动互联网安全呈现出两个发展趋势：一是更多的互联网应用通过移动终端承载，使得移动终端安全成为了新的安全热点；二是移动电子商务、移动办公等新型应用对安全提出了更高的要求。

针对安全威胁，移动互联网也有相对应的安全机制。因为移动互联网接入部分是移动通信网络，无论是采用 2G 还是 3G 接入，3GPP(第三代合作伙伴计划)、OMA(开放移动体系架构)等组织都制定了完善的安全机制。

(1)终端安全机制：终端应具有身份认证的功能，具有对各种系统资源、业务应用的访问控制能力。对于身份认证，可以通过口令或者智能卡方式、实体鉴别机制等手段保证安全性；对于数据信息的安全性保护和访问控制，可以通过设置访问控制策略来保证其安全性；对于终端内部存储的一些数据，可以通过分级存储和隔离，以及检测数据完整性等手段来保证安全性。

(2)网络安全机制：目前，在移动互联网接入方面，3G 有一套完整的安全机制。3G 在 2G 的基础上进行了改进，继承了 2G 系统安全的优点，同时针对 3G 系统的新特性，定义了更加完善的安全特征与安全服务，3G 移动通信网络的安全机制包括 3GPP 和 3GPP2 两个类别。

(3)应用安全机制：对于业务方面，3GPP 和 3GPP2 都有相应业务标准的机制。比如，WAP 安全机制、Presence 业务安全机制、定位业务安全机制及移动支付业务安全机制等，还包括垃圾短消息的过滤机制、防止版权盗用的 DRM 标准等。移动互联网业务纷繁复杂，需要通过多种手段，不断健全业务方面的安全机制。

尽管 3GPP 和 OMA 已经提供了相应的安全机制，但由于它们都是从机制上提出了可供利用的技术手段，属于基础层面。这些机制并未自动解决移动互联网安全的整体架构和安全部署，移动互联网可能存在的流量攻击、不健康内容等关键技术问题。因此，要面临的任务是：研究移动互联网安全总体架构，设计移动互联网中的安全能力；通过安全算法、安全协议保证移动互联网基础安全；研究移动互联网网络监控技术，提高对异常流量、攻击流量的防控能力；研究内容过滤技术，提高对非法内容的管控力度，特别是针对使用点到点 (P2P)及加密方式传播的不良内容的识别、获取、分析和控制技术，并开展内容安全管理配套机制研究；研发移动互联网信息安全监管试验系统。

8.2 移动互联网安全框架

移动互联网安全框架如图 8.1 所示，其中安全管理负责对所有安全设备进行统一管理和控制，基础支撑为各种安全技术手段提供密码管理、证书管理和授权管理服务。

8.2.1 应用安全

移动互联网业务可以来自互联网、移动网以及移动网与互联网结合所得的创新业务，包括移动浏览、移动 Web2.0、移动搜索、移动地图、移动音频、移动视频、移动广告、移动 Mashup 等业务。应用安全主要采用以下措施保证移动互联网业务的安全。

(1)应用访问控制。由于互联网上资源众多，资源的种类和信息量日益增加，使用环境也越来越复杂，必须有严格的安全认证手段，以防止对手控制资源的非法访问和非授权访问。应用访问控制为应用系统提供统一的基于身份令牌和数字证书的身份认证机制、基于属性证书的访问权限控制，保护受控制的信息不被非法和越权访问，并对事后的追踪提供可靠的依据。应用访问控制采用安全隧道技术，在应用的客户端和服务器之间建立一个安全隧道，并且隔离客户端和服务器之间的直接连接，所有的访问都必须通过安全隧道，没有经过安全隧道的访问请求一律丢弃。

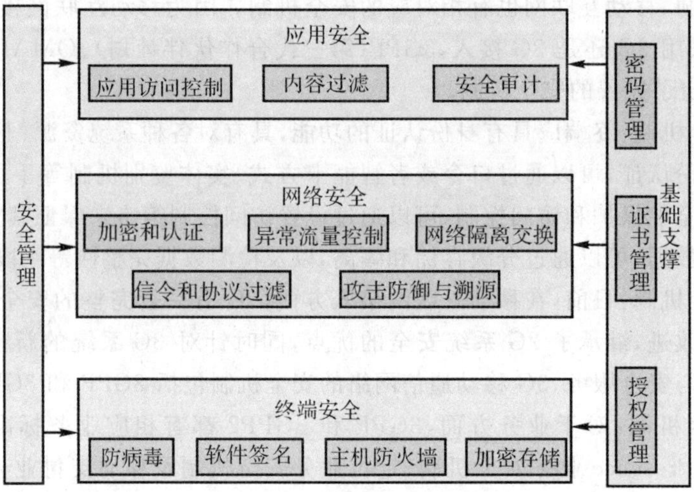

图 8.1　移动互联网安全框架

(2)内容过滤。Web 内容过滤：内容过滤基于分类库的 URL 进行访问控制，对色情、反动等多种负面网站按类别进行选择控制；对 Web 网页关键字和 Java，JavaScript，ActiveX 等移动代码过滤；以黑名单/白名单、通配符、正则表达式的方式进行网址过滤。反垃圾邮件：对收发邮件的地址、附件名、附件内容、主体、正文内容、收发邮件人姓名等关键字匹配过滤；对中转垃圾邮件进行识别和过滤；具备反垃圾邮件功能，在线查询垃圾邮件服务器，阻断垃圾邮件源。

(3)安全审计。安全审计一般包含两类审计策略：系统审计策略控制哪些事件应该作为系统相关的活动被记录，包括主体鉴别、改变特权以及管理安全策略的事件(如修改访问控制数据)等；应用审计策略控制应用程序应该审计哪些事件。

8.2.2　网络安全

移动互联网网络主要分两部分，接入网及 IP 承载网/互联网。接入网采用移动通信网时涉及基站(BTS)、基站控制器(BSC)、无线网络控制器(RNC)、移动交换中心(MSC)、媒体网关(MGW)、服务通用分组无线业务支持节点(SGSN)、网关通用分组无线业务支持节点(GGSN)等设备以及相关链路，采用 WiFi 时涉及接入(AP)设备。IP 承载网/互联网主要涉及路由器、交换机、接入服务器等设备以及相关链路。

(1)加密和认证。加密和认证体系可以参考 WPKI 认证体系。WPKI(WAP Public Key Infrastructure)借鉴 PKI 标准的主要思想，并针对 WAP 安全规范和移动互联网的特别环境做了必要的改动。WAP 安全规范包括 WAP 传输层安全规范 WTLS、WAP 应用层安全规范、WIM 规范和 WAP 证书管理规范。

数据加密。移动终端和服务器初次通信时，它们通过 WTLS 握手协议商定一组会话状态的密码参数，包括协议版本号、选择密码算法、可选择的相互鉴别，使用公开密钥加密技术生成共享密钥。在应用数据阶段中，所生成的共享密钥（预主密钥）将首先被转换成主密钥，主密钥再被转换成加密密钥和MAC密钥，加密密钥为客户机和服务器所共有，使用它对传输数据进行对称加密，保证了机密性，并提高了加密速度。移动终端的弱计算力将影响加密算法的选择和实现。由于移动终端CPU的处理能力有限，所以椭圆曲线算法（ECC）特别适用于移动互联网公钥体系。

身份认证。在进行安全握手时，服务器的证书会通过无线网络传到移动终端。对无线网络而言，定义一种缩微证书格式是很有必要的，这既能减轻传输负载，也可以减轻移动终端的处理负载。WTLS证书是X.509证书的缩微格式，适用于无线网络环境。电子商务应用需要一种证书取消机制，在无线网络环境下，可以采用短时效证书来实现证书取消。对内容服务器或WAP网关依旧采用长时效信用验证，但同有线网络不同的是，在时效期间，不是自始至终用一对密钥。证书颁发机构每天都向内容服务器或WAP网关颁发新的证书，如果证书颁发机构决定取消对服务器的信用，就不再颁发证书。

(2)异常流量控制。异常流量控制对协议、地址、服务端口、包长等进行流量统计，基于地址特征进行会话数统计，基于策略进行流量管理和Diffserv服务等级设置，还可以进行最大/最小/优先带宽控制和DSCP服务级别设置，以及上下行双向流量控制。

(3)网络隔离交换。网络隔离交换能够实现两个互联网络的安全隔离，并只允许指定的数据包在两个网络之间进行交换。通过设置两个独立的网络处理单元，每个网络处理单元对应一个连接的网络，各网络处理单元间具有唯一的隔离数据通道；两个网络处理单元在物理上是两个独立的实体，二者通过隔离通道实现数据交换，任何一个网络处理单元都不能控制另一个网络处理单元的运行；各处理单元之间交换的对象不是IP数据报文，而是经专用内部协议封装的应用层数据报文，任意原始IP数据报文不可能通过该通道实现数据交换。

(4)攻击防御与溯源。攻击防御能检测并抵抗DDoS/DoS攻击，积极防御syn flood，ping flood，arp flood，udpflood，teardrop，sweep，land - base，ping of death，smurf，winnuke，ip-spoofing，sroute，queso，sf_scan，null_scan等(D)DoS攻击；基于内置事件库对各种攻击行为进行实时检测；在发现攻击行为后能追溯攻击源，便于事后跟踪和监察。

(5)信令和协议过滤。移动通信网由基站、核心网设备等功能单元组成，能够提供移动电话业务；固定电话网由端局、汇接局等主要功能单元组成，能够提供固定电话业务；移动通信网环境和固定电话网通过七号信令实现网络互联和业务互联。信令和协议过滤能防御针对七号信令和各种通信协议的攻击，在安全管理系统的管控下完成信令和协议安全防护功能。

8.2.3 终端安全

(1)防病毒。移动互联网终端多属智能设备，通常具备操作系统，应当对常见的病毒如木马、钓鱼和针对操作系统、应用程序漏洞的攻击具备一定的防范能力。防病毒支持HTTP，FTP，POP3，SMTP，IMAP协议的病毒防护；可过滤邮件病毒、文件病毒、恶意网页代码、木马后门、蠕虫等多种类型的病毒；能对Blaster，Nachi，Nimda，Redcode，Sasser，Slapper，Sqlexp，Zotob等主流蠕虫病毒进行过滤和拦截；对灰色软件、间谍软件及其变种进行阻断。

(2)软件签名。通过签名手段对软件进行完整性保护，防止软件被非法篡改。一旦检测到应用程序被非法篡改，可以向安全管理设备报警。

(3)主机防火墙。通过在智能终端上进行主机防火墙的控制，可以通过白名单/黑名单对呼入呼出号码进行控制，对进出终端的数据包进行基于五元组等特征的控制。

(4)加密存储。移动互联网终端的信息自身安全主要是指存储在终端中的用户隐私信息和个人信息(包括通信录、通话记录、收发的短信/彩信、IMEI号、SIM卡内信息、用户文档、图片、照片在内)不被非法获取。重要信息加密存储在终端上，防止被非法窃取，并且加解密是低延迟的，对用户透明。

8.2.4 安全管理

安全管理设备能够对全网安全态势进行统一监控，在统一的界面下完成对所有安全设备的统一管理，实时反映全网的安全状况，能够对产生的安全态势数据进行汇聚、过滤、标准化、优先级排序和关联分析处理，提高安全事件的应急响应处置能力，还能实现各类安全设备的联防联动，有效抵挡复杂的攻击行为。

8.2.5 基础支撑

基础支撑包括密钥管理、证书管理和授权管理，证书、密钥及授权管理系统支持单机模式和级联模式。级联模式分为一级中心和二级中心，一级中心包含所有二级中心的密钥数据，二级中心只含有自己的密钥数据。证书密钥及授权管理系统为涉密信息系统提供互联互通密码配置，以及公钥证书和对称密钥的管理。

8.3 移动IP的安全分析

移动IP在实现主机移动性的同时，也带来了潜在的安全问题。移动IP的安全威胁和攻击主要来源于以下两方面。

(1)移动环境。移动IP通常应用于无线环境中，与有线网络相比，在无线网络中，攻击者可以在无线网络覆盖范围内的任意一个角落，通过无线电波发起主动攻击或者被动窃听。无线网络中的攻击行为比有线网络更容易实施，并且很难被检测出来。此外，移动节点离开家网，通过外地网络接入到Internet中时，所在网络不一定是可信网络，也容易受到诸如窃听、重放等安全攻击。

(2)移动IP协议。移动IP自身的工作机制在一定程度上产生了新的安全隐患。移动IP引入了新的控制消息，主要包括：代理通告，绑定更新，绑定请求/应答和家乡代理发现请求/应答等，在具体实现中如果处理不当，容易引来攻击；另外，移动IP还采用了隧道机制。这些信令和机制若不采取恰当的安全措施，都容易受到攻击。

8.3.1 移动IP的安全需求

机密性、完整性、认证和鉴权等都是计算机网络安全的基本目标。移动IP同样也需要实现这些目标，其中认证和机密性更为重要。这是因为移动IP自身的安全问题主要集中在两个方面：对注册消息的认证和隧道中数据的安全。而且，移动IP的协议实体的安全也需要保障。此外，集成AAA的移动IP协议在大规模的商用化部署时也涉及到诸如不可抵赖性等安全问题。

1. 移动 IP 的机密性

对于移动 IP 而言，除了要保证通信数据的机密性外，需要特别注意的是下面所述的机密性：

1）注册信息：用户注册时注册消息的机密性。

2）用户信息：所有的移动通信系统都要采用某种用户标识 ID 来标记用户，而这些信息都是攻击者所感兴趣的，因而这些内容比具体的通信内容而言更为重要，需要采用强的加密方式，以保证其机密性。

3）用户位置：移动环境中，用户使用的无线信号容易泄露用户的位置信息，移动 IP 的一些信令中也会包含用户当前所在网络的信息。然而，用户往往希望对自己当前所在的位置保密。这也是对用户信息机密性的隐私需要。

4）呼叫模式：呼叫模式是指呼叫者 ID、呼叫的频率、经常呼叫的通信对方等信息，偷听者一旦掌握了用户的呼叫模式，就更容易发起攻击。

2. 移动 IP 的认证和授权

当用户移动到外地网络时，会经常使用外地网络中的资源。通常只有授权的用户才可以访问这些资源。而授权访问的前提是认证，因此对移动用户的认证是非常重要的。认证是多种多样的，既有外地代理和家乡代理对移动节点的认证，也有外地代理对移动节点家乡代理的认证，还可能需要 AAA（Authentication Authorization Accounting，认证、授权和记帐）服务级的认证。所有这些认证必须是强制认证，且提供不可抵赖功能。在认证的基础上，确定移动用户的权限，实现授权访问，同时根据用户使用的服务进行记账。关于认证、授权和记账在移动 IP 中的应用在 8.4 中详细描述。

3. 移动 IP 的协议实体的安全

移动 IP 的协议实体包括：移动节点、外地代理、家乡代理和通信对端。这些协议实体都可能受到安全攻击，因此，应该从以下几个方面考虑移动 IP 的安全。

(1)移动节点。移动节点漫游到外地网络时将失去家乡网络防火墙的保护，因此，需要考虑如何把它纳入到家乡网络防火墙的保护中去，使移动节点能够具有同家乡网络上其他固定节点相同的安全级别。

(2)外地代理和被访问子网。当移动节点访问外地网络时，要能够在穿越外地网络防火墙的同时保护外地网络的资源和通信流。

(3)家乡网络和家乡代理。移动节点离开家乡网络后，要能够在穿越家乡网络防火墙的同时，保证家乡专用网络安全的完整性。

(4)通信对端。要防止恶意节点假冒移动节点进行会话窃听的攻击。

8.3.2　移动 IPv4 的安全分析

我们知道移动 IP 的整个工作过程主要由移动 IP 代理发现、注册和通过隧道传送数据几个步骤组成。从安全角度出发对这几个主要步骤进行分析，可指出移动 IP 的潜在安全威胁。

1. 移动 IP 代理发现

在移动 IP 的代理发现机制中，移动代理周期性地发送代理通告消息，移动节点根据收到的代理通告消息来判断自己的位置，即是在家乡链路还是在外地链路。攻击者可以利用这种机制，伪造一个代理通告，使得移动节点遭受中间人（Man - in - the - Middle）攻击。

中间人攻击是指攻击者拦截网络中的分组，经过修改之后再送回到网络中去。收到伪造代理通告消息的移动节点根据这个代理通告重新获取转交地址，从而失去和原有外地代理的联系。

2. 移动 IP 注册

当移动节点移动到外地网络，获得转交地址之后，必须进行移动注册。移动节点向家乡代理发出注册请求，家乡代理返回注册应答，这样保证发往移动节点的分组能够正确路由到移动节点。针对移动注册的攻击有以下几种。

(1)拒绝服务攻击(Denial of Service，DoS)。拒绝服务攻击是指攻击者为阻止合法用户的正常工作而采取的攻击。拒绝服务攻击是移动 IP 面临的最严重的一种攻击，这种攻击方法主要包括两种形式：一是通过向主机发送大量数据包，使得主机忙于处理这些无用的数据包而无法响应有用的信息；二是对网络上两个节点之间的通信直接进行干扰，如采取重定向的方法使合法用户无法获得所需要的数据。

在第一种形式的攻击中，一种常用的方法是 TCP SYNFLOODING 攻击，它使用非法的源地址建立大量的 TCP 连接来“轰炸”目标主机。这种攻击方法能够成功的一个关键原因在于目前 IP 单播数据包的选路只依赖于目的地址，而不需要察看源地址。这种特性使得攻击者可以用假冒的 IP 地址对目标服务器进行连接请求轰炸。

在 Internet 中，发起第二种形式的拒绝服务攻击通常要求攻击者位于两个通信节点之间的路径上，但是对移动 IP 而言则没有这种限制。如果移动主机位于外地链路上，它必须向家乡代理注册它的转交地址，然后由家乡代理根据注册的转交地址通过隧道技术将数据包传送到移动主机。所以一个攻击者只需要简单地发送一条伪造的注册请求给家乡代理，以它自己的 IP 地址代替移动节点的转交地址。如果攻击者的注册成功，那么它就可以截获本应送往移动节点的数据包，从而使得移动节点得不到服务。这种形式的拒绝服务攻击如图 8.2 所示。

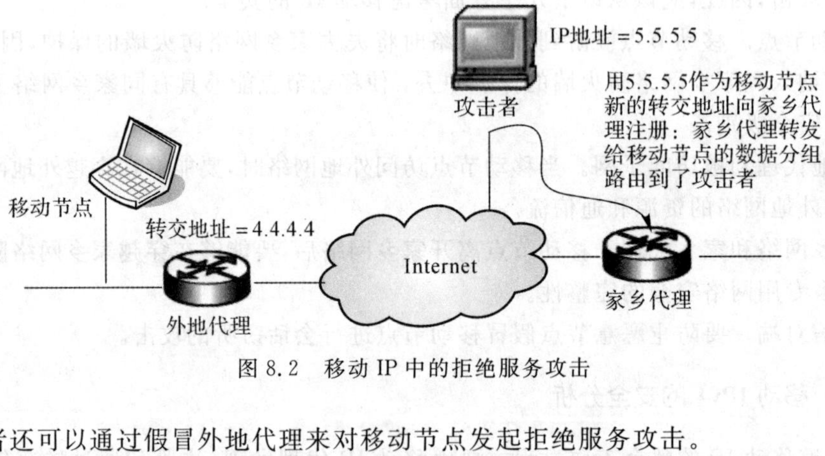

图 8.2　移动 IP 中的拒绝服务攻击

攻击者还可以通过假冒外地代理来对移动节点发起拒绝服务攻击。

当一个 MN 收到一条代理广播消息时，它需要知道这条消息是否来自合法的 FA。如果没有认证机制，一个恶意的 FA 可以很容易冒充成一个合法的 FA，然后以下面的方式进行拒绝服务攻击。

向 MN 返回注册应答消息告之其注册请求消息被拒绝了；

将 MN 的注册请求消息传递到另外的地址上，而不是传递到 MN 的 HA 上，使 MN 永远也接收不到来自 HA 的注册应答消息；

将 MN 的注册请求消息丢弃掉，使 MN 永远也接收不到来自 HA 的注册应答消息。

(2)假冒攻击。攻击者发出一个伪造的注册请求，把自己的 IP 地址当作移动节点的转交地址时，通信对端发出的所有数据包都会被送给攻击者。此时，攻击者能看到每一个送给移动节点的数据包；然而，移动节点无法再接收任何数据包，造成通信的中断。

进行这样的攻击对攻击者来说轻而易举，攻击者可以从无线网络覆盖的任何角落进行这种假冒攻击，它只需向移动节点的家乡代理发送一条伪造的注册请求消息。这种攻击也可以看作是第二种形式的拒绝服务攻击。

(3)重放攻击(Replay Attack)。这是一种典型的假冒攻击。攻击者通过窃听会话，截取数据包，把一个有效的注册请求信息保存起来，然后等待一段时间后，重放这个注册请求向家乡代理注册一个伪造的转交地址，从而达到攻击的目的。

3. 移动 IP 隧道

移动 IP 隧道机制中面临的一种安全威胁是利用隧道传送数据包时信息的窃取。窃取信息攻击可分为被动的网络窃听攻击和主动的会话窃取攻击。

(1)网络窃听攻击(Passive Eavesdropping)。攻击者被动偷听其他人的数据包，以窃取数据包中可能包含的机密和私有信息，就称为网络窃听攻击。

移动 IP 使用包含无线链路在内的多种传输媒介。由于无线链路的信道特性，攻击者不需要物理连接到网络上就可以进行侦听，未经授权的用户也有可能设法接入网络进行侦听。

(2)会话窃取攻击(Takeover). 在会话窃取攻击中，一个合法节点进行认证并开始应用会话后，攻击者通过假扮合法节点将会话窃取过去。此时合法用户无法获得有用的信息，因此这种攻击方法具有较大的破坏性。

1)外地链路上的会话窃取攻击。这种安全威胁的特性与被动偷听有些相似。也就是说，假设这个攻击者已经通过了网络链路层加密的防护，位于在移动节点的外地链路无线收发器的覆盖范围内，或是通过有线链路连接在一条基于以太网的外地链路上。这种会话窃取攻击过程如下：

(a)攻击者等待移动节点向它的家乡代理注册；

(b)攻击者偷听移动节点是否开始了一个易受攻击的通信(如主机的远程登录会话或链接到它在远端的电子邮箱)，从中获取移动节点的 CoA 等信息；

(c)攻击者向移动节点发送大量无用的数据包，占用移动节点 CPU 的全部时间；

(d)攻击者向通信对端发送数据包，就像是从移动节点发出的数据包，并截获通信对端发往移动节点的数据包，从而窃取会话。

移动节点可能会意识到通信过程存在问题，因为移动节点的应用程序中断了。但是移动节点并不知道它的会话已经被窃取了。攻击者还可以窃取那些与移动节点连在同一条链路上的主机的会话，这些主机包括没有使用移动 IP 的节点以及连在家乡链路上的移动节点。

2)移动节点和通信节点路径上的会话窃取攻击。如果攻击者没有连接到外地链路上，他仍然可以发动会话窃取攻击。当然，这要求他可以从移动节点和通信对端之间路径上的某一个点接入网络。

这里仍然假设攻击者已攻破了网络的物理安全机制，并建立了到网络的一条物理连接。这时的会话窃取攻击与前面讨论的外地链路上的会话窃取攻击相似，不同之处在于：

(1)在外地链路上采用的链路层加密不再有用。

(2)攻击者可以窃取他所连接的链路上的所有会话,而不仅是移动节点的会话。攻击的方法也和前面一样,先偷听对话过程,再发现有能够攻击的目标,然后用无用的数据包攻击该目标,最后假扮成被攻击节点的身份实施对整个网络的攻击。

在移动IP隧道机制中的另一种安全威胁是:如果外地网络配置了网络入境过滤的路由器或者防火墙(是指路由器或防火墙不允许源地址拓扑不正确的分组路由到网络),那么移动节点不能直接向通信对端发送数据,而需要使用反向隧道先发送到家乡网络,然后再转发给通信对端。利用反向隧道通信时,如果攻击者可以成功地假冒移动节点发送数据到家乡代理,则就能够对家乡网络进行攻击,因此需要对隧道进行安全保护。

8.3.3 移动IPv6安全分析

在移动IPv6中,潜在的安全问题多数来自错误的绑定缓存。绑定缓存的产生和更改是由绑定更新和绑定确认的使用引起的,而且发生在下述情况:移动节点向家乡代理注册新的转交地址及移动节点通知通信对端它现在的转交地址。下面对这两种情况下绑定缓存的安全性进行分析。

(1)移动节点向家乡代理注册转交地址,这个过程中可能存在的安全威胁有:

1)攻击者伪装成移动节点MN,向家乡代理HA发送非法的绑定更新(Binding Updating, BU),注册一个不正确的转交地址。

2)攻击者拦截移动节点MN发送给家乡代理HA的绑定更新BU,再伪装成家乡代理HA,给移动节点MN应答一个非法的绑定更新。

3)攻击者拦截移动节点MN发送给家乡代理HA的绑定更新BU,然后再重发,从而注册一个假的转交地址。

4)攻击者拦截移动节点MN发送给家乡代理HA的绑定更新BU或者家乡代理HA发给移动节点MN的绑定确认(Binding Acknowledge, BA),并作了恶意的修改。

(2)移动节点通知通信对端它目前的转交地址,这个过程中可能存在的安全威胁有:

1)攻击者伪装成移动节点MN,向通信对端CN发送非法的绑定更新BU,给出一个不正确的转交地址。

2)攻击者拦截移动节点MN发给通信对端CN的绑定更新BU,再伪装成对端节点CN,给移动节点MN发送一个非法的绑定确认BA。

3)攻击者拦截移动节点MN发给通信对端CN的绑定更新BU,然后再重发,从而注册一个假的转交地址。

4)攻击者拦截移动节点MN发给对端节点CN的绑定更新BU或者对端节点CN发给移动节点MN的绑定确认BA,并作了恶意的修改。

移动IPv6中还有一个安全问题就是目的选项扩展报头中的家乡地址选项一方面解决了网络入境过滤路由器的问题,另一方面,也暴露了移动节点当前的位置信息,这给某些希望隐藏移动节点位置信息的通信带来了安全威胁。

目前移动IPv6标准规范了IPSec协议作为移动IP的安全机制。但是由于IPSec依赖于公钥基础设施(Public Key Infrastructure, PKI),而PKI的建设是一个复杂的工程,目前还没有广泛实施。IPSec密钥管理部分要求终端设备有很强的处理能力。未来使用移动IP协议的设备很大一部分是手机、PDA 一类计算能力相对比较弱的设备，而且，能耗也是需要考虑的一个因素，因此，要求进行大量计算的安全机制不太适合这些设备。所以，关于移动 IP 是否采用 IPSec，目前还存在争论。

8.4　移动 IP 的安全方案

8.4.1　安全方案的设计原则

针对移动 IP 协议面临的多种安全威胁，移动 IP 的安全方案必须实现以下功能：

1)信令消息的完整性、认证和抗重放攻击。

2)对用户通信流的完整性、认证和机密性保护。

3)被访问网络的通信流的保密性。

考虑到移动 IP 协议在特殊应用环境可能遭受的安全威胁，在设计移动 IP 的安全体系时，还需要考虑以下几个重要因素。

(1)扩展性(Scalability)。移动 IP 协议的应用场使移动节点在不同网络之间漫游，通信对端也分散在不同的网络之中，这些网络采取的安全机制可能会各不相同，而且网络之间不存在必要的安全信任关系。这就要求移动 IP 的安全机制要能够有比较好的扩展性，以满足各种不同的网络安全机制。

(2)兼容性(Compatibility)。在移动 IP 协议中，通信对端可以是网络中的任意节点，这些节点可能具有固定网络中的安全机制，移动 IP 协议的安全机制应该不影响所处网络的原有的安全机制。

(3)复杂性(Complexity)。使用移动 IP 协议的移动节点如手机和 PDA 计算能力较弱，能源较少，因而移动 IP 的安全机制应该尽可能简单、计算量小。安全机制还要考虑移动节点的切换问题。为了减少切换造成的延迟，要求安全机制进行的交换次数要少，最好能够与移动 IP 协议的信令消息捆绑在一起。

8.4.2　移动 IP 针对各种安全攻击的解决方法

在移动 IP 安全机制中，会涉及到安全关联的概念。移动 IP 中的移动安全关联(Mobile Security Association)是一组用于保护消息的安全策略。两个移动实体进行安全通信前，必须首先协商一个安全关联，选择通信双方都能支持的加密与认证算法。移动安全关联有以下几部分组成：加密算法(如 DES，3DES，Blowfish，CAST，AES 等)；消息摘要算法(如 MD5，SHA，Tiger 等)；认证算法(如预先分配共享密钥，数字签名和共享密钥等)；移动安全关联的生存期等。

1. 拒绝服务攻击

对付第一种拒绝服务攻击，目前还没有彻底的解决方案，关键问题是很难甚至不可能对使用假地址的入侵者进行追踪。路由器通过设置入口过滤，可以将源地址与其网络拓扑不匹配的数据包丢弃。采用这种入口过滤可以减少这类攻击的威胁，但是不能完全解决这个问题。因为攻击者可以使假冒的 IP 源地址正好处于网络中的某个合适的点，再继续发动攻击。入口过滤的好处是它的存在可以使追踪攻击的过程更为精确地进行。如果所有的 ISP 都设置这样的过滤器,就有可能将这种攻击的数据包封锁在它的产生地。

对固定主机而言,入口过滤可以较好地工作。但对移动 IP 来说,由于一个处于外地链路的移动节点发出的数据包的源地址仍为家乡地址,路由器认为该地址应该位于移动节点的家乡链路上,所以那些配置了入口过滤的路由器会把这些合法的数据包全部丢弃,从而造成数据丢失。这个问题可以通过以下两种方法来解决。

1)一种方法是移动节点使用配置转交地址作为发送数据包的源地址。这种方法实现简单,但存在很大的局限性,因为有些网络注册系统只允许 IP 地址在一定范围内的用户访问,配置转交地址可能处于未经授权的地址范围内,从而无法享用申请的服务。

2)另一种方法是通过采用反向隧道将数据包封装后送到家乡代理,然后由家乡代理负责转发收到的数据包,此时数据包的源地址与其网络拓扑相匹配而不会被入口过滤路由器丢弃。但是又带来了路由迂回的缺陷,而且反向隧道本身也要面对劫持攻击(劫持反向隧道指的是攻击者通过向移动节点的外地代理发送一个假的注册请求和注册应答来欺骗外地代理与假的家乡代理地址建立隧道)。防范劫持攻击也需要强大的认证机制。

IP报头 (RFC 791)
UDP报头 (RFC 768)
注册请求消息的定长部分 (移动IP 字端) (RFC 3344)
移动 – 家乡认证扩展
移动 – 外地认证扩展 (可选)
外地 – 家乡认证扩展 (可选)

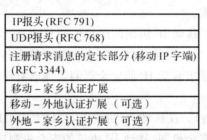

图 8.3　包含认证扩展的注册消息

为了对付第二种拒绝服务攻击,移动节点和家乡代理之间的所有注册消息必须采用有效的认证机制,从而使得攻击者不可能伪造注册请求消息。为此,移动 IP 协议提供了一些认证机制。通过认证扩展的方式提供了移动节点和移动代理之间的注册消息的认证,即移动—家乡认证扩展,移动—外地认证扩展,外地—家乡认证扩展。其中,移动—家乡认证扩展是必选的,其余两个是可选的。在实际的应用中,应该根据外地的网络环境来使用可选的认证,以防止非法移动节点发起的会话窃取和 DoS 攻击,或者是假冒的外地代理发起的窃听和 DoS 攻击。认证的方式,就是在家乡代理、移动节点和外地代理之间,通过公开密钥加密和数字签名来提供相互的信任关系。移动 IP 使用的默认认证算法是增强的 MD5 算法,使用前缀+后缀的模式,密钥(默认的为 128 位)放在需要认证的数据的前面和后面。图 8.3 所示为包含认证扩展的注册消息的一般结构。

以包含移动—家乡认证扩展的移动 IP 注册为例,具体步骤如下:

移动节点产生一条注册请求消息,其中包括固定部分和移动—家乡认证扩展,移动节点填写请求消息和扩展部分中除认证域外的所有其他字段,然后计算出以下字段的一个消息摘要:共享秘密密钥,注册请求消息的定长部分,除认证域外包括移动—家乡认证扩展在内的所有扩展(即类型、长度和安全参数索引),接着还是移动节点和家乡代理共享的秘密密钥。移动节点将这个消息摘要放入移动—家乡认证扩展的认证字段中,这样就完成了一个注册请求消息的组装。然后移动节点将这个消息发送给家乡代理。

当注册请求消息到达家乡代理后,家乡代理所做的工作与移动节点在组装消息时所做的工作大致相同。家乡代理用它和移动节点共享的秘密密钥以及接收到的注册请求消息的各个字段计算消息摘要，将计算结果与从移动节点那里接收到的认证字段相比较。若相等，家乡代理就知道移动节点确实发出了一条注册请求消息，而且这条消息在传送过程中没有被更改；若不相等，家乡代理就拒绝这条注册请求消息。因此，移动 IP 的认证扩展同时提供了认证和完整性检验。家乡代理向移动节点返回注册应答时的过程正好相反，家乡代理计算注册应答消息和密钥的消息摘要，将消息摘要放在注册应答的认证字段中，移动节点检查消息摘要来对家乡代理进行认证，并检查消息的完整性。

2. 假冒攻击

对这种安全威胁的解决方法是要求移动节点和它的家乡代理之间交互的所有注册消息都进行有效的认证。所谓有效的认证是指几乎不可能产生一个伪造的注册请求而不被家乡代理识破。移动 IP 采用移动-家乡认证扩展来防止假冒攻击。

3. 重放攻击

为防止重放攻击，移动节点为每一个连续的注册消息标识域(Identification)都产生一个唯一值。该值使得家乡代理可以知道下一个值应是多少，这样，攻击者就无能为力了，因为它保存的注册请求消息会被家乡代理判定为已经过时。

移动 IP 定义了两种填写标识域的方法。第一种方法使用时间戳(必须的)，移动节点将它当前估计的日期和时间填写进要发送的消息的标识域。如果这种估计和家乡代理估计的时间不够接近，家乡代理就会拒绝这个注册请求，并向移动节点提供一些信息来同步它的时钟，这样移动节点以后产生的标识就会在家乡代理允许的误差范围内了。

除非在节点之间的安全关联中详细说明，一般使用默认值 7s 作为时间差别的限度，而且应该至少大于 3s。很显然，两个节点必须拥有很好的经过同步的时钟。与其他信息一样，时间同步信息也可以根据两个节点间的安全关联而采用某种认证机制来防止被篡改。移动节点必须把标识域设置为由网络时间协议(Network Time Protocol，NTP)所指定的一个 64 比特的数值。NTP 格式的低 32 比特代表秒的小数部分，其余 32 比特应该由一个好的随机源产生。

需要注意的是，当使用时间戳时，在一个注册请求消息中所使用的 64 比特标识域的值必须大于任何先前的注册请求消息中的标识域的值，因为家乡代理同时要使用这个域作为一个序列号。如果没有这样的序列号，家乡代理很可能会收到一些早些时候的注册请求的延迟了的副本(在家乡代理所要求的时钟同步范围内)，造成次序颠倒，从而错误地改变了移动节点当前注册的转交地址。

当收到具有认证扩展的注册请求时，家乡代理必须首先检查标识域的有效性。如果时间戳合法，家乡代理将整个标识域拷贝到返回给移动节点的注册应答中去。如果时间戳不合法，家乡代理只将低 32 比特拷贝到注册应答，用它自己的时间日期填充高 32 比特。此时，家乡代理必须拒绝该注册，在注册应答中返回编号 133，表示匹配错误。而移动节点在使用高 32 比特进行时钟同步之前，必须证实注册应答消息中的低 32 比特与被拒绝的注册请求消息中的相同。

另一种方法采用 Nonces(可选的)，它类似于秘密密钥认证中随机数的作用。在这种方法中，移动节点为家乡代理规定了向移动节点发送下一个注册应答消息的标识域的低半部分中必须放置的值，相似的，家乡代理向移动节点规定了在下一个注册请求消息的标识域的高半部分中必须放置的值。如果有任一个节点接收到的注册消息的标识域中的值与期望的值不符，家乡代理就会拒绝这条消息，而移动节点则不理会这条消息。拒绝机制使移动节点可以和家乡代理同步，以防止他们保留有关下一个标识域过时的值。

具体来说，移动节点负责产生每一个注册请求中标识域的低 32 比特，它最好自己生成随机 nonce，也可以复制家乡代理发来的随机数；家乡代理则根据需要产生伪随机数用作 nonce，并插入这个新的 nonce 作为每一个注册应答中标识域的高 32 比特。家乡代理将标识域的低 32 比特从注册请求消息复制到注册应答中标识域的低 32 比特；而移动节点在收到来自家乡代理的经过认证的注册应答时，保存标识域的高 32 比特，并用作下一个注册请求的高 32 比特。每一个注册消息中，家乡代理使用新的高位值而移动节点使用新的低位值。外地代理根据低位值以及移动主机的家乡地址来判断注册应答和等待的请求是否正确匹配。

在实现上，移动节点和家乡代理之间的重放保护的类型是移动安全关联的一部分。一个移动节点与家乡代理必须就将采用哪种重放保护方式达成一致。对于标识域的解释取决于重放保护的方法。无论采用哪种方法，标识域的低 32 比特必须从注册请求消息中原封不动地拷贝到注册应答消息中。外地代理使用这些比特（和移动节点的家乡地址）来匹配注册请求和相应的注册应答。移动节点必须验证任何收到的注册应答消息的标识域的低 32 比特与它所发出的注册请求消息中的是否相同。

4. 网络窃听攻击

防范网络窃听的关键在于杜绝信息的明文传输。存在两种方法——数据链路层加密和端到端加密，它们都是采用了加密来防止数据中的机密被网络上的移动节点和其他节点窃取。

无线链路的物理安全性是非常脆弱的，为得到链路上传送的信息，人们并不需要物理地连接到网络上，所以可以假设总会有未经授权的用户通过无线的或有线的方式接入网络，因此必须采取措施来加固网络以防止这些人。

假设在移动计算机网络中，移动节点可以通过两种媒介连接到外地代理和家乡代理上：无线 LAN（Local Area Networks）和有线的以太网。数据链路层加密可以使移动节点和它的外地代理之间的数据在较脆弱的无线链路上传送时不被偷听；端到端加密是一种更好的方法，它与物理介质无关，可以在网络的任一点上保护数据，而不仅仅是在移动节点的外地链路上对数据进行保护。

端到端加密可以保证数据的机密性和完整性，是指在通信的源对数据进行加密，在目的地对数据进行解密，而不只是在最后一段或第一段链路上对数据进行加解密，所以它比链路加密要更好些。端到端加密的好处有很多。

(1)在网络上的任一点上，数据都得到了对付偷听的保护，而不只是在外地链路上得到保护。

(2)无论外地链路采用的是什么媒介，数据都得到保护（很难找到一种产品，它采用特定的链路技术，同时又实现了加密）。

(3)只在源和目的地才对数据进行展开，而不是在许多地方，这样防止了通信过程中不必要的时延。

(4)这种方法可以扩展到通过通用网络访问专用网的情况，这时不会牺牲专用网上数据的机密性。

5. 会话窃取攻击

防止外地链路上的会话窃取攻击的方法与防止偷听的方法一样，至少要求移动节点和它的外地代理之间有链路层加密,最好是在移动节点和它的通信对端之间有端到端加密。加密可以防止会话窃取攻击的原因是,如果移动节点和外地代理之间采用了链路层加密,那么它们各自都认为从另一方接收到的数据包是加密的。这就意味着,为了得到明文它们中的每个节点都要对接收到的数据包进行解密。注意只有移动节点和外地代理才拥有对它们之间交换的数据进行加解密的密钥。由于得不到合适的密钥,攻击者就不可能产生移动节点和外地代理能正常解密的密文,或者解出的明文全是乱码。进一步地,好的加密机制可能提供一种方法让解密的一方能确定恢复的明文是合法的还是乱码。

实现这种功能的一种明显的方法是同时提供数据加密和完整性检查。解密时数据如果不能通过完整性检查,接收节点就知道这是乱码了。如[Bellovin96][1]中所描述的,不带认证的加密存在严重的弱点,对敏感的数据同时进行加密和认证是明智的选择。正确使用的加密能够使得会话窃取攻击变得无法实现。

对于其他会话窃取攻击,这时要求用端到端加密来保护网络上任一节点的数据,这种加密可以用安全封装载荷(Encapsulating Security Payload, ESP)或者采用应用层来实现。

采用端到端加密是一种更为有效的防止信息窃取攻击的方法。目前采用端到端加密的应用有很多,其中安全封装载荷可以为不能支持加密的应用程序提供端到端的加密功能,它不仅可以对应用层数据和协议报头加密,还能对传输层报头加密,从而可以防止攻击者推测出运行的是哪种应用,具有较好的安全特性。

由此可见,加强注册过程的认证机制和对隧道的加密是理所当然的解决方法。

8.4.3 移动 IPv6 提供的安全机制

在 IPv6 标准中集成了 IPSec 协议,所有的 IPv6 节点都应该能够处理认证报头(Authentication Header, AH)和封装安全载荷报头(ESP)。移动 IPv6 协议使用 IPSec 作为其安全基础,移动 IPv6 可以利用 AH 和 ESP 报头来提供必要的认证和加密机制。这使得移动 IPv6 协议在安全方面需要的额外工作少一些。移动 IPv6 和移动 IPv4 的一个重要差别在于——采用了 IPSec 支持认证和数据的加密。

移动 IPv6 还利用了 IPv6 的一些特性,例如:自动配置,目的地选项和源路由。移动 IPv6 在 IPv6 的目的地选项扩展报头中增加了四个新的目的地选项。这些选项是:绑定更新,绑定响应,绑定请求和家乡地址选项。

在移动 IPv6 中,绑定管理是利用 IPv6 的目的地选项来实现的。移动 IPv6 协议指明,所有承载了绑定更新或者绑定响应目的地选项的分组都必须使用认证报头(AH)或者封装安全载荷报头(ESP)来认证。上述两种报头都可以提供发送者认证,数据完整性保护和重放保护。另外,ESP 报头还提供了 IPv6 分组载荷的加密,它解决了通信机密性所受到的安全威胁。AH 报头的功能与移动 IPv4 的安全机制非常接近。由于依赖于标准的安全机制,所以移动 IPv6 实现起来更加容易。在某种程度上,移动 IPv6 更不容易出现实现错误或者规范错误。

除了使用 IPSec,移动 IP 还采用了返回路径可达过程(Return Routability Procedure, RRP)加强对通信对端绑定更新的保护。

RRP 分为 Home RRP 和 care - of RRP。Home RRP 用来判断通信对端是否可以通过家乡代理与移动节点的家乡地址进行通信,并且产生互相认同的 home cookie。而 care - of RRP 用来判断通信对端是否可以直接与移动节点的转交地址进行通信,并且产生互相认同的 care

－of cookie。这两个 RRP 分别由移动节点和通信对端之间的一对消息来完成。

通过 RRP,移动节点和通信对端可以产生一个共享的密钥 Kbu,该密钥用于绑定更新。密钥 Kbu 长 16 字节,其产生算法如下:

Kbu＝Hash(home cookie||care－of cookie)

家乡地址选项一方面解决了网络入境过滤路由器的问题,另一方面,也暴露了移动节点当前的位置信息,这给某些希望隐藏移动节点当前位置信息的通信带来了安全威胁。为了减少针对这种安全威胁进行的攻击,当移动节点和通信对端之间存在必要的安全关联时,家乡地址选项的功能应该和 IPSec 的 ESP 加密一起使用。

8.4.4 IPSec 协议

IPSec 是一种在 IP 环境下支配安全管理的标准技术,它提供了一种标准的、健壮的以及包容广泛的机制,可用它为 IP 及上层协议(如 UDP 和 TCP)提供安全保证。它由 Internet 工程任务组(Internet Engineer Task Force, IETF)开发,其设计目标是在 Internet 上建立安全的 IP 连接,用来填补目前 Internet 在安全方面的空白。它定义了一套默认的、强制实施的算法,以确保不同的实施方案相互之间可以共通。而且假若想增加新的算法,其过程也是非常直接的,不会对共同性造成破坏。

IPSec 为了保障数据包的安全,定义了一个特殊的方法,它规定了要保护什么通信、如何保护以及通信数据发给何人。IPSec 可以保障主机之间、网络安全网关(如路由器或防火墙)之间或主机和安全网关之间的数据包的安全。由于受 IPSec 保护的数据包本身不过是另一种形式的 IP 包,所以完全可以嵌套提供安全服务。IPSec 安全体系结构如图 8.4 所示。IPSec 协议包括 3 个部分:验证头(AH)协议,封装安全载荷(ESP)协议和 Internet 密钥交换(Internet Key Exchange,IKE)协议。IPSec 通过 AH 和 ESP 协议实现各种安全服务,AH 证明数据的起源地、保障数据的完整性以及防止相同数据包的不断重播,ESP 则更进一步,除具有 AH 的所有能力外,还可选择保障数据的机密性,以及为数据流提供有限的机密性保障,AH 和 ESP 提供的加密和认证服务取决于他们所采用的算法。AH 和 ESP 报头格式如图 8.5 和图 8.6 所示。IKE 协议用以动态地验证 IPSec 参与各方的身份、协商安全服务以及生成共享密钥等等,它作为 IPSec 默认的自动密钥管理协议,也叫 Internet 密钥管理协议(Internet Key Management Protocol, IKMP)。IPSec 密钥管理涉及确定和分发密钥,支持手工密钥分发和自动密钥分发。

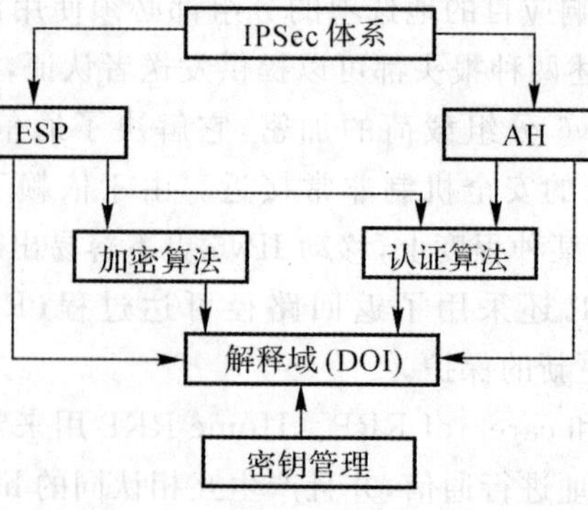

图 8.4　IPSec 安全体系结构

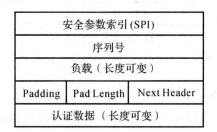

Next Header	负载长度	Reserved
安全参数索引(SPI)		
序列号		
认证数据（可变）		

图 8.5　认证头(AH)格式

安全参数索引(SPI)		
序列号		
负载（长度可变）		
Padding	Pad Length	Next Header
认证数据（长度可变）		

图 8.6　封装安全载荷(ESP)格式

“安全关联”(Security Association,SA)是 IPSec 中的关键概念,它是两个或多个实体之间的一种关系,描述这些实体将如何使用安全服务来实现安全的通信。安全关联包含下列内容:加密算法、认证算法以及共享的会话密钥。安全关联是单向的,对于双向安全交换需要有两个安全关联。通过安全关联创建的安全服务可以用于 AH 或 ESP,但不能同时用于二者。如果一个通信流同时应用 AH 和 ESP 保护,则在每个方向上需要创建两个安全关联。SA 一般由 IKE 动态创建,在其存活时间(TTL)内保存在“安全关联数据库”(Security Association Database, SADB)中。

IPSec 安全策略由“安全策略数据库”(Security Policy Database,SPD)维护。SPD 定义了对进出 IP 堆栈的每个包,采用何种安全策略?丢弃、绕过、应用。“丢弃”表示拒绝该包进或出;“绕过”表示不对外出包应用安全服务,也不验证进入包是否应用了安全服务;“应用”表示对外出包应用安全服务,同时要求进入包也应用了安全服务,此时 SPD 将指向一个或一束 SA。表示将其定义的保护方法用于数据包。

具体的定义的 RFC 如下所述:

1)RFC2401:IP 安全体系结构,定义了整体体系结构,并指定了 IP 认证头 AH 和 IP 的封装安全性协议 ESP 的公共元素。

2)RFC2402:IP 认证头 AH,定义了一种与算法无关的机制,用于提供加密认证而不需要对 IP 包进行加密。

3)RFC2406:IP 封装安全性协议 ESP,定义了一种与算法无关的机制,用于对 IP 包的加密。

4)RFC2409:Internet 密钥交换(IKE),定义了建立、协商、修改和删除安全关联(SA)的过程和包的格式。

IPSec 有两种工作模式如图 8.7 所示:传输模式和隧道模式。传输模式用来保护 IP 载荷的上层协议,隧道模式用来保护整个 IP 载荷。在传输模式中,IP 头与上层协议头之间需插入一个特殊的 IPSec 头;而在隧道模式中,要保护的整个 IP 包都需封装到另一个 IP 数据包里,同时在外部与内部 IP 头之间插入一个 IPSec 头。两种 IPSec 协议(AH 和 ESP)均能同时以传输模式或隧道模式工作。

图 8.7　不同模式下受 IPSec 保护的 IP 包

无论是隧道模式或传输模式,受 AH 保护的 IP 包头都不能被修改,受传输模式下 ESP 保护的数据包也是如此。但是,采用 ESP 隧道模式保护的数据包则可以修改外层包头。

建议在移动 IP 中采用 IPSec 安全协定。使用 IPSec 相比于使用其他安全机制具有很多优点。首先 IPSec 是一种标准化的能够在链路层和传输层提供安全保障的安全协议(SA),服务提供商能够根据和用户建立的服务级别协定(Service Level Agreement, SLA)来实施安全策略,从而使得安全协定的管理变得较为容易。其次移动节点所在的外地网络和家乡网络只需使用一个安全协定,不需在任何外地代理和家乡代理之间都建立安全协定,从而大大提高了安全管理的可扩展性。而且,下一节中应用 VPN 技术保护移动 IP 的方案也要用到 IPSec 协议。

移动 IPv6 使用标准的 IPSec 中的 AH 和 ESP 报头来提供安全性。

第9章 移动互联网热点技术

9.1 移动 Widget

Widget 是在互联网/移动互联网环境下，运行在终端设备上的一种基于 Web 浏览器/Widget 引擎的应用程序，它可以从本地或互联网更新并显示数据，目的是协助用户享用各种应用程序和网络服务。用户可以通过 Widget 技术定制自己的 Widget 桌面、下载 Widget 应用，开发者可以创建、发布、管理自己的 Widget 应用，运营商可以通过 Widget 技术增加客户粘性，利用 Widget 技术提供最先进的 PC 和手机桌面应用展现形式和最优质的用户体验。

9.1.1 Widget 分类

一般意义上的 Widget 包括网页 Widget、桌面引擎 Widget，通常所说的移动 Widget 可以认为是一种基于移动终端的桌面引擎 Widget。

网页 Widget 基于浏览器技术，运行于网页上，用户游览网页的时候运行，用户可以在自己的个人网页上任意位置添加各种功能的 Widget，丰富了网页的表现。

桌面引擎 Widget 基于终端引擎技术，运行于个人电脑或手机终端上，用户运行后始终呈现在用户桌面上，其优点是它能同一时间接收来自不同信息源的信息。桌面引擎 Widget 的应用使得软件服务商可以推送各类资源给用户，本地或远程的软件服务可以十分方便地更新 Widget 内容，从而主动地将信息推送到用户的桌面，而不需要用户去启动软件本身查询，这就给广告商和运营商带来极大的商机。

9.1.2 技术特点

桌面引擎 Widget 技术较之传统终端技术，有以下技术特点。

(1) 跨终端平台的 Widget 应用系统。Widget 应用可以一次开发，随处运行，一次编写后可以发布到多种终端平台下，为用户提供统一的用户体验；

(2) 融合多种网络业务的 Widget 应用平台。Widget 应用平台有机的融合了互联网应用能力和电信业务能力，用户通过本应用平台可以享受目前互联网流行的免费 Widget 小应用，同时也可以使用电信业务。

(3) 可管理可运营的 Widget 管理平台。Widget 管理平台提供了一套完善的 Widget 应用发布、下载、升级、计费的管理工具，实现了 Widget 应用可管理可运营。

(4) Widget 为业务应用提供新的用户体验。Widget 作为互联网上流行的软件技术，以其良好的业务体验为广大用户接受，利用 Widget 技术来封装电信网络能力，向用户提供增值业务，增强了用户的业务感知；

(5) Widget 为业务应用提供了新的开发形式。Widget 提高了运营商业务应用的开放程

度,用户可以利用简单的编程语言开发业务,降低了增值业务开发门槛,缩短了开发周期;

(6) Widget 为业务应用提供了新的传播途径。Widget 技术改变了传统增值业务由运营商和第三方应用开放商营销推广的模式,采用新的病毒式营销模式推广,提高了业务应用的使用率。

(7) 桌面引擎 Widget 系统一般包括终端引擎和 Widget 平台两部分,终端是通用 Widget 引擎的运行平台,包括 Widget 应用、通用 Widget 终端引擎、操作系统模块,通用 Widget 引擎是通用 Widget 开放系统的终端侧引擎,提供 Widget 运行环境、API 适配等功能,可适配多种终端平台;Widget 平台是 Widget 系统的服务器侧平台,提供用户接入、业务运营、广告管理、业务代理和应用开发管理功能。

9.1.3 发展趋势

随着 3G 业务的逐渐深入和拓展,国内外运营商也开始关注终端引擎 Widget 技术研发和运营。2008 年底,手机运营商沃达丰发布了一系列 Widget 应用,同时宣布旗下 Widget 运营网站 WidgetVine 上线。国内中国移动计划推出 BAE(Browser based Application Engine)支持 JIL Widget 格式,中移动的 BAE Widget 将作为一种产品形态补充到其即将上线的移动超市中。中国联通的 Uniplus 计划中其核心就是 Widget 技术,其计划利用 Widget 技术打造一个兼容多种终端类型的中间件产品,将其应用快速发布到多类终端上。

随着国内各大运营商 3G 网络的部署,移动互联网产业环境的逐步成熟,各大运营商、设备提供商、软件商都投入巨大的热情到 Widget 产业应用中,Widget 技术发展呈现以下趋势。

(1) 运营商主导。国内外各大运营商已经强势进入 Widget 技术领域,并将其作为移动互联网领域的一项关键技术进行研发工作,可以说 Widget 技术向上承接各类应用,向下兼容各类操作系统,是打通应用和终端之间的一条关键技术纽带,同时运营商也希望可以主导由 Widget 技术带动形成的产业链和商业模式。

(2) 标准化。前期各类 Widget 互不兼容,目前 W3C,OMTP,CCSA,JIL 等标准化组织和国际国内各大运营商都已经或者开始着手制定 Widget 标准,力求可以兼容目前市场上主流 Widget 应用。

(3) 融合化。Widget 技术兼容移动终端、MID、上网本和传统 PC 终端,可以将传统互联网业务快速部署到移动终端上,为用户提供固定移动融合业务体验。

(4) 移动化。从 Widget 应用市场角度来看,Widget 特点和移动互联网的特点决定 Widget 技术将首先应用到移动终端上,移动化也将是 Widget 技术的核心和亮点。

9.1.4 技术规范

目前 Widget 技术规范的主要制定组织包括:W3C(World Wide Web Consortium,万维网联盟)、OMTP(Open Mobile Terminal Platform,开放移动终端平台)、CCSA (中国通信标准化协会)、JIL(联合创新实验室)。以上这些组织结合自身特点,从不同层面对 Widget 技术进行了相关规范性的工作。

1. W3C

W3C 主要拟定了以下标准。

(1)Widgets 1.0:打包格式与配置。该规范定义了 Widget 配置文件的写法。

(2)Widgets 数字签名。该规范定义了一套可用于 Widget 的数字签名规则,同时定义了

Widget 引擎如何验证签名的规则。

(3)Widgets 1.0:访问请求策略。运行 Widget 的引擎会向 Widget 提供一些敏感的 API，如访问文件系统的 API 等，这些内容在不经用户允许的情况下，不应该被 Widget 任意获取。该规范定义了 Widget 访问敏感数据应该遵循的一套安全模型。

(4)Widgets 1.0:APIs 与事件。该规范定义了一套可供 Widget 调用的 API 和事件通知接口。

各标准的关系如图 9.1 所示。

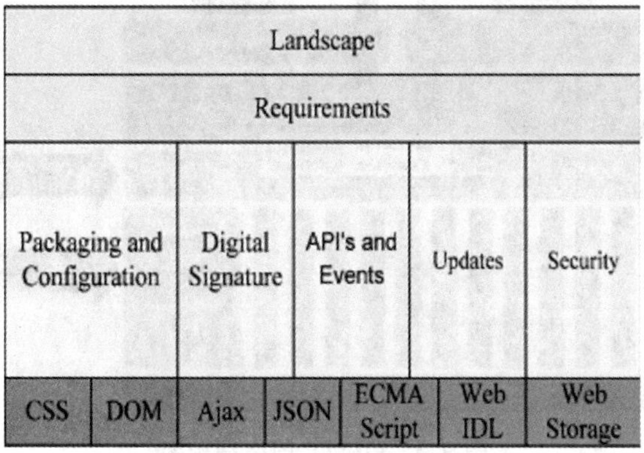

图 9.1　W3C 标准结构图

W3C 的主要工作放在了桌面终端 Widget 技术，其对于 Widget 用户代理的架构描述，如图 9.2 所示，桌面终端 Widget 用户代理底层采用 Http 协议，采用 DOM 解析 XML 消息对象，嵌入 ECMAScript 负责解释执行 Javascript 脚本，采用 Ajax 技术的 HttpRequest 方法用于和网络服务对象交互，利用 Widgets API 获取终端能力供上层应用调用。

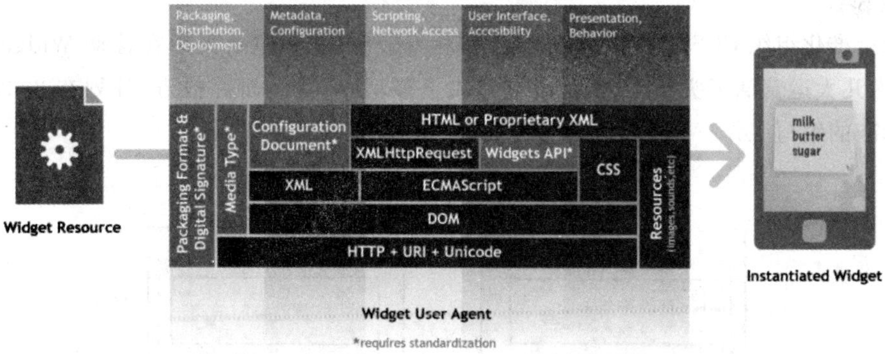

图 9.2　W3C Widget 引擎架构图

目前支持 W3C Widget 标准的软件厂家最多，目前主流 Widget 引擎基本都支持 W3C 规定的打包格式和标记语言，但是由于 W3C 的 Widget API 相对滞后，不能满足 Widget 各种丰富应用的要求，因此大部分厂家都对其进行了扩展，导致不同厂家的 Widget 应用部分不兼容。

2. OMTP

OMTP(开放移动终端平台)组织针对 Widget 引擎或者可兼容浏览器制定了的开放 API

接口——BONDI 标准。OMTP 组织初期是由八家移动运营商建立的，旨在为开放式移动终端平台(OMTP)制订能被广泛接受的标准。此计划的创始成员包括 mmO2、NTTDo、CoMo、Orange、SMART Communications、Telefonica Moviles、TIM(意大利移动通信公司)、T－Mobile 和沃达丰。W3C 目前已经考虑采纳 BONDI 标准作为 W3C Widget API 标准。

OMTP 的主要工作是制定了针对 Widget 引擎或者可兼容浏览器的开放 API 接口，其规定的终端架构如图 9.3 所示。

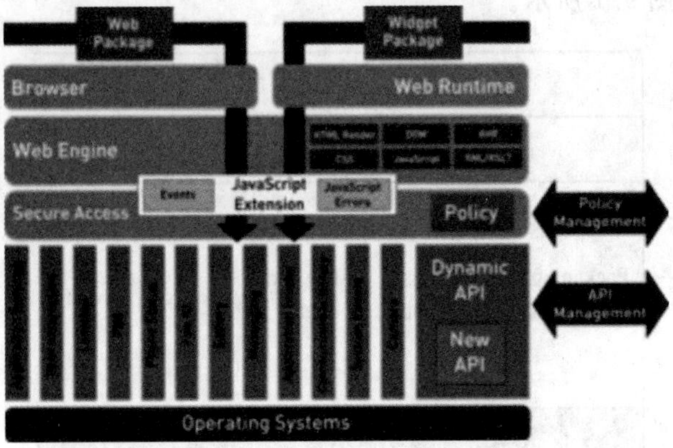

图 9.3　OMTP 的终端构架

可以看到 Bondi 标准的主要工作在以下两方面。

(1) OMTP 在终端安全型方面进行更为严格的规定；

(2) OMTP 的 Bondi 标准的 Widget API 更全面更丰富；

Bondi 标准更加贴近运营商需求，但是目前终端和 Widget 厂家支持较少，W3C 已经考虑将 Bondi 标准纳入其规范范围。

3. CCSA

国内标准化组织 CCSA 参加 Widget 工作相对较晚，工作主要集中在移动 Widget 标准方面，由国内几大运营商牵头编写，目前已经完成了移动 Widget 研究报告，计划在 2009 年底展开相关标准的编写工作。图 9.4 是移动 Widget 研究报告的架构图。

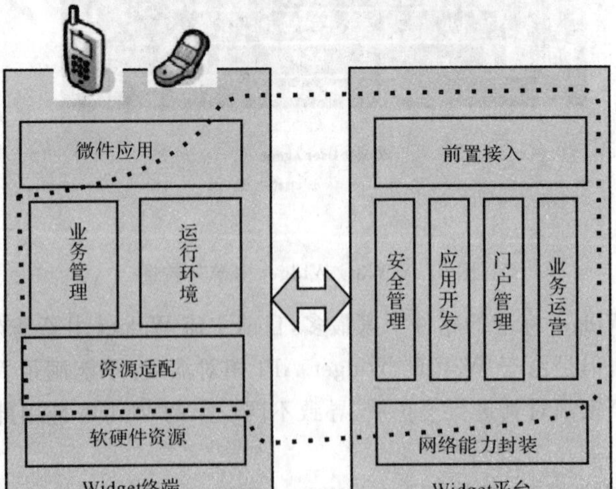

图 9.4　CCSA 构架

可以看出 CCSA 的标准研究有以下特点。

(1) 重点放在了移动 Widget 标准研究上；

(2) 相对于国外标准，更多重点关注 Widget 平台侧，关注终端和平台的接口交互。

CCSA 的标准充分反映了国内运营商的需求，运营商更多的关注 Widget 如何建设、如何运营。

4. JIL

JIL 标准是 JIL 指定的针对 Widget 的开放 API 接口，JIL 是中国移动、沃达丰、软银、Verizon 共同出资创造的实验室。

JIL 标准更加关注的是开放 API 接口标准，目前中国移动的 BAE 平台支持 JIL 标准，其他 Widget 软件提供厂家也将 JIL 标准作为下一阶段的研发方向。

9.1.5　移动 Widget 的关键技术

目前主流的移动 Widget 产品主要涉及 Widget 技术规范、引擎、应用安全体系及应用开发工具等关键技术。

1. Widget 引擎

Widget 引擎相当于一个容器，能够容纳不同类型的 Widget 应用，为 Widget 的运行提供良好的运行环境。Widget 引擎通常基于统一、支持国际 Web 标准的全浏览器内核技术来实现，一般都包括 JavaScript 解析引擎和 Web 解析引擎，负责完成整个 Widget 运行生命周期的管理，包括 Widget 的安装、解析、渲染、呈现与卸载等。

Widget 引擎为 Widget 应用提供了跨平台的运行环境系统架构。

(1)开放统一的 API。Widget 引擎定义了一套完善的 JavaScript 扩展框架，基于 JavaScript 语言定义了一系列对象，扩展了 Widget 引擎的功能，提供更多访问手机终端和网络平台提供的常用功能和业务能力。

Widget 引擎作为移动的运行环境，屏蔽了移动终端平台的差异性，提供一套统一的微技 API，实现移动 Widget 业务应用的跨平台运行。

(2)Widget UI 自适应。移动 Widget 引擎通过提取描述界面元素、逐层逐点分析、选取转换替代元素及重构适配界面等技术自动调节 Widget UI 各个元素的位置和大小，实现 Widget 应用跨平台运行时用户界面适配的难题。

2. Widget 应用安全体系

在移动 Widget 业务系统中，以一个个移动 Widget 应用为载体，从开发者和内容提供商，经运营商、平台提供商和终端提供商等，直到最终用户，形成了一条完整的产业链。为了更好地保护这条产业链上各方的利益，设计从开发者(含内容提供商)经运营商(含平台提供商和终端提供商等)直到最终用户的端到端安全解决方案显得尤为重要。移动 Widget 业务系统所采用的主流整体安全方案包含下列 3 个核心部分。

(1)基于安全域的 API 授权策略。采用基于安全域的 API 授权策略是为了防止 Widget 引擎提供的 API 能力被恶意的 Widget 应用滥用，从而对用户的数据安全和经济利益造成损害。通常 Widget 业务系统制定了统一的 API 规范，这些 API 可分为两个大类：终端 API 和接口协议 API。

接口协议 API 是 Widget 引擎和网络侧服务器之间的互操作接口。这部分 API 比较容易从网络侧进行控制，被滥用的可能性和危害性较小。

终端 API 是 Widget 引擎以 JavaScript 的形式向 Widget 应用提供的终端能力。Mobile Widget 业务系统对每个终端 API 的潜在危害性进行了评估，并据此将这些 API 划分为“受限(Restricted)”和“非受限(Unrestricted)”两大类。非受限 API 的使用是完全开放的，而受限 API 的使用则必须在 config.xml 文件中进行声明，并由 Widget 引擎根据该 Widget 应用所属的安全域执行相应的授权策略。

(2)基于代码签名的 Widget 应用发布管理。Widget 数字签名系统是代码签名的一种形式，其理论基础是基于公钥密码学的 PKI(Public Key Infrastructure，公钥基础设施)及数字签名技术。签名信息写在 Widget 应用安装包的签名文件中，通常文件名约定为 signature.xml。

签名文件主要由以下 3 个部分组成：安装包内每个文件的摘要值；利用签名私钥对上述摘要值进行数字签名运算得出的签名值(称为“Widget 签名值”)；公钥证书信息。

标准的 JIL(Joint Innovation Lab，联合创新实验室)Widget 签名文件中包含两个公钥证书的信息：一个是验证 Widget 签名值所用的公钥证书(称为“ContentID 证书”，或简称为“ContentID”)；另一个是签发该证书的二级 CA(Certification Authority，认证权威)的公钥证书。

二级 CA 的公钥证书由根 CA(Root CA 或简称 Root)签发。根证书预置在 Widget 引擎中作为“信任锚(Trust Anchor)”。根证书、二级 CA 证书和 ContentID 证书一起构成了一个三级的“证书链(Certificate Chain)”。Widget 引擎通过验证证书链来决定一个 Widget 应用的安全域归属。一个 Widget 应用归属哪个安全域，取决于其签名证书链的顶端可以追溯到哪个根。Widget 签名发布系统如图　所示。

对 Widget 应用的数字签名可以满足 3 个安全需求：保证 Widget 内容的完整性，防止传输过程中被篡改；保证 Widget 应用来源的可靠性；提供方便的回收机制。

(3)基于第三方认证的高级开发者管理。对 Widget 开发者而言，移动 Widget 业务系统是一个受控的开放系统。

普通开发者只需在开发者社区网站上进行简单的注册，即可下载 JIL 提供的 SDK 开发工具，并使用非受限的 API 开发自己的 Widget 应用。普通开发者可向 Widget 发布系统提交自己开发的 Widget 应用，但无法为这些应用申请 JIL 域或运营商域的签名。如果提交的应用通过了发布系统的内容审查，将可以出现在 Widget 商店里供用户下载使用。在用户手机的 Widget 引擎上，这些应用将被安装到非受信域。

申请 Widget 发布签名的首要条件是必须获得高级开发者的资格，并向指定的第三方认证机构申请开发者证书(PublisherID)。它是开发者在移动 Widget 业务系统中的“数字身份证”。开发者可用这张证书来对自己开发的 Widget 应用进行数字签名，这种代码签名既可保证内容的完整性，又兼有版权声明的作用。

颁发 PublisherID 证书的第三方认证机构是具有法律认可第三方认证资质的 CA 中心。CA 中心的职责是审查数字证书申请者的身份，将申请者的身份标识与数字证书进行绑定，发放数字证书，及时公布失效的数字证书(证书吊销)，并负责对发放的数字证书进行管理(证书更新、资料存档等)。

开发者证书和开发者签名，再加上终端侧的 API 授权控制策略，共同构成了移动 Widget 系统端到端的安全解决方案。

9.1.6　应用开发工具

由于 Widget 基于标准的 Web 技术，使用文本编辑器等普通工具也可以开发 Widget，但 Widget 应用开发工具提供了专业的移动 Widget 应用开发所需要的环境，其主要由以下两部分组成。

(1) Widget 集成开发环境(IDE)。移动 Widget 集成开发环境支持一些特色功能，如语法亮显、代码检查、JavaScript 脚本调试、应用预览、应用自动打包签名等，大大方便开发者的 JIL Widget 开发。

(2) Widget 模拟器。Widget 模拟器可以模拟 Widget 应用在移动终端真机上运行的效果，让开发者直观体验开发的 Widget 应用。

9.2　移动定位服务

移动定位服务(LBS)指利用一定的技术手段通过移动终端和无线网络的配合获取移动终端用户的位置信息(经纬度坐标)，在电子地图平台的支持下，为用户提供用户需要的与位置相关的信息服务。

移动定位服务是移动互联网和定位服务的融合业务。2009 年 2 月初关于 3G+GPS 手机随时能定位的调查中，有超过七成的受调查者持支持态度，希望手机定位服务早日推出。根据电信研究机构 Berg Insight 一项最新的报告显示，2012 年欧洲已有 1000 多万移动用户利用定位服务。在众多的手机定位服务中，测绘、导航和搜索被认为是最热门的应用，紧随其后，社会网络和探测等也很受欢迎。

9.2.1　移动台自定位

移动台自定位也叫做前向链路定位系统，如图 9.5 所示。其定位过程是由移动台根据接收到的多个基站发射信号携带的某种与移动台位置有关的特征信息(如场强、传播时间、时间差等)来确定其与各基站之间的几何位置关系，再根据有关算法对其自身位置进行定位估计，由移动台用户掌握其自身的位置信息。这类定位方法有用于 GSM 蜂窝网络中的下行链路增强观测时差定位方法(E－OTD)、用于 WCDMA 蜂窝网络中的下行链路空闲周期观测到达时间差定位方法(OTDA－IPDL)等。

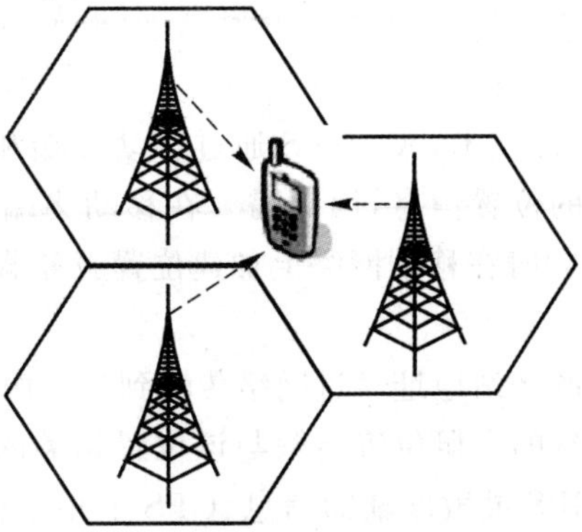

图 9.5　移动台自定位系统

9.2.2 Cell-ID 定位

Cell-ID 是 3GPP 推荐的最简单的一种定位技术。不需改动网络和移动台，易于实现，有很好的覆盖性和可靠性，且响应速度快，整个定位过程只需 1s 左右，但也是定位准确度最差的一种。它利用基站对手机用户进行位置确认，也就是以手机所处的蜂窝小区 ID 号来确认移动用户的位置。只要系统能够把该小区基站设置的中心位置和小区的覆盖半径发送给移动台，移动台就能知道自己处在什么地方。该方法的定位精度依赖于基站覆盖区域的大小，在基站分布较少的地区如郊区和农村很难获得理想的定位精度。

Cell-ID 若结合时间提前量(Time Advance，TA)或往返测量时间(Round Trip Time，RTT)这两种测量距离的方法便能大幅提高它的定位精度。TA 和 RTT 分别用在 GSM/GPRS 和 UMTS 系统中。在 GSM 系统中，为使移动台发出的信号在适当的时间到达基站以进入正确的时隙，基站测量一个 TA，其值与基站和移动台之间的距离成比例。WCDMA 系统中也存在类似的机制，其 RTT 值是信号传播距离的函数。GSM 中 TA 是以比特时间为单位描述的，一个比特的时间内信号传输距离为 1108 m，所以定位精度的下限为 554 m；WCDMA 中，对于 1.28 Mc/s 和 3.84 Mc/s 的码片速率，定位精度下限分别为 58.6 m 和 19.5 m，如图 9.6 所示。

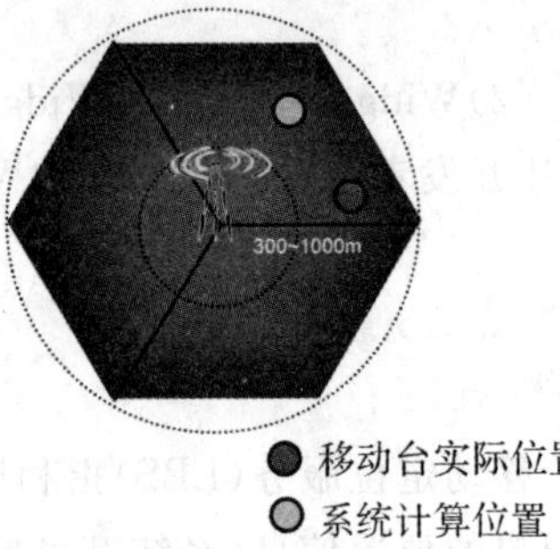

图 9.6 Cell-ID 定位技术

9.2.3 A-GPS 定位

A-GPS(Assisted Global Positioning System)即网络辅助的全球定位系统，这种方法需要网络和移动终端都能够接收 GPS 信息，是一种结合了网络基站信息和 GPS 信息对移动终端进行定位的技术，可以在 2G 和 3G 网络中使用。此技术的优势主要在其定位精度上，在室外等空旷地区，正常工作环境下其精度可达 5～10m，堪称目前定位精度最高的一种定位技术。另一方面，利用网络传来的辅助信息可以增强 TTFF(Time To First Fix)，其首次捕获 GPS 信号的时间大大减小，一般仅需几秒，而不像 GPS 的首次捕获时间可能需要 2～3min。A-GPS 定位响应时间为 3～10s。

此外，为了解决终端在室内以及在城市中被建筑物遮挡而难以接收 GPS 信号的缺陷，一般 A-GPS 技术解决方案还考虑了 CELL-ID 定位技术作为备用方案，这样就大大提升了 A-GPS的定位能力

1. A-GPS 基本原理

作为一种高精度的移动定位技术，A-GPS 通过移动终端和 GPS 辅助定位信息(由移动网络提供)共同获取移动终端的位置信息，因而需要在移动终端内增加 A-GPS 接收机模块(或者外接 A-GPS 接收机)，同时在移动网络上加建位置服务器等设备。

其定位流程如下：

(1)移动终端首先将本身的基站地址通过网络传输到位置服务器。

(2)位置服务器根据该终端的大概位置传输与该位置相关的 GPS 辅助信息(GPS 捕获辅助信息、GPS 定位辅助信息、GPS 灵敏度辅助信息、GPS 卫星工作状况信息等)和移动终端位

置计算的辅助信息(GPS 历书以及修正数据、GPS 星历、GPS 导航电文等)。利用这些信息,终端的 A－GPS 模块可以很快捕获卫星,以提升 GPS 信号的第一锁定时间 TTFF 能力,并接收 GPS 原始信号。

(3)终端在接收到 GPS 原始信号后解调信号,计算终端到卫星的伪距(伪距即受各种 GPS 误差影响的距离)。

(4)若采用网络侧计算,终端将测量的 GPS 伪距信息通过网络传输到位置服务器,位置服务器根据传来的 GPS 伪距信息和来自其他定位设备(如差分 GPS 基准站等)的辅助信息完成对 GPS 信息的计算,并估算该终端的位置;若采用终端侧计算,终端根据测量的 GPS 伪距信息和网络传来的其他定位设备的辅助信息完成对 GPS 信息的计算,把估算的终端位置信息传给定位服务器。

(5)位置服务器将该终端的位置通过网络传输到应用平台。

A－GPS 定位过程如图 9.7 所示。整个方案以 3G 网络为传输数据方式。辅助接收机实时地从卫星处获得参考数据(时钟、星历表、可用星座、参考位置等),通过网络提供给定位服务器。当移动终端需要定位数据时,定位服务器通过无线网络给终端提供 A－GPS 辅助数据,以增强其 TTTF,从而大大提高 A－GPS 接收模块的灵敏度。

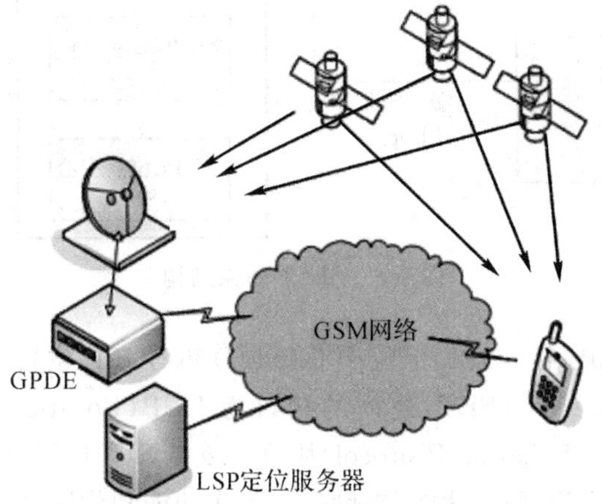

图 9.7　A－GPS 定位过程

2. A－GPS 的网络结构

目前,基于无线网络的 A－GPS 技术中,可以采用两种基本的网络拓扑结构:控制平面(Control Plane)和用户平面(User Plane)。

(1)控制平面。控制平面方式中,移动定位中心(Serving Mobile Location Centre,SMLC)与无线基站的无线网络控制器(Radio Network Controllet,RNC)集成,GPS 辅助信息通过信令的方式来交互。移动定位网关(GMLC)位于无线网络的 IP 数据网上,负责外部定位请求的接入。

由于通过信令接口在核心网络内部传输辅助数据,因而该结构传输效率高且安全可靠,有利于位置服务的管理和控制。其缺点是 RNC 需具有 SMLC 功能,会影响到核心网络,实现和维护复杂,成本较高。

(2)用户平面。用户平面方式利用现代无线网络的 IP 功能,通过 IP 数据网和 SMLC 交互辅助信息，移动终端的UE(User Equipment)直接通过相应的标准接口实现定位信息从终端到GMLC的传递。其相应的标准由开放式移动联盟(OMA)制定，称为安全用户层面定位(SUPL)。这种方式的优点在于可以独立于无线网络部署，无需无线接入网和核心网中各节点的网络信令支持，无需对无线核心网络进行改造，且与2G网络兼容，易实现，成本低，因而推广迅速。

SUPL定位方式使移动终端直接建立从终端到GMLC的端到端对话，实现无线定位信息传递，并通过Le接口实现与服务提供商的互通。SUPL的典型体系结构如图9.8所示。

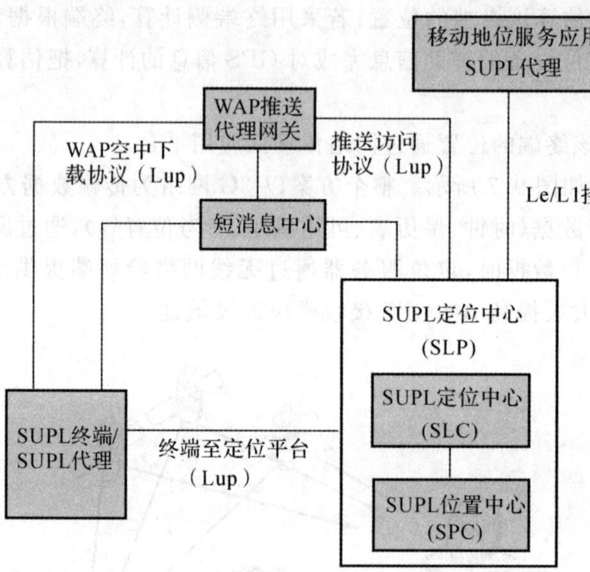

图9.8　SUPL体系结构

SUPL定位平台(SLP)由SUPL定位中心(SLC)和SUPL位置中心(SPC)两部分组成，SUPL定位平台和SUPL终端(SET)之间的接口为LUP(Location User Plane)，接口采用OMA的ULP(User plane Location Protocol)协议。支持SUPL接口功能的SET具备的功能有：私密功能、安全功能、SET预备功能、辅助信息发送功能和位置计算功能等。

3. A-GPS的网络通信过程

(1)SUPL LUP接口定义。LUP的功能从逻辑上可分为定位服务管理接口和定位计算接口。其中，定位服务管理接口用来在SLP和SET之间建立会话并执行SLC的功能。定位计算接口在SET和SLP之间传送位置计算信息，它执行SPC的功能，其消息定义见表9.1。

表9.1　定位服务管理接口消息定义(代理模式)

消息名	消息描述
SUPL INIT	此消息由SLP用来向SET发起SUPL会话，用于网络发起的SUPL通信。该消息可能包含初始目的SET的通告、密钥认证说明、MAC地址和密钥认证等
SUPL START	SET用此消息来开始一个与SLP的SUPL会话

续 表

消息名	消息描述
SUPL RESPONSE	在 SET 发起的定位请求中，此消息作为 SLP 对 SUPL START 消息的回复
SUPL END	SLP 或 SET 用此消息来结束一个 SUPL 会话

表 9.2　定位计算接口消息定义

消息名	消息描述
SUPL POS	此消息用于 SLP 和 SET 之间交换定位过程中的信息(采用 RRLP/RRC/TIA－801 协议)，该信息包含了计算 SET 位置的数据
SUPL POS INIT	SET 用此消息来开始一个与 SLP 的定位会话(采用 RRLP/RRC/TIA－801 协议)
SUPL END	SLP 或 SET 用此消息来结束一个 SUPL 会话

(2)网络通信过程。在 SUPL 中，可分为代理模式和非代理模式。在代理模式下，SPC 不再直接与 SET 通信，而是由 SLC 作为代理完成 SET 和 SPC 之间的通信；在非代理模式下，SPC 将直接与 SET 进行通信。另外，由于终端归属地的不同，又可分为漫游和非漫游两种情况。在这里为了便于讨论，只针对非漫游代理模式的通信过程做出分析。网络端和 SET 均可发起网络通信，图 9.9 给出了由网络发起的定位通信过程。

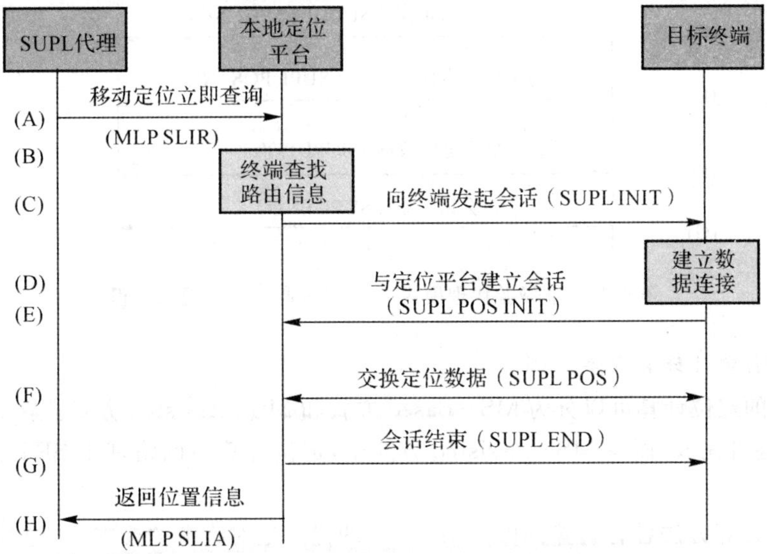

图 9.9　非漫游代理模式下网络发起的定位通信过程

在图 9.9 中，(A)由 SUPL 代理向 H－SLP(Home SLP)发送一个 MLP SLIR 请求消息，该消息中包含 ms－id，client－id 和 qop 等；(B)H－SLP 核实当前目标 SET 没有处于 SUPL 漫游当中且支持 SUPL 功能；(C)H－SLP 使用 WAP PUSH 或 SMS 向 SET 发送一个 SUPL

INIT 消息，该消息应该包括 session－id、posmethod、SLP mode 等；(D)SET 收到 SUPL INIT 后，建立与 H－SLP 通信的安全数据连接；(E)SET 向 H－SLP 发送一个 SUPL POS INIT 消息来开始一个定位会话，该消息中包含有 session－id、lid、SET capabilities 等，SET 可能会在其中设置被请求的辅助数据；(F)H－SLP 根据 SUPL POS INIT 提供的定位协议选取相应的通信协议(RRLP/RRC/TIA－801)与 SET 进行连续的定位数据交换。(G)当位置信息计算结束时，H－SLP 向 SET 发送 SUPL END 消息通知 SET 定位会话结束，同时 SET 释放和 H－SLP之间的安全 IP 连接和相关会话资源；(H)H－SLP 向 SUPL 代理通过发送 MLP SLIA 消息返回 SET 位置信息，同时释放所有相关的会话资源。

由 SET 发起的定位通信过程与图 3 所示区别不大，从(E)开始的步骤与图 3 相同，只是在最后发送 SUPL END 消息并释放相关资源后，整个通信过程结束。不同的是 SUPL 代理可与 SET 集成，SET 首先建立与 H－SLP 的安全数据连接，而后向 H－SLP 发送 SUPL START 消息，H－SLP 在核实当前目标 SET 没有处于 SUPL 漫游当中且支持 SUPL 功能后，发送 SUPL RESPONSE 消息作为对 SUPL START 消息的回应。由 SET 发起的定位通信过程如图 9.10 所示。

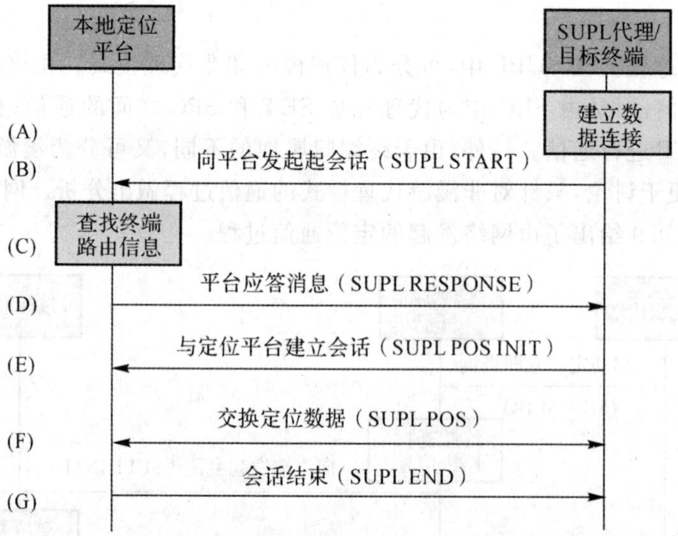

图 9.10　非漫游代理模式下 SET 发起的定位通信过程

4. A－GPS 定位计算方法

A－GPS 的定位计算可以分为 MS－Based 方式和 MS－Assisted 方式。在 MS－Based 方式中，计算由终端完成；而在 MS－Assisted 方式中，定位计算由网络基于 SET 提供的测量数据完成。

两种定位计算方法各有利弊：MS－Assisted 的优点是对终端的要求低，但具有时延较大、不适合高速行驶情况下的定位等缺点。相比而言，MS－Based 方法的优点是网络负担小且定位时延小；适合短时间内的连续定位情况；在网络不能提供辅助的情况下，可以使用自治的 GPS 功能来定位，因而可靠性高；此方式下无需核心网络作任何改进，成本较低。总体而言，MS－Based 方式是比较可取的定位方式。

9.2.4　移动定位服务的应用

移动定位服务的应用(LBS)市场蕴藏了巨大的商机,通信运营商、地图厂商、软件开发商、终端厂商等整个产业链中的众多参与者都积极投入其中,大力推进 LBS 服务以及应用,主要有以下几方面。

(1)手机导航。基于手机导航的位置服务,不仅是电子地图,还包括了实时路况、3D 地图、实时天气、在线导航和周边资讯等多种增值信息服务。基于手机导航的位置服务目前边界较宽泛,如可向用户提供周边搜索查询服务,可向用户提供同城交友服务,可与即时通信相结合提供陌生人的沟通和交友服务,甚至还可与移动支付相结合,实现各类实体商品和服务的预约和扣费等。

(2)基于位置的社会网络服务。LBSNS(基于位置的社会网络服务)核心是 LBS,通过整合移动互联网和互联网的无缝网络服务,帮助用户寻找朋友位置和关联信息,同时激励用户分享位置等信息内容。位置服务为用户信息增加新的标记维度,LBSNS 通过时间序列、行为轨迹和地理未知的信息标记组合,帮助用户与外部世界创建更加广泛和密切的联系,增强社交网络与地理位置的关联性。

(3)智能汽车。汽车信息化为信息技术与汽车产业交叉融合而成的新兴产业,目前在国内外迅速普及和发展。智能汽车主要为用户提供汽车导航、跟踪定位、交通信息、娱乐信息以及安保监控服务,从目前的市场发展状况来看,运营商最具商业前景的位置服务应用莫过于智能汽车。在北美,以通用汽车为代表的 onstar 推出 3 个月内就发展了 600 万用户,系统以安保为核心卖点。该公司在 2009 年 11 月与中国电信确立合作关系,在旗下所有品牌中预装中文系统。在日本,以丰田为代表的 G - Book 系统逐渐覆盖高中低档产品,搭载 3G 应用内容的信息化汽车不仅在销量上取得了佳绩,在节能减排方面也有不俗的表现。

(4)智能救助。智能救助类业务属于典型的面向个人的定位业务,此类业务早在 2002 年左右就已经在国内商用。智能救助业务主要是面向公众中的特殊群体,如为孤寡老人、空巢老人等人群外出提供应急救助。小学校园也是这一业务开拓的重要市场,如帮助家长和老师实时定位孩子是否到校、在哪里,如发生紧急情况,就可以提供紧急救助。

(5)智能交通。智能交通涉及的范围很广,其中典型应用有智能公交和智能出租车。智能公交是在定位服务的基础上,将各种应用添加到一个大的平台之上。如根据定位信息公交调度监控管理体系可生成最优化的行车计划,调度车辆和管理车辆;根据实时定位信息,公交调度监控管理体系也可根据预先设置好的各种数据和库中的行车状况,向车辆发出调度指令,如加速、慢行、绕道或发车等。智能出租车的主要目的是实现出租车的智能监控和调度。

(6)智能医疗定位。智能医疗定位是一项极具商用前景的定位业务。其可帮助运营商绕过复杂的医疗信息化体系,直接发挥自己的网络优势,面向最终用户提供服务。通过用户携带的手机或终端,医疗调度中心可实时定位到患者的所在位置,甚至可以实时了解到患者的信息,调度距离患者最近的救护车;而接诊医生也可以通过救护车实时发回的病患体征信息,与救护车进行视频通话,指导急救。可因此缩短急救时间、提高急救成功率。

(7)物流监控。物流监控是运营商最希望开拓的定位市场。货运行业业务覆盖地域广、车辆多,需要位置服务信息的用户多,要求数据共享的程度高。货运行业企业多而小,行业市场尚未完成整合,能够支付得起定位服务的大型企业不多,运营商进入这一市场商业模式挑战大。现代物流监控不仅要确定物体的位置，同时还要保障货物运输最优安排、准确及时运送，要求时刻跟踪货物的位置和状态，信息量大，网络压力也大，这对运营商也是一个挑战。

9.3 XMPP协议

XMPP是一种以XML为基础的开放式实时通信协议，是经由互联网工程工作小组(IETF)通过的互联网标准。XMPP因为被Google Talk和网易泡泡应用而被广大网民所接触。XMPP继承了XML的灵活性和可扩展性。因此，基于XMPP的应用也同样具有超强的灵活性和可扩展性，经过扩展后的XMPP可以通过发送扩展的信息来处理用户的需求。

Jabber是著名的基于XMPP实现的通信服务器，由Jeremie Miller在1998年开始的一个免费、开源的项目，用于提供给MSN、Yahoo的IM服务。与MSN，QQ，YAHOO等众多网络通讯工具不同的是，它是一个自由开源软件，能让用户自己架设即时通讯服务器，可以在Internet上应用，也可以在局域网中应用。Jabber最有优势的就是其通信协议，可以和多种即时通讯对接。比如有第三方插件，能让Jabber用户和MSN、ICO等IM用户相互通讯。XMPP目前在免费源代码开放Jabber IM系统中被广泛采用，其拥有成千的Jabber开发者，以及大约数万台配置的服务器和超过百万的终端用户。现在Jabber服务器软件已具备了非常好的稳定性和可扩展性。因为服务器可免费下载，在全球范围里已形成了一个分布式的公共Jabber服务器网络，使用Jabber服务的用户数也迅速增长。2003年，Jabber用户超过了ICQ，2005年Google Talk的加入更令Jabber的发展充满活力。在几年前IM市场开始膨胀时，其标准成为热点问题。当时，有两个尚未成熟的标准被提交到IETF：基于SIP(会话初始协议)电话协议的SIMPLE和基于XML的XMPP。随后，更多的厂商开始作出选择：微软和IBM支持SIP和SIMPLE，而XMPP则获得Jabber，Google苹果、惠普和法国电信的支持。2005年，XMPP终于获得IEFT的正式认可，而SIMPLE还在IETF的完善过程中。

9.3.1 XMPP协议框架

Jabber是基于IETF草拟标准Extensible Message and Presence Protocol(XMPP)的开放式即时消息传递和现场服务协议，用的是客户端—服务端的系统架构，而不是其他一些即时消息系统使用的客户端—客户端的系统架构。所有从一个客户端到另一个客户端的Jabber消息和数据都必须通过服务端。如图9.11所示。

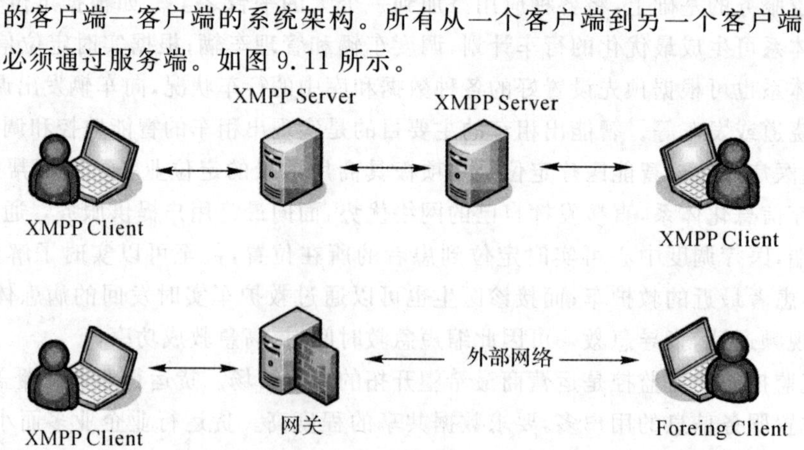

图9.11 XMPP框架图

Jabber 在设计中很大程度上沿袭了 Internet 上最成功的消息系统：即 E－mail，其整体框架如图 9.11 所示，有 3 种实体：XMPP 客户端、XMPP 服务器、XMPP 协议网关。由图可知服务器同时承担了客户端信息记录，连接管理和信息路由等功能；XMPP 服务器间相互通信，形成一个使用 XMPP 协议的服务器组成的分布式网络，连接这个网络的客户端，可以像接收消息一样发送消息给同一个服务器或其他 Internet 上的服务器上的用户；负责 XMPP 与非 XMPP 系统互联的实现就是协议网关，承担着与异构即时通信系统的互联互通，异构系统可以包括 SMS，MSN，ICQ 等。基本的网络形式是单客户端通过 TCP/IP 连接到服务器，然后在之上传输 XML 信息。

(1)服务器。服务器在 XMPP 通讯的智能抽象层。它的主要责任：

1)管理从服务器到其他实体的会话，以 XML 流格式在已授权的客户端、服务器以及其他实体间来回传送信息。

2)通过 XML 流在实体路由具有合适地址的 XML 节。

3)存储客户端的数据，客户端需要使用到的相关 XML 数据由服务器代表客户端直接处理，并不路由到其他实体。

(2)客户端。大多数客户端通过 TCP 连接直接连到服务器，并且使用 XMPP 协议。充分利用由服务器及任何相关服务所提供的功能。分别代表认证客户端的多个资源(请求源)可以同时连到一台服务器上，而每种请求源通过使用编址方案定义的 XMPP 编址的请求源标识符(例如：node@domain/home 和 node@domain/work)来加以区别。客户端与服务器的推荐连接端口为 5222。

(3)网关。网关是具有特定目的、服务器端侧的一种服务功能，它的主要功能是将 XMPP 协议翻译成外部消息系统所使用的协议(非 XMPP)，也可将数据翻译回 XMPP。

9.3.2　XMPP 技术优点

(1)开放性。XMPP 协议是免费的、开放的、公有的、容易被理解的协议；同时还有多样客户端、服务器、组件与代码库的实现，其中有很多是开源。

(2)标准化。IETF 已正式以 XMPP 来确认了这个基于 XML 流的即时通信协议。

(3)可靠性。1998 起 XMPP 开始被开发，到实现已经相当稳定；有数以千计的开发者在 XMPP 技术上工作，有数以万计的 XMPP 服务器在 Internet 上行动，有百万计的用户在使用 XMPP 即时通信工具。

(4)分布式。XMPP 的框架与 E－mail 类似，所以每一个人都可以运行各自的 XMPP 服务，来进行他们自己的组织与管理的 IM 体验。

(5)安全性。任何一个 XMPP 服务器都与公共的 XMPP 网络独立的，通过 SASL 与 TLS 来建立安全连接，而使用 SASL 及 TLS 等技术的可靠安全性，已内置于核心 XMPP 技术规格中。

(6)可扩展性。基于 XML 的 XMPP 可以很方便地让用户在其上面扩展他自己的功对于一些通用的扩展，由 Jabber 软件组织来进行维护。

(7)灵活性。XMPP 的程序可以超越 IM 的范畴，可以用来进行网络管理、内容同步、协同工具、文件共享、游戏与远程系统监控等。

(8)跨平台。客户端只要基于 XMPP 协议，不管是什么平台(包括不同的移动终端)都可以互联互通。

(9)弹性佳。XMPP除了可用在实时通信的应用程序,还能用在网络管理、内容供稿、协同工具、文件共享、游戏、远程系统监控等。

(10)多样性。用XMPP协议来建造及布署实时应用程序及服务的公司及开放源代码计划分布在各种领域;用XMPP技术开发软件,资源及支持的来源是多样的,使得你不会陷于被"绑架"的困境。

9.3.3 XMPP网络结构

XMPP协议的基本网络结构如图9.12所示。

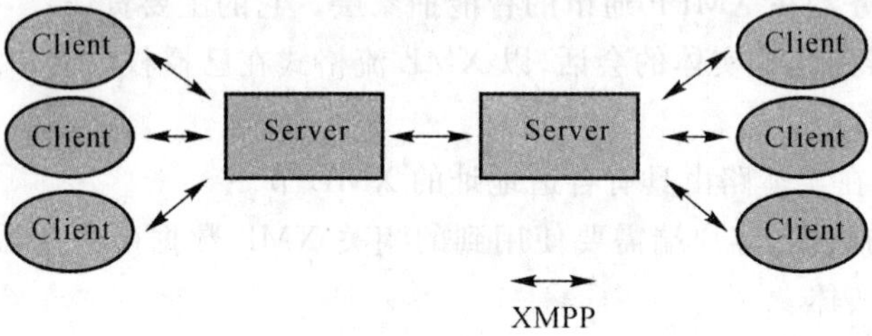

图9.12 XMPP网络结构

XMPP的特点是将复杂性从客户端转移到服务器端。这使得客户端编写变得非常容易,更新系统功能也同样变得容易。同时,可以看到XMPP不仅可以用于Client与Server端进行通信,也可以用于Server与Server之间进行通信,这样则使得系统转变为分布式架构将变得较为简单。

客户端通过TCP/IP连接到服务器,然后在之上传输XML。传输的是与即时通讯相关的指令。在之前,传统的即时通信系统中,通信相关的命令主要以二进制的形式发送(比如QQ),或者以纯文本指令加空格加参数加换行符的方式发送(比如MSN)。而XMPP传输的即时通讯指令的逻辑与以往相仿,只是协议的形式变成了XML格式的纯文本。这不但使得解析容易了,人也容易阅读了,方便了开发和查错。

XMPP的核心部分就是一个在网络上分片断发送XML的流协议。这个流协议是XMPP的即时通讯指令的传递基础,也是一个非常重要的可以被进一步利用的网络基础协议。所以可以说,XMPP用TCP传的是XML流。

9.3.4 XMPP数据结构

客户端软件是以XMPP协议为基础所设计的即时通讯客户端,因此在数据结构和通讯架构方面都是基于XMPP协议进行设计的。现在介绍系统设计中所要用到的关键数据结构。

1.地址空间

XMPP协议通信时必须是有统一的寻址方案,且符合RFC2396(统一资源标识)。所有JID都是基于上述的结构。类似＜user@host/resouree＞这种结构,最常用来标识一个即时消息用户,这个用户所连接的服务器,以及这个用户用于连接的资源(比如特定类型的客户端软件)。不过,节点类型不是客户端也是有可能的,比如一个用来提供多用户聊天服务的特定聊天室,地址可以是＜room@serviee＞(这里"room"是聊天室的名字而"service"是多用户聊天服务的主机名),而加入了这个聊天室的某个特定的用户的地址则是＜room@service/nick＞

(这里“nick”,是用户在聊天室的昵称)。许多其他的 JID 类型都是可能的(例如＜domain/resource＞,可能是一个服务器端的脚本或服务)。

2. XML 流与 XML 节

(1)XML 流。一个 XML 流是一个容器,包含了两个实体之间通过网络交换的 XML 元素。一个 XML 流是由一个 XML 打开标签＜stream＞开始的,流的结尾则是一个 XML 关闭标签(/stream)。在流的整个生命周期,初始化它的实体可以通过流发送大量的 XML 元素,用于流的握手或 XML 节。“初始的流”由初始化实体和接收实体握手,从接收实体来看,它就是那个初始实体的“会话”。初始化流允许从初始化实体到接收实体的单向通信;为了使接收实体能够和初始实体交换信息,接收实体必须发起一个反向的握手(应答流)。

(2)XML 节。一个 XML 节是一个实体通过 XML 流向另一个实体发送的结构化信息中的一个离散的语义单位。一个 XML 节直接存在于根元＜stream/＞的下一级,任何 XML 节都是从一个 XML 流的下一级的某个打开标签开始到相关的关闭标签。一个 XML 节可以包含子元素,以表达完整的信息。在 XML 上下文的数据流中,XMPP 开放的 XML 协议包括三个顶级 XML 元素:＜message/＞、＜Presence/＞和＜iq/＞(info/query)。每一个元素通过属性和名字空间包含大量的数据,这些属性和名字空间都是 XMPP 协议的组成部分(但不包括为特殊应用的名字空间应用)。图 9.13 是一个基本的 XML 流通信过程。

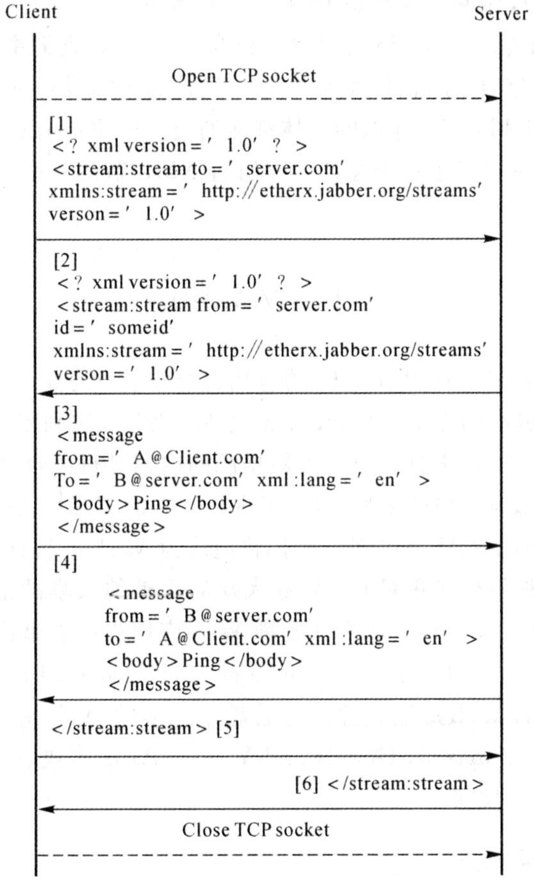

图 9.13　XML 流通信过程

3. XMPP 顶级元素

(1)＜message/＞元素。＜message/＞元素是 XMPP 开放 XML 协议 3 个顶级元素中的一个。它被用来包含两个 XMPP 用户间互相发送消息内容，或者两个 Jabber IDs 之间更一般的消息。它有一些相关属性，例如 to，from，type 等，来表明发送方或接受方。

(2)＜presence/＞元素。＜Presence/＞元素提供关于一个 XMPP 实体的可用性信息。用来表明用户的状态，如在线，离线等。当用户离线或改变自己的状态时，就会在 stream 的上下文中插入一个 presence 元素，来表明自身的状态。任何一个通过 Jabber ID 确认的实体可以与另一个实体进行在线状态信息的通信，这种通信大多以订阅在线状态信息的方式进行。所有实体表现出的在线状态不是“可用”就是“不可用”。“可用”状态表示发送者可以立即收到消息。“不可用”状态表示发送者不能在当前时间收到任何数据。默认情况下，所有＜presence/＞元素除非包含 type=unavailable 属性外，都表示“可用”。“可用”的更多特殊形势通过＜status/＞和＜show/＞子元素进行指定。

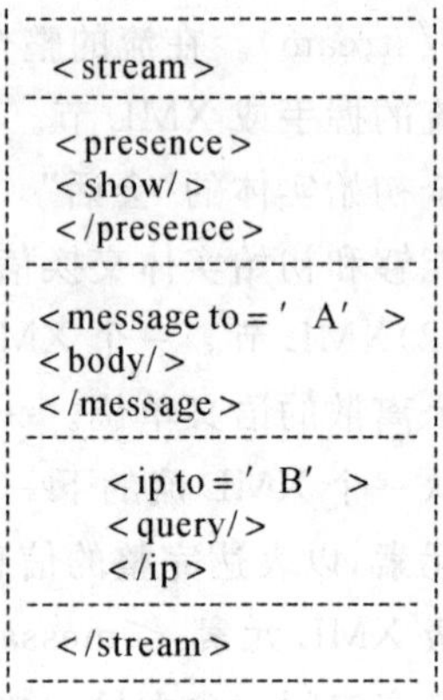

图 9.14　XML 流与 XML 节的关系

(3)＜iq/＞元素。＜iq/＞信息/查询（Info/Ouery stream）在 XMPP 协议中，在两个实体间构建一个根本的会话，并且允许实体间来回传送 XML 格式的请求和响应。信息/查询主要的用处是取得或设置公共的用户信息，比如名字、电子邮件、地址等等。但它的灵活设计使得任何种类的会话都可以发生。任何通过一个 Jabber ID 标识的实体都能通过一个 IQ 与其他实体进行会话。

基本上，一个 XML 流相当于一个会话期间所有 XML 节的一个信封，可以简单的把它描述成图 9.14 所示。

9.4 Mashup

Mashup 是将多个不同的支持 Web API 的应用进行堆叠而形成的新型 Web 服务。这种新型的基于 Web 的数据集成应用程序正在 Internet 上逐渐兴起。它利用了从外部数据源检索到的内容来创建全新的创新服务，将来自不止一个数据源的内容进行组合，创造出更加增值的服务。Mashup 所能利用的外部数据源格式多种多样，表现出惊人的兼容性，它涵盖 public APIs，XML/RSS/Atom feeds，web services，HTML 等。人们普遍认为 Mashup 具有 Web 2.0 的特点。

Web 2.0 的主要思路是在互联网上建立起大众的贡献的共享的信息平台，协作和共享是这种思想的精髓。Mashup 技术也是建立在各种 Web 应用程序贡献出自己的服务和内容，同时共享其他人和其他组织提供的信息和服务的基础上的，自此基础上进行组合、增值从而构造出更多更具吸引力的新的 Web 应用程序。随着越来越多的 Web 站点公开了自己的 API，许多人已经和正在用 eBay，Amazon，Google and Yahoos APIs 构建新的 Mashups，使得这种新型的 Web 应用模式成为了现实。

9.4.1　Mashup 分类

Mashup 应用大致由以下几类构成。

(1)视频图像 Mashup。Mashup 设计者利用与图像相关的元数据(例如谁拍的照片,照片的内容是什么,何时何地拍摄的等)对视频和图像资源进行关联。CelebrityV 就是这样的一个应用,它将来自 Flicker 的明星照片和来自 youtube 对应的明星视频剪辑进行了匹配和组合。

(2)搜索购物 Mashup。搜索和购物 mashup 在 mashup 这个术语出现之前就已经存在很长时间了。在 Web API 出现之前,有相当多的购物工具,例如 BizRate,PriceGrabber,MySimon 和 Froogle,都使用了 B2B 技术或屏幕抓取(screen scraping)的方式来累计相关的价格数据并进行比较。之后为了促进 mashup 和其他有趣的 Web 应用程序的发展,诸如 eBay 和 Amazon 之类的消费网站已经为通过编程访问自己的内容而发布了自己的 API。

(3)新闻 Mashup。新闻源(纽约时报、BBC 或路透社)已从 2002 年起使用 RSS 和 Atom 之类的联合技术来发布各个主题的新闻提要。以联合技术为基础的 Mashup 可以聚集一名用户的提要,创建个性化的报纸,从而满足读者独特的兴趣。Diggdot. us 正是这样一个应用。

(4)地图 Mashup。地图 Mashup 蓬勃发展的一种主要动力就是 Google 公开了自己的 Google Maps API。现阶段,几乎所有包含位置数据的数据集均可利用地图通过令人惊奇的图形化方式呈现出来。Microsoft(Virtual Earth),Yahoo(Yahoo Maps)和 AOL(MapQuest)也不甘示弱,很快相继公开了自己的 API。

9.4.2 Mashup 架构

Mashup 架构划分为 3 部分:API 内容提供者、Mashup 站点和客户机 Web 浏览器,它们在逻辑上和物理上都是相互脱离的(可能由网络和组织边界分隔)。从“聚合”的角度看,上述 3 部分分别提供“聚合来源”“聚合逻辑”及“聚合逻辑和呈现”,如图 9.15 所示。

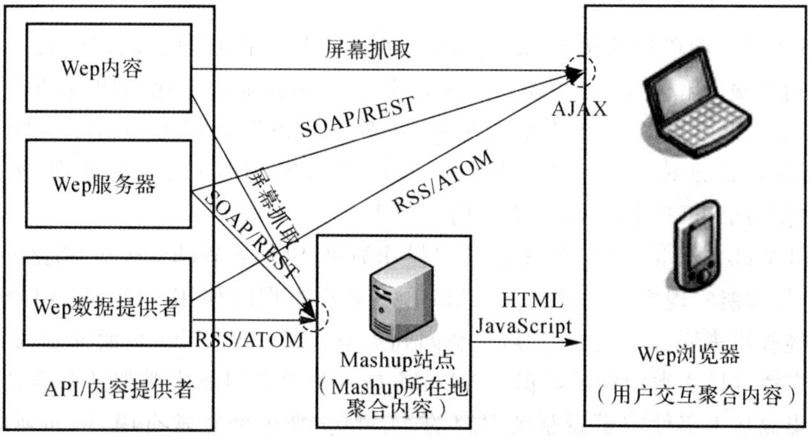

图 9.15 Mashup 架构

(1)API 内容提供者。API 内容提供者是聚合内容的提供者。为了方便数据的检索,提供者通常会将自己的内容通过 Web 协议对外提供,如 REST,Web Service 和 RSS/ATOM。Mashup 提供者还可以在数据和内容源提供者不知情的情况下通过屏幕抓取来获取相应的数据信息。

按照通常的功能和使用,Web 协议可以分为两组。第一组处理消息传递、接口描述、寻址和交付的问题。消息传递协议称为简单对象访问协议(Simple Object Access Protocol,

SOAP)。此协议对消息进行了编码，这样就可以通过传输协议(如 HTTP,IIOP,SMTP 或其他协议)在网络上传递。第二组协议规范了服务如何公开以及如何在网络上相互发现。对于要相互查找的服务，统一描述、发现和集成(Universal Description, Discovery and Integration,UDDI)为查找和访问服务定义了注册中心和相关的协议。当然，Web 上还存在着很多有趣的潜在数据源可能并没有方便地对外提供 API,Mashup 应用如果想用到这些信息，可以通过屏幕抓取的技术实现，通过对特定页面进行分析，提取 Mashup 感兴趣的信息。

(2)Mashup 站点。一个 Mashup 应用可能需要将来自多个数据源的信息进行合并组合，构造新的服务，因而这里所说的 Mashup 站点也就是 Mashup 逻辑所在的地方。Mashup 站点是 Mashup 逻辑所在的地方，但不一定是执行这些逻辑的地方。尽管 Mashup 这类新型的 Web 应用程序可以采用以往的 Web 服务器技术(Java servlets、CGI、PHP 或 ASP)构造传统 Web 应用程序，越来越多的 API 开始设计成通过浏览器端的 JavaScript 进行访问。于是对于 Mashup 的执行来说，合并内容也可以直接在客户机的浏览器中通过客户机端脚本(即 JavaScript)或 applet 生成。我们将 Mashup 使用的这种方法称为胖 Internet 应用程序(简称 RIA)。在客户机端进行 Mashup 应用中的内容合并，其优点可以概括如下：首先，从 Mashup 服务器的角度来说，对服务器的所产生的负载较轻(数据可以直接从内容提供者那里传送过来)；其次，从用户的角度来说，具有更好无缝用户体验(页面可以请求对内容的一部分进行更新，而不用刷新整个页面)，当然这样的功能得益于 Ajax 这样的 Web 应用模型的诞生。

(3)客户机 Web 浏览器。客户机 Web 浏览器以图形化的方式呈现 Mashup 应用程序，同时也是用户交互发生的地方。Mashup 常使用客户机端的逻辑来构建合成内容。

9.4.3 Mashup 实现方式

Mashup 不是一项单独的技术，如 AJAX 一样，它是多种技术的综合使用。Mashup 聚合的内容可概括为服务和数据，如果聚合的是服务，Mashup 通过调用 API 来获取各个源的功能，现在 Mashup 最常用的 API 类型有两种，分别是 RESTful Web Service 和传统的 SOAP (services - oriented accessprotocol) Web Service。REST 本质上是一种实现 Web Service 的架构风格，它使用 HTTP 来实现，而不是用 SOAP。

RESTful Web Service 使用 CRUD 接口操作简单，SOAP WebService 相比 REST 需传递复杂的参数，但却能实现更强大的功能。Mashup 聚合数据时使用 RSS 或 ATOM 来获取数据。RSS 已经被用来联合广泛的内容，从新闻到头条、CVS 或 WiKi 页面的修改日志、项目更新甚至诸如广播节目之类的视听数据。ATOM 是一种更新但非常类似的联合协议。这些联合技术对于集成基于事件或更新驱动内容的 Mashup 来说都非常有用，例如新闻和 Weblog 聚集程序。

在 Mashup 聚合时，语义 Web 和 RDF(resourcedescription framework) 可以帮助实现高质量的 XML 数据聚合和 RSS 提要内容聚合。使用语义技术和 RDF 可以让 Mashup 用户更好地控制服务、信息和表示，高效高质地创建 Mashup 应用程序。

Mashup 常以 Widget 形式封装功能和数据源，这种可视化的小部件可供用户拖拽来实现功能和数据的聚合，使用户可以真正参与终端编程中来。Mashup 和 AJAX 结合起来创建 RIA，丰富用户界面，加速用户与网页交互响应和改善用户体验。

第10章 移动云计算

云计算已成为了国际业界公认的核心科技和发展方向，而随着移动互联网将使用更多基于云的计算和应用，终端、应用、平台、技术以及网络速度的整体提升将催生更多具有魔力的应用和内容，IT 产业格局将彻底发生改变，全球将迎来移动云计算的新盛宴。

10.1 移动云计算在信息时代的崛起

在我国，信息化建设方兴未艾。党的十七大报告提出“新五化”（工业化、信息化、城镇化、市场化、国际化），把信息化放在了非常重要的位置，2010 年人大政府工作报告计划在社会和经济发展的各个领域都提到了信息化建设的要求。信息化建设依赖于信息技术的发展。信息技术主要指网络通信和计算机技术。计算机与通信技术的融合促进了移动云计算的发展，移动云计算机正成为商业领域备受关注的亮点。

10.1.2 云计算

信息技术的发展经过了以下几个阶段。第一个阶段是专家使用期。计算机是庞大、昂贵的科学计算专用设备。第二个阶段是个人计算机的时代。计算机变为个人工作、娱乐的家用电脑。随着网络的普及，计算机进入第三个阶段——因特网时代。由高性能服务器通过网络为多用户提供服务的 Client/Server 模式得到广泛应用。然而，C/S 模式对带宽、计算、存储等资源的高要求成为其发展的瓶颈。因此，信息技术又进入了第四个阶段。分布式计算、网格计算、P2P 技术、Web 2.0 等得到广泛研究和应用，每个用户既是资源的使用者，同时也是资源的提供者，由多个用户共同分担庞大的计算、传输及存储需求。目前，移动互联网和云计算是信息技术发展的两个热点。

1. 云计算定义

云计算（Cloud Computing）由分布式计算（Distributed Computing）、并行处理（Parallel Computing）、网格计算（Grid Computing）发展而来，是一种新兴的商业计算模型。目前，对于云计算的认识在不断地发展变化，云计算仍没有一个普遍一致的定义。云计算中的“计算”可以泛指一切 ICT（Information Communication Technology）的融合应用。所以，云计算术语的关键特征并不在于“计算”，而在于“云”。随着互联网技术的飞速发展，互联网应用的全面普及和广泛深入，互联网技术成为 ICT 应用的基础，层出不穷的互联网应用需求也要求 ICT 理念进行重新思考和设计，使 ICT 应用架构发生了深刻和根本的改变。这种改变不仅带来 ICT 应用平台的更新换代，而且也带来 ICT 应用实现和商用模式的创新。尽管云计算的概念和定义很多，但究其本质还是为了满足 ICT 应用和业务的网络实现。本书给出云计算更为明确而严格的定义：云计算是在整合的架构之下，基于 IP 网络的虚拟化资源平台，提供规模化 ICT 应用的实现方式。云计算的实质是网络下的应用，是由 IP 和 IT 技术共同构建的。

随着2008年Google提出了云计算的概念。发表了关于云计算重要技术的文章以后，云计算开始被人们所接受和重视。云计算是一种经济有效的模型，提供了流程、应用程序和服务，同时使IT管理更轻松，能更快响应业务需求。这些服务(计算服务、存储服务、网络服务等一切必要服务)以一种简化的方式——“随需应变”——来交付和落实，无需考虑用户所在地和所用设备类型。学术界和工业界都开始着手研究云计算解决方案，提出了很多云计算的设想，从基础架构到编程模型、运用场景，并且实现了很多设想，如国际IT巨头有Google的MapReduce变成模型、Micreosoft的Azure，IBM的蓝云，采用虚拟化技术的Amazon EC2，开源社区有Apache的项目Hadoop，高校有berkeley的MapReduce Online等。

2. 云计算特点

(1)规模巨大。云计算是由几十万、上千万台服务器联合组成的具有前所未有的计算能力服务器集群。

(2)虚拟化。云计算通过虚拟化技术，对成百上千的云服务器的CPU、内存、硬盘和网络带宽等资源虚拟化成为一个整体，根据用户需求动态地分配。

(3)通用性。云计算不是针对特定的应用，在云计算的支撑下可以构造出千变万化的应用，同一个云计算平台可以同时支撑不同的应用运行。

(4)高可扩展性。云计算的规模可以动态伸缩，满足应用和用户规模增长需要。

(5)按需服务。云计算是一个庞大的资源池，用户按需购买；云计算可以像自来水、电、煤气那样计费。

(6)极其廉价。由于云计算的特殊容错措施可以采用极其廉价的节点来构成云，云计算的自动化集中式管理使大量企业无需负担日益高昂的数据中心管理成本，云计算的通用性使资源的利用率较之传统系统大幅提升，因此用户可以充分享受云计算的低成本优势，经常只要花费几百美元、几天时间就能完成以前需要数万美元、数月时间才能完成的任务。

3. 云计算的分类

云计算按服务方式或者是部署方式，可以分成三类。

(1)公共云(Public cloud)。云基础架构被做成一般公共或者一个大的群体所使用，被某个组织所拥有，并出售云计算服务。对于使用者而言，公共云的最大优点是其所应用的程序、服务及相关数据都存放在公共云的提供者处，自己无需做相应的投资和建设。

(2)私有云(Private cloud)。指企业自己使用的云，它所有的服务是供自己内部人员或分支机构使用。私有云的部署比较适合于有众多分支机构的大型企业或政府部门。随着这些大型企业数据中心的集中化，私有云将会成为他们部署IT系统的主流模式。私有云部署在企业自身内部，因此其数据安全性、系统可用性都可由自己控制。但其缺点是投资较大，尤其是一次性的建设投资较大。

(3)混合云(Hybrid cloud)。包含多个公有云和私有云。这些云保持着唯一的实体但是通过标准或者特有的技术结合在一起。这些技术使得数据或者应用程序具有可移植性。混合云所提供的服务既可以供别人使用，也可以供自己使用。相比较而言，混合云的部署方式对提供者的要求较高。

4. 云计算的服务形式

云计算可以认为包括以下几个层次的服务：基础设施即服务(IaaS)、平台即服务(PaaS)和软件即服务(SaaS)。这里所谓的层次，是分层体系架构意义上的“层次”。IaaS，PaaS，SaaS分别在基础设施层，软件开放运行平台层，应用软件层实现。

(1)IaaS(Infrastructure - as - a - Service)：基础设施即服务。消费者通过 Internet 可以从完善的计算机基础设施获得服务。

IaaS 通过网络向用户提供计算机(物理机和虚拟机)、存储空间、网络连接、负载均衡和防火墙等基本计算资源；用户在此基础上部署和运行各种软件，包括操作系统和应用程序。

IaaS 平台产品：① 华胜天成 IaaS 管理平台；② OPENStack，Cloudstack，Rackspace 和 NASA 联手推出的云计算平台。

(2)PaaS(Platform - as - a - Service)：平台即服务。PaaS 实际上是指将软件研发的平台作为一种服务，以 SaaS 的模式提交给用户。因此，PaaS 也是 SaaS 模式的一种应用。但是，PaaS 的出现可以加快 SaaS 的发展，尤其是加快 SaaS 应用的开发速度。

平台通常包括操作系统、编程语言的运行环境、数据库和 Web 服务器，用户在此平台上部署和运行自己的应用。用户不能管理和控制底层的基础设施，只能控制自己部署的应用。

(3)SaaS(Software - as - a - Service)：软件即服务。它是一种通过 Internet 提供软件的模式，用户无需购买软件，而是向提供商租用基于 Web 的软件，来管理企业经营活动。

云提供商在云端安装和运行应用软件，云用户通过云客户端(通常是 Web 浏览器)使用软件。云用户不能管理应用软件运行的基础设施和平台，只能做有限的应用程序设置。

10.2 移动云计算

云计算的发展并不局限于 PC，随着移动互联网的蓬勃发展，基于手机等移动终端的云计算服务应运而生。移动云计算是指通过移动互联网以按需、易扩展的方式获得所需的基础设施、平台、软件或应用等的一种 IT 资源或信息服务的交付与使用模式。

10.2.1 移动云计算的定义

1. 移动云计算

移动云计算是移动计算，移动网络和云计算的结合体。

移动计算技术是通过计算机或者其他智能终端设备例如手机来共享资源和交换数据。移动云计算的本质就是能够为任何用户随时随地的提供有价值，精准和实时的信息。

移动网络技术是移动通信和网络的结合，其本质是让用户获得实时网络资源和网络服务。

移动云计算意即任何智能终端设备如手机和个人计算机可以从无线网络环境中获得服务。它集成了移动计算、移动网络和云计算的优点。移动云计算也可以称之为移动网络中的云计算手持设备从邮件收发到操作系统都各有不同，受限于其便利性，CPU 的处理能力，存储空间，键盘和屏幕，电池续航力和带宽，尤其是存储和运算能力。

云计算的一个主要优点就是在“云端”提供大容量的存储和高速的运算能力，就好像网络中的一组服务器。就算手持设备自身的性能不佳，只要能输入输出数据和远端的云交换，就能得到不可思议的结果。如此看来，云计算的优点在移动网络中能更好的利用，就是将应用计算和存储都放在云端处理，以减少对移动终端设备的性能要求。

2. 移动云计算的特点

(1)终端硬件及终端系统无关性。所有的运算都可以放到云端服务器去做，所以移动云计算对于终端设备并没有什么要求，即使是非智能手机也可以接收到移动云计算的数据。

(2)任务处理的有效性。这个优点取决于云端的处理能力，如果界面设计够好，我们可以直接从终端或者手机上看到任务处理结果。

(3)数据共享的便利性。大量的数据保存在云端服务器，可以便利的共享数据。如果带宽足够，任务处理就能像在本地处理一样快速流畅，这对于手机很容易实现。

(4)消除地域性限制。移动云计算消除了地域性的限制，使人们能够随时随地从网络获得他们想要的。

10.3 移动云计算的框架

10.3.1 移动云计算的基本思路

移动云计算的客户终端会相对有些变化，但主要思想仍是云计算。云端服务器提供大量存储和高速运算使无线终端用户根据需要获得服务。

10.3.2 移动云计算的工作方式

移动云计算的服务方式是移动用户通过界面获得服务目录，然后终端的请求被发送到管理系统，管理系统通过配置工具和使用合适的系统服务找出正确的数据资源。这些服务将必要的资源从云中分离出来。页面访问一开始，系统的监控和计算功能就会配合云的使用情况，以便快速的反应，同步完成配置以保证正确的资源分配到合适的客户端，如图 10.1 所示。

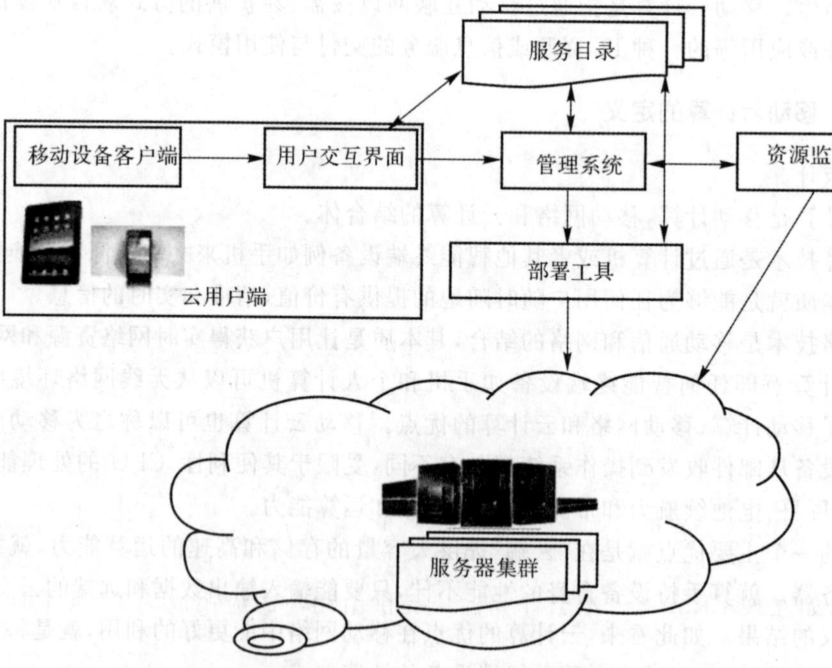

图 10.1 移动云计算的工作方式

10.3.3　移动云计算的系统架构

移动云计算的有效性、可靠性和安全性一定要基于完整的系统结构。移动云计算可以分为四层，如图 10.2 所示。

接受层
基本管理层
虚拟层
物理层

图 10.2　移动云计算的系统架构

(1)接收层。也叫接收控制层，包括客户端的服务界面，服务注册和合理服务接收。它将所有规则标准化，移动云计算中服务的标准是客户端和云端之间协作的途径，可以完成用户或服务注册。

(2)基本管理层。在云计算技术中，管理层位于服务和服务器集群之间，在移动云计算系统架构中提供管理、服务和管理系统。它可以为服务规定标准化操作，例如通知，确认，地址和安全等等，为应用服务提供标准化的程序界面和协议，同时隐藏底层硬件和操作系统之间的不同，并且管理全部的网络资源。终端管理包括移动账户管理，环境配置，交互管理和计费系统。任务管理包括任务分配，任务执行，生命周期管理等。资源管理包括负载平衡，问题测试，故障恢复和监控系统。安全管理包括客户端识别，接收确认，安全保证和防御。

(3)虚拟层。虚拟层即虚拟项例如计算池，存储池和网络池，虚拟功能可由软件功能实现，包括虚拟环境，虚拟系统，虚拟平台等。

(4)物理层。物理层主要描述了支持移动云服务的硬件设备和技术，它可以是便宜的计算机也可以是非智能手机。目前的网络技术、并行技术和分布式技术，可以由分布式计算机提供最好的云服务。移动云计算阶段，手持设备不需要那么多的硬盘空间，强大的运算能力，仅需要必要的设备例如网络和基本的输入输出设备。

10.4　移动云计算成功应用

10.4.1　加拿大 RIM 公司的黑莓企业应用服务器方案

加拿大 RIM 公司面向众多商业用户提供的黑莓企业应用服务器方案，可以说是一种具有云计算特征的移动互联网应用。该方案中，黑莓的邮件服务器将企业应用、无线网络和移动终端连接在一起，让用户通过应用推送(Push)技术的黑莓终端远程接入服务器访问自己的邮件账户，从而可以轻松地远程同步邮件和日历，查看附件和地址本。除黑莓终端外，RIM 同时也授权其他移动设备平台接入黑莓服务器，享用黑莓服务。目前，黑莓正通过它的无线平台扩展自己的应用，如在线 CRM 等。以云计算模式提供给用户的应用成为了 RIM 商业模式的核心。

10.4.2　苹果公司的“MobileMe”服务

苹果公司推出的“MobileMe”服务是一种基于云存储和计算的解决方案。按照苹果公司的整体设想，该方案可以处理电子邮件、记事本项目、通信簿、相片以及其他档案，用户所做的一切都会自动地更新至 iMac，iPod，iPhone 等由苹果公司生产的各式终端界面。此外，苹果公司的 iPhone 以及专为其提供应用下载的 Apple Store 所开创的网店形式已经得到了移动终端厂商和移动通信运营商的一致追捧，聚集了大量的开发者和使用者，提供的应用数量超过 100 000 种，下载次数超过 30 亿次。

10.4.3 微软公司的"LiveMesh"

微软公司推出的"LiveMesh"能够将安装有 Windows 操作系统的电脑、安装有 Windows Mobile 系统的智能手机、Xbox，甚至还能通过公开的接口将使用 Mac 系统的苹果电脑以及其他系统的手机等终端整合在一起，通过互联网进行相互连接，从而让用户跨越不同设备完成个人终端和网络内容的同步化，并将数据存储在"云"中。随着 Azure 云平台的推出，微软将进一步增强云端服务的能力，并依靠在操作系统和软件领域的成功为用户和开发人员提供更为完善的云计算解决方案。

10.4.4 Google 公司面向移动环境的 Android 系统平台和终端

作为云计算的先行者，Google 公司积极开发面向移动环境的 Android 系统平台和终端，实现了传统互联网和移动互联网的信息有机整合；实现了语音搜索服务；提供了定点搜索、Google 手机地图以及 Android 上的 Google 街景功能。

RIM 公司的黑莓邮件服务和苹果公司的"MobileMe"服务代表了手机厂商直接向用户提供服务的模式，微软的"LiveMesh"和 Google 的移动搜索则代表了云计算服务提供商通过手机或其他移动终端向用户提供服务的模式。两种模式都实现了跨领域、跨层级的资源与服务整合，所提供的应用和服务都具有信息存储的同步性和应用的一致性。移动云计算让各种服务的表现令人赞叹。

10.5 移动云计算的未来

全球信息技术的发展在历经主机主宰、个人计算机普及和互联网盛行三个不同时代后，现正迈入以云计算为标志的第 4 次重大变革的新时代。

近年来，随着互联网应用更为广泛地普及与深化，网络信息与服务，无处不在，无时不用。但面对数据海量、分布异构、处理复杂、硬件更新频繁、软件安装繁琐、数据安全问题凸显、IT 应用成本高昂等，旨在解决这些困惑的云计算，犹如一夜春风，迅猛吹遍全球各个角落。由云计算派生出的云存储、云安全、云引擎、云推理、云服务、云娱乐等不绝于耳。

然而云计算的应用目标并不仅局限于 PC，随着移动互联网的蓬勃发展，基于手机等移动终端的云计算服务已风生水起，成为 IT 行业炙手可热的新业务发展模式。

移动互联网的终端有个特性，就是难于在终端上提供类似 PC 那样的硬件支撑做各类强大的运算与服务，而用户需求又是丰富多样、不断更新的，这就决定了移动互联网的应用必须要有强有力的服务器资源做支撑，此时基于互联网的云储存、云引擎、云服务等服务就为这些需求提供了强力支持。

近年来，随着移动网络技术如 GSM，WaveLAN，Bluetooth 等的成熟化和商业化进程的日趋发展，针对分布式服务计算领域的组合模型与工程方法也逐步完善，使得无线网络技术在应用领域获得了越来越广泛的发展空间，迎来 4G 新时代。同时，移动计算设备诸如 PDA、移动电话、无线终端设备也在不断更新换代，并体现出了轻巧便携、高容量的特点，为实现更高端的应用做好了充分的基础性准备。

而智能手机和平板电脑异军突起，尤其是以苹果公司推出的平板电脑 iPad 迅速崛起（2010 年全世界平板电脑销量达 1800 万台，预计 2015 年将达到 2.4 亿台），更是促成移动云计算的兴起，并形成巨大市场。可以说，移动通信领域的三大“金刚”相辅相成——智能手机和平板电脑提供了理想的终端，移动多媒体提供了用户迫切需要的内容，云计算提供了支持内容生产和展示的技术平台，使得移动互联网站在云端之上。

云计算具有超强的计算能力、超强的存容量和按需应用的三大特点，这使移动云计算具备了五大优势：突破终端硬件限制、便捷的数据存取、智能均衡负载、降低管理成本、按需服务降低成本。

在移动互联网时代，未来更大的手机内容提供与整合需要强大的云计算服务支持，这已成为未来手机竞争力的重要部分，就必须要加强对云平台的投入。而有了云计算平台支持，中小企业开发人员无须为应用寻找服务器、专用数据库，特别是有网络连接需求的数据运算，只需从大型服务商如谷歌、微软和中国电信等提供的公共云中摄取就可。从运营上来说，更是节省了中小企业的软硬件搭建成本和维护成本，可以让他们把精力更多放在开发和售后上。

对于终端来说，强有力的云储存、云应用计算不需要过多消耗终端的资源，这样终端制造商、运营商只需要协调需求与搭配应用，用户就可以方便地获得需要的应用。对于追求个性化的移动互联网市场来说，这非常关键。而从安全性而言，基于云移动的互联网将比 PC 互联网更为安全。这让各路服务商、运营商乃至消费者迎来互联网的“第二春”。

在腾讯公司董事局主席马化腾看来，云计算的价值在于利用公共网络设施，将计算能力、海量信息、数据存储与带宽资源像水和电一样轻松融入人们、企业的日常生活工作中，人们可象使用水电一样租用信息化，而云移动将使信息“更会飞”。

目前国内一些主流 OA，CRM 乃至 ERP 等 IT 厂商正积极利用云移动技术，使无线办公、移动管理、无线电子商务可信手拈来，随时随处可行，将成为 IT 厂商未来利润新增长点。

10.6 移动云计算与信息安全

勿庸讳言，作为新兴技术，移动云计算产业发展并不完备，尚存在一些问题与“短板”，急待 IT 产业界改进突破，向系统化、标准化、规范化的方向转变。

目前为止，产业人士最大的担忧在于安全问题与数据泄露。随着企业业务拓展到手机等移动终端，需传输大量敏感的商业信息数据，移动云计算的安全问题也将日益凸现。云计算基础架构具有多租户的特性，厂商们目前尚无法保证 A 公司的数据与 B 公司的数据实现物理分隔，这成为制约用户大量应用云计算的瓶颈，尤其是无线传播中仍存着信息被截取、破译的可能情况。因此如何更好保护无线网络的安全，已成制约云移动拓展的一个瓶颈。

当前，基于云计算的无线商务商用模式还不完全成熟。作为云移动之下的最大应用，无线商务作为一种趋势已逐渐得到业界认可，但支持其业务模式的操作模式、信用体系、支付体系等运作细节还有待继续探索，否则将制约云移动的商业发展。

在云计算时代，数据的归属权、管理权也是一个日益令人关注的问题。云移动的用户分为个人和企业用户，个人用户的需求容易解决，但企业级用户却不易。比如企业应用手机进行办公管理，其数据将放在什么地方？有谁主导、出问题谁来负责？服务提供商是否会完全遵从ISO20000标准与国家规定，万一服务商泄露企业机密怎么办？

工信部产业司相关负责人指出："云移动既不是天外飞仙，也不会水到渠成。云计算产业从概念的产生到真正广泛的实际应用并产生效益，还需要3～5年左右时间预热、夯实，整个社会需要有持久战的准备。"同时，一些私募机构也认为，虽然目前"云计算"是资本市场上最炙手可热的概念，但时下许多的"云计算""云移动"业务却给人感觉似乎还在"天边"。

参考文献

[1] 官建文,唐胜宏.移动互联网蓝皮书:中国移动互联网发展报告[M].北京:社会科学文献出版社,2014.

[2] 吴大鹏.移动互联网关键技术与应用[M].北京:电子工业出版社,2015.

[3] 罗军舟,吴文甲,杨明. 移动互联网:终端、网络与服务. 计算机学报. 2011(11):2029-51.

[4] 吴吉义,李文娟. 移动互联网研究综述[J]. 中国科学:信息科学. 2015(01):45-69.

[5] 贾心恺,顾庆峰. 移动互联网安全研究[J]. 移动通信. 2011(10):66-70.

[6] 廖军,王蓓蓓,高一维. 移动互联网终端发展研究[J]. 移动通信. 2012(Z1):39-43.

[7] Stüber G L. Principles of mobile communication[M]. Springer Science & Business Media, 2011.

[8] 景琴琴,文鸿,徐亮. 基于相位调制器的光载 OFDM 信号产生和传输系统[J]. 计算机应用,2012,第 5 期:1217-1220.

[9] Gerla M, Kleinrock L. Vehicular networks and the future of the mobile internet[J]. Computer Networks, 2011, 55(2): 457-469.

[10] 徐亮,文鸿,彭生奇. 基于 MANET 的语音调度系统设计与实现[J]. 湖南工业大学学报. 2013(01):86-92.

[11] Li Q, Li G, Lee W, et al. MIMO techniques in WiMAX and LTE: a feature overview [J]. IEEE Communications Magazine, 2010, 48(5):86-92.

[12] Chan H A, Yokota H, Xie J, et al. Distributed and dynamic mobility management in mobile internet: current approaches and issues[J]. Journal of Communications, 2011, 6(1): 4-15.

[13] Ghosh A, Wolter D R, Andrews J G, et al. Broadband wireless access with WiMax/802.16: current performance benchmarks and future potential[J]. Communications Magazine, IEEE, 2005, 43(2): 129-136.

[14] 周玲芳,李长云,胡淑新. 基于 HTML5 的 WebGIS 实时客户端设计[J]. 微型机与应用,2015.

[15] Wen H, Chen L, Huang C, et al. A full-duplex radio-over-fiber system using direct modulation laser to generate optical millimeter-wave and wavelength reuse for uplink connection[J]. Optics Communications, 2008, 281(8): 2083-2088.

[16] 顾国飞,朱光宇. 基于 IPSec 的移动 IP 安全体系框架[J]. 计算机科学,2002(12):83-86.

[17] Zhang B, Xu T, Wang W, et al. Research and implementation of cross-platform development of mobile widget[C]. Communication Software and Networks (ICCSN) 2011: 146-150.

[18] Saint - Andre P. Extensible messaging and presence protocol (XMPP): Core [J]. 2011.

[19] Yu J, Benatallah B, Casati F, et al. Understanding mashup development[J]. Internet Computing, IEEE, 2008, 12(5): 44 - 52.

[20] 吴岳忠，刘琴，李长云. 基于云存储的网络文档共享研究[J]. 小型微型计算机系统，2015(1):95 - 99.

[21] Jamsa K. Cloud Computing: SaaS, PaaS, IaaS, Virtualization, Business Models, Mobile, Security and More[M]. Jones & Bartlett Publishers, 2011.